JN443182

R을 이용한 통계적 네트워크 분석

김재희 지음

자유아카데미

머리말
PREFACE

네트워크 데이터는 의학, 생물학, 보건학, 역학, 공학, 사회학, 경제학 등 다양한 분야에서 발생하고 있습니다. 예를 들어, 인간의 사회활동은 가족, 친구, 이웃, 동료 등과 네트워크로 연결된 다양한 형태의 관계 커뮤니티에서 이루어지며, 비즈니스는 소비자, 생산자, 물류 유통자, 관계 서비스 제공자 들로 이루어진 복잡한 형태의 네트워크 구성에서 이루어지는 정보의 흐름, 물적 흐름, 재화의 흐름이라고 할 수 있습니다. 먹이사슬 네트워크는 동물들의 생태계를 정의하고 유지하는 기본적인 시스템이고, 생체 단백질 상호작용 네트워크는 생명 현상의 기본적 단위인 유전자를 정의하고 질병 관련 유전자를 규명하는 등 생명 연구의 필수적 요소입니다. 이러한 네트워크들은 모두 복잡계 시스템의 예로 볼 수 있습니다.

복잡계 네트워크를 파악하기 위해서는 네트워크 데이터에 대한 통계적 분석 능력과 함께 컴퓨터 프로그래밍의 활용이 필수적입니다. 네트워크 데이터는 관계형 데이터로 고전적인 통계 분석법으로는 충분하지 않기 때문에 기존의 관점과는 다른 새로운 분석법이 필요합니다.

이 책에서는 네트워크 분석에 필요한 기초적인 이론과 방법을 설명하며, R 시스템 프로그래밍을 이용한 네트워크 시각화와 모형 분석에 대해서도 다루고 있습니다. R 시스템은 다양한 네트워크 분석 패키지를 제공하며 통계적 네트워크 모형을 구현할 수 있도록 합니다. 또한, 여러 예제를 제공함으로써 독자들이 네트워크 데이터를 더 쉽게 이해하고 다룰 수 있도록 구성하였습니다.

좋은 책을 위해 최선을 다했지만 미흡한 부분이 있을 수 있습니다. 출간 후에라도 수정사항이 있을 경우에는 자유아카데미 홈페이지(www.freeaca.com) 자료실에 제공할 예정이니 참고하기를 바랍니다.

마지막으로 이 책이 네트워크를 공부하는 독자들에게 조금이나마 도움이 되기를 바라며, 출간을 도와준 자유아카데미 편집부와 성원을 아끼지 않는 가족에게 깊이 감사드립니다.

2023년 3월
아름다운 덕성여대 근화캠퍼스
김재희
jaehee@duksung.ac.kr

차례

01 네트워크 데이터

02 네트워크 요약통계량

CONTENTS

03 R에서 네트워크 데이터 다루기

04 네트워크 그림과 배열

05 효율적인 네트워크 그래프 디자인

06 네트워크의 부분집단

07 제휴 네트워크

08 랜덤 네트워크 모형

09 통계적 네트워크 모형

10 동적 네트워크 모형

CHAPTER 01

네트워크 데이터

1.1 서론

여러 과학 분야에서 네트워크 연구가 진행되고 있다. 예를 들어, 사회적 관계, 소통 네트워크, 학문적 협업 관계, 단백질 상호작용 패턴 등이 있으며, 이러한 연구를 위해서 네트워크 데이터(network data)가 사용되고 있다. 우리 주변에는 네트워크가 여기저기 많이 있으며, 이에 따라 네트워크 분석(network analysis)에 대한 필요성과 관심도 높아지고 있다.

통계적 네트워크 분석에서는 확률적 기반으로 모형화하는 과정이 중요하다.

(1) 모형화 작업은 네트워크 데이터에 구조를 알아내는 과정이다.

(2) 현재 여러 종류의 네트워크 구조를 설명하는 데 적절한 모형이 매우 필요하다.

(3) 통계적 네트워크 모형, 예를 들어 stochastic block model, exponential random graph model 등은 네트워크 구조를 설명하는 데 한계가 있다. 따라서 통계적 네트워크 모형에 대한 연구가 지속해서 필요하다.

(4) 네트워크 데이터는 복잡계 데이터(complex data)이며 서로 간 관계를 포함한 시스템을 나타내고자 하는 추상적 개념을 포함한 데이터이다. 네트워크 개념 자체가 때로는 구체적이지 않고 모호하며(vague) 무정형(amorphous)일 수 있다.

(5) 정적인(static) 네트워크 모형은 한 개의 네트워크 스냅숏(snapshot)에 대한 분석으로 구성원의 연결 관계를 설명하고자 한다.

(6) 시간에 따른 네트워크 데이터가 발생하는 경우 동적 네트워크 분석(dynamic network analysis)이 요구된다. 예를 들어, 뇌 활동 데이터, 소셜 미디어 사용 데이터 등은 동적 네트워크 분석 대상이다. 정적인(static) 네트워크 모형에 동적인(dynamic) 면이 추가되어 차원이 증가하므로 도전적인 문제이다.

(7) 서로 다른 데이터 유형의 네트워크를 결합하는 네트워크에 관한 연구도 필요하다. 단백질과 유전자의 동시 발현 네트워크를 예로 들 수 있다. 서로 다른 정보를 결합하여 구조에 대한 설명과 예측에 대한 정확도를 높일 수도 있다. 이때 잡음이 포함될 가능성이 크므로 잡음을 제거하는 과정이 필요하다.

(8) 잠재적인 그룹을 포함한 네트워크에 관한 연구도 필요하다. 예를 들어, 커뮤니케이

션 네트워크, 테러리스트 네트워크이다. 이러한 네트워크에서는 각 구성원의 잠재적인 역할이 찾아내는 것이 중요하다.

(9) (거대한) 네트워크 연구에서는 네트워크 샘플링(sampling) 문제가 대두된다. 통계추론에 적절하도록 부분 네트워크 추출 문제를 통계적으로 다루어야 한다.

1.2 네트워크 데이터

네트워크는 구성원 또는 그룹 간 관계를 나타내는 구조이다. 수학에서는 이를 그래프(graph)라고 한다. 네트워크 구조는 구성 요소인 노드(node)와 연결을 나타내는 에지(edge)로 구성된다.

기본적인 네트워크 데이터 표현 형식은 사회행렬(sociomatrix) 또는 인접행렬(adjacency matrix)이다. 인접행렬은 그래프의 각 꼭짓점의 연결 관계를 나타낸 행렬이다.

[그림 1.1]은 네트워크 데이터를 그래프로 매핑(mapping)하는 과정을 설명한 그림이고, [그림 1.2]는 그래프 그림과 인접행렬로 표현한 그림이다.

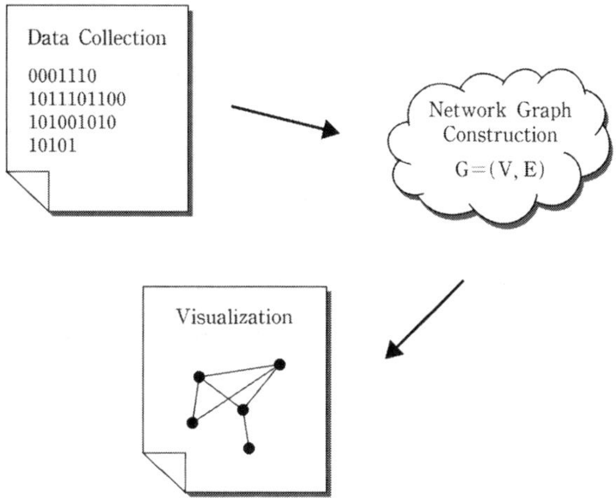

그림 1.1 네트워크 데이터로 매핑하는 과정

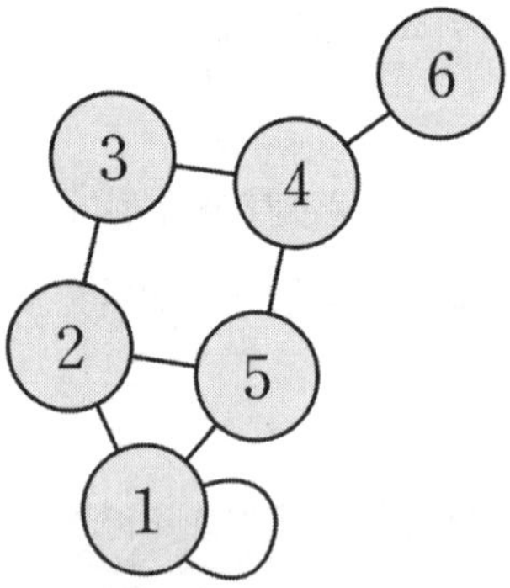

$$\begin{pmatrix} 1 & 1 & 0 & 0 & 1 & 0 \\ 1 & 0 & 1 & 0 & 1 & 0 \\ 0 & 1 & 0 & 1 & 0 & 0 \\ 0 & 0 & 1 & 0 & 1 & 1 \\ 1 & 1 & 0 & 1 & 0 & 0 \\ 0 & 0 & 0 & 1 & 0 & 0 \end{pmatrix}$$

Coordinates are 1-6

그림 1.2 네트워크 시각화와 인접행렬

네트워크 구조를 나타내는 용어는 분야에 따라 다르게 쓰이기도 한다. 다음의 [표 1.1]을 살펴보자.

표 1.1 네트워크 용어

네트워크 용어	또 다른 이름	사회 네트워크에서 용어	설명
노드(node)	정점(vertex)	행위자(actor)	네트워크를 구성하는 기본 요소
에지(edge)	링크(link)	링크(link)	두 개 노드 간 연결
근접행렬, 발생행렬 (incidence matrix)		사회행렬 (sociomatrix)	어느 노드들이 연결되었는지를 0, 1로 나타내는 정방행렬
인접행렬 (adjacency matrix)		사회행렬 (sociomatrix)	노드 간 연결강도를 나타내는 정방행렬
연결(connect)		연대(tie)	연결속성: 강한 연대(strong tie), 약한 연대(weak tie)

1.3 네트워크 분석

네트워크 분석 문제는 여러 분야에서 발생하는 네트워크에서 제기된다. 이러한 네트워크 데이터가 발생하는 시스템에 대해 이해하고 이를 설명하기 위해서는 통계적 네트워크 분석법이 필요하다.

네트워크 과학(network science)은 관심 있는 시스템 내의 연결된 관계에 대해 연구하는 분야로서 생물학, 물리학, 사회학, 정보학 등의 분야에서 관계에 관한 연구를 할 때 유용하다. 네트워크 과학을 위해서는 (1) 네트워크 시각화 (2) 네트워크 구조에 관한 기술 통계량(descriptive statistics) (3) 네트워크 구조와 움직임에 대해 수학 · 통계적 모형화 등이 주요 연구 도구이다.

1.4 네트워크 사례

네트워크가 발생하는 사례를 통해 이러한 상황을 살펴보고자 한다.

1.4.1 기술적 네트워크

기술적 네트워크는 통신 프로토콜에서 디지털 기기들에 대한 무선 인터넷 사용 네트워크이다.

그림 1.3 기술사용을 보여주는 네트워크(Weng et al., 2010)

1.4.2 사회적 네트워크

사회적 네트워크는 사회관계망 네트워크로 인간들 간의 소통에 기반을 둔 연결을 보여준다. 여기서 소통이란 네트워크의 연결성을 나타내는데, 이메일의 주고받은 양, 공동 논문의 양 등으로 정의할 수 있다.

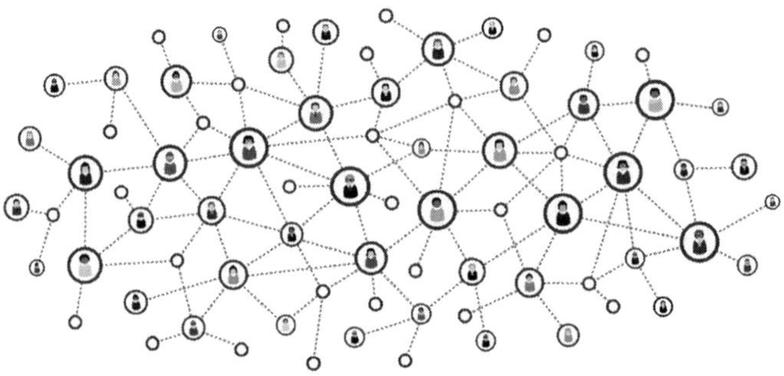

그림 1.4 사회적 네트워크(social network)

1.4.3 생물학적 네트워크

생물계에서 유전자 간, 단백질 간, 단백질-유전자 간의 관계는 상호작용을 하며 생물학적 네트워크로 표현된다.

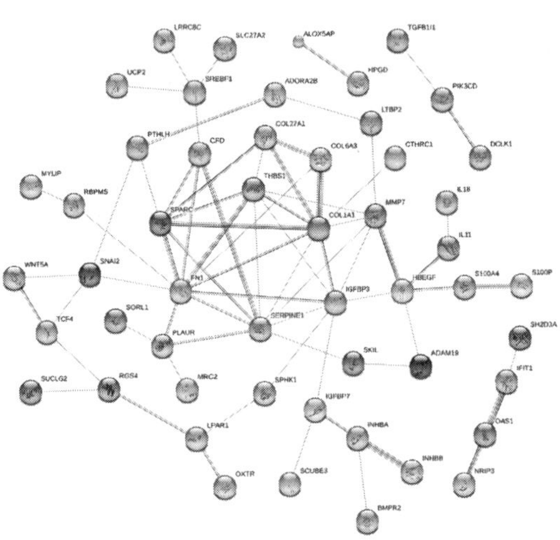

그림 1.5 단백질-단백질 상호작용 네트워크

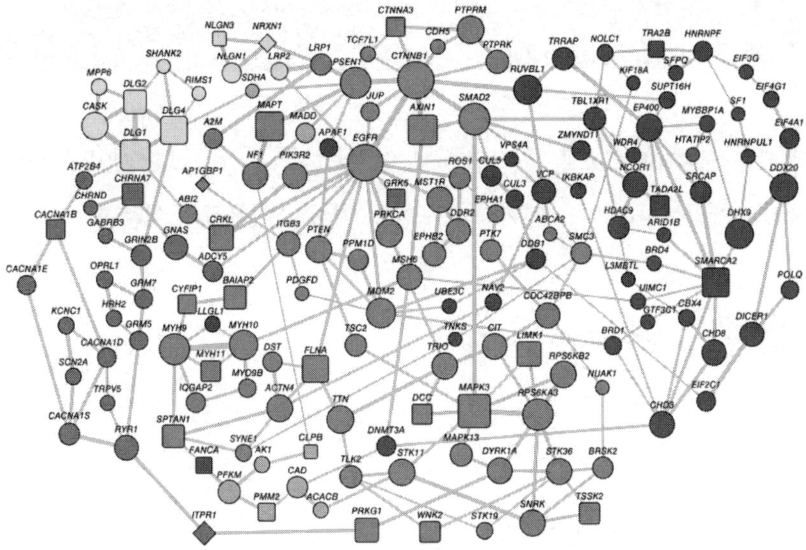

그림 1.6 자폐(autism) 질병에 대한 유전자 네트워크

1.4.4 IoT 네트워크

IoT 네트워크는 자율주행 자동차(autonomous cars), 스마트 기기(smart appliances), 그리고 웨어러블 기술(wearable tech) 등 이들 간에 서로 연결되어 통신하는 사물인터넷(IoT, internet of things) 네트워크를 말한다.

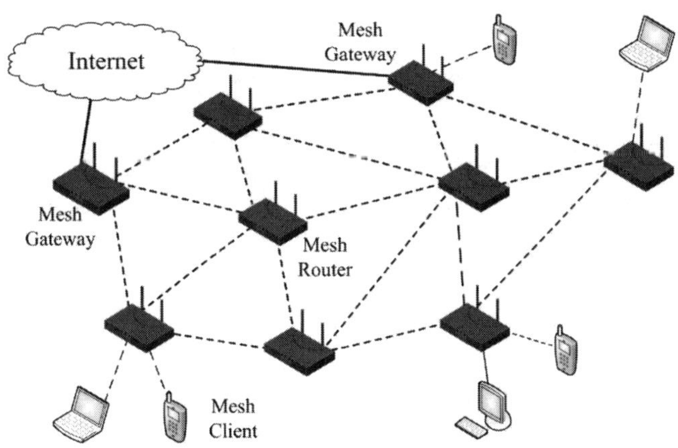

그림 1.7 IoT 네트워크

1.5 네트워크 분석을 위한 R 패키지

R에서 제공하는 네트워크 분석을 위한 패키지는 다음과 같다. [표 1.2]에서는 분석 연습에 활용할 수 있는 네트워크 데이터와 포함된 패키지 이름을 보여준다.

코드 1.4.1 UserNetR 패키지 설치

```
install.packages("devtools")
library(devtools)

install_github("DougLuke/UserNetR")
library(UserNetR)
help(package = "UserNetR")
```

코드 1.4.2 네트워크 분석 패키지 설치

```
install.packages("igraph")
install.packages("sna")
install.packages("intergraph")
install.packages("statnet")
install.packages("network")
install.packages("Rsiena")
install.packages("ergm")
library(igraph)
library(sna)
library(intergraph)
library(statnet)
library(network)
library(Rsiena)
library(ergm)
```

표 1.2 네트워크 데이터와 포함된 패키지 이름

패키지	데이터셋 이름	설명
UserNetR	FIFA_Nether	FIFA 네덜란드 축구선수 패스 데이터
statnet, sna	Moreno	Moreno가 만든 사회연결망 데이터
statnet	ICTS_G10	Washington University의 Institute of Clinical and Translational Sciences (ICTS)에서 협동 연구. 493명 연구원의 1,359개 에지
statnet, igraph	DHHS	54명 tobacco control experts가 11개 기관에서 2005년 협업한 데이터
statnet, igraph, sna	Bali	테러리스트 연결 데이터
ergm	TCnetworks	Tobacco control agency
RSiena, UserNetR	Coevolve	교우관계 데이터. 37명 학생 간 4개 시점에서의 친밀관계, 성별, 흡연 상태
mixer, sand	fblog	French political blog 데이터. 무방향 그래프, 192개 노드, 1,431개 에지 name: URL of the blog PolParty: political party
UserNetR	lhds	공중보건부서(public health department)의 1,283명 지도자의 커뮤니케이션 연결

igraphdata 패키지에 네트워크 데이터가 내장되어 있어 연습에 활용할 수 있다. 네트워크 데이터셋의 이름을 [표 1.3]에서 보여준다. 다음과 같이 데이터를 불러오면 된다.

```
install.packages("igraphdata")
library(igraphdata)
data(package = "igraphdata")
data(Koenigsberg)
```

표 1.3 igraphdata 패키지에 내장된 네트워크 데이터

데이터셋 이름	설명
Koenigsberg	Bridges of Koenigsberg from Euler's times
UKfaculty	Friendship network of a UK university faculty
USairports	US airport network, 2010 December
enron	Enron Email Network

(계속)

데이터셋 이름	설명
foodwebs	A collection of food webs
immuno	Tobacco control agency
karate	Zachary's karate club network
kite	Krackhardt's kite
macaque	Visuotactile brain areas and connections
yeast	Yeast protein interaction network

CHAPTER

02

네트워크 요약통계량

네트워크를 이해하기 위해 네트워크에 대한 구조적 특성을 탐색하고자 한다. 위상적 구조(topological structure)를 요약하는 지역적이고 전체적인 간단한 통계량뿐만 아니라 복잡한 관계와 패턴을 나타내는 통계량까지 살펴보도록 한다.

2.1 노드와 에지

네트워크 그래프의 기본적인 요소는 노드(node, vertex)와 에지(edge)이다. 네트워크 특성은 노드와 에지를 기반으로 다음과 같다.

(1) 노드 연결성 또는 연결성차수(node degree) 기반 특성화
(2) 노드-노드 간 중심성 관련한 중요성을 측정

[정의 2.1] 네트워크 그래프(network graph)는 $G=(V,E)$로 놓는다. 여기서 V는 노드집합, E는 에지집합이다. 노드 $v\in V$의 연결성차수(degree) d_v는 노드 v에 연결된 에지의 개수이다. N_v은 총노드 개수, N_e는 총에지 개수이다.

[정의 2.2] 연결성차수 수열(degree sequence) $\{d_1,\ldots,d_{N_v}\}$은 각각 들어오는 차수(in-degree) $\{d_v^{in}\}$와 나가는 차수(out-degree) $\{d_v^{out}\}$로 분류한다.

[정의 2.3] 그래프 G는 에지집합 E에 대해 $u,v\in V$ 노드 간 순서가 있는 경우에는 방향성 그래프(directed graph 또는 digraph)라 한다.

그래프에서 연결성(connectivity)에 대한 용어가 필요하다.

[정의 2.4] 근접성(adjacency)은 두 개 노드 $u,v\in V$에 대해 에지 $e_{u,v}\in E$를 갖는 경우이다. 만약, 노드 $v\in V$가 두 에지 $e_1,e_2\in E$의 끝점이 되는 경우 두 에지 $e_1,e_2\in E$는 근접하다(adjacent).

네트워크 그래프 G에서 f_d는 연결성차수(degree) $d_v = d$를 갖는 노드의 비율(fraction of vertices $v \in V$ with degree $d_v = d$)이다.

집합 $\{f_d\}_{d \geq 0}$은 네트워크 G에 대한 연결성차수 분포(degree distribution of G)로 히스토그램으로 나타낼 수 있다. 이러한 연결성차수 분포는 그래프의 연결성에 대한 정보를 주는 요약통계량이 된다.

2.2 그래프 종류

완전 그래프(complete graph)는 모든 노드가 서로 연결된 그래프이다. 정규 그래프(regular graph)는 모든 노드가 같은 연결성차수(degree)를 갖는 그래프이다. 즉, 모든 꼭짓점이 동일한 수의 이웃을 가지는 그래프이며 모든 꼭짓점이 같은 연결성 또는 연결성차수를 가진다.

d-regular graph는 모든 노드가 공통으로 연결성 d를 갖는 그래프이다.

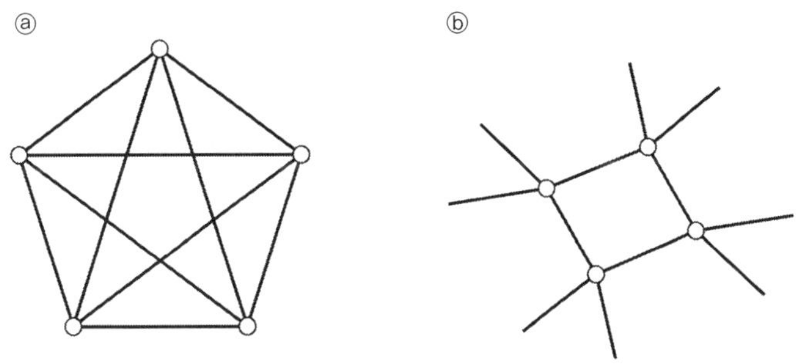

그림 2.1 ⓐ 완전 그래프 ⓑ 4개 노드 4-regular 그래프

싸이클(cycle) 없이 연결된 그래프는 트리(tree)이다. 이러한 트리 그래프의 중복 없는 (상호배타적) 합집합은 포레스트(forest)이다. 트리는 원소들을 계층적으로 저장하는 추상적인 데이터 유형이다.

뿌리노드(root node)로부터의 경로(path)에서 노드의 선행노드는 부모노드(ancestor, parent node)라 한다. 후행노드는 자식노드(descendant, child node)라고 한다. 자식노드가 없는 노드는 잎노드(leaf node)라고 한다.

트리의 종류로 방향성이 있고 비순환인 그래프(DAG, directed acyclic graph)가 있으며 [그림 2.2]와 같이 나타낼 수 있다.

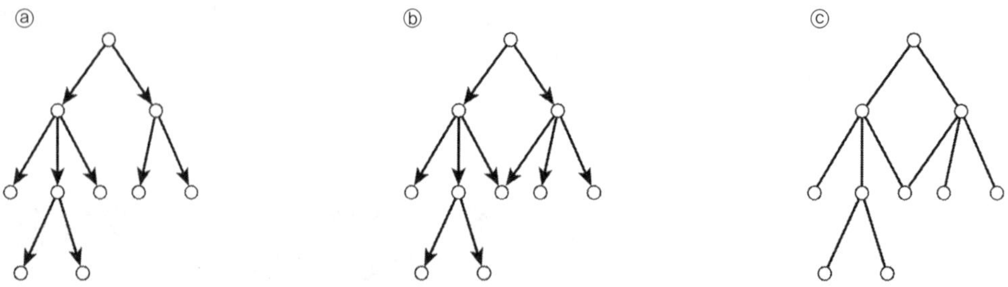

그림 2.2 ⓐ rooted tree ⓑ DAG ⓒ undirected graph

이분 그래프(bipartite graph)는 노드집합이 두 개의 상호배타적인 집합으로 나뉘는 그래프이다. 이분 그래프 $G=(V,E)$에서 노드집합 V는 V_1과 V_2로 상호배타적으로 분할된다. 각 에지는 한쪽은 V_1에 속하고 다른 끝점은 V_2에 속한다. 이러한 그래프는 멤버십 네트워크(membership network)를 나타낼 때 사용된다(그림 2.3).

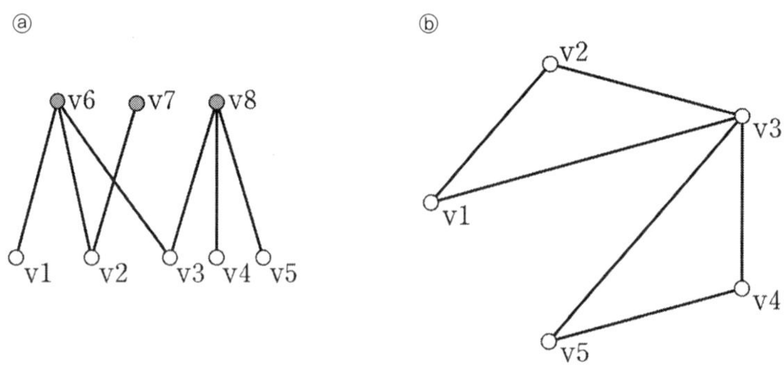

그림 2.3 ⓐ bipartite graph ⓑ graph induced by bipartite graph

2.3 그래프와 행렬대수

그래프 G에 대한 기본적인 연결 관계는 $N_v \times N_v$ 이항 대칭적 행렬 $\boldsymbol{A}$로 나타낼 수 있다. 행렬 $\boldsymbol{A}$는 인접행렬(adjacency matrix)로 부르며 다음과 같다.

$$A_{ij} = \begin{cases} 1, & \text{if } i,j \in E \\ 0, & otherwise \end{cases} \tag{2.1}$$

여기서 $1,...,N_v$는 V의 요소(element)에 일반적으로 할당한 정수(integer)이다. 0인 경우 두 노드가 에지로 연결되지 않고 0이 아닌 경우는 에지로 연결된다.

에지 $e \in E$는 두 개 노드 $u,v \in V$ 간 순서 없는 쌍(unordered pair of vertices)으로 표현한다.

행렬 $\boldsymbol{A}$에 대해 행합(row-sum)은 $A_{i+} = \sum_j A_{ij}$ 노드 i에 대한 차수이며, 대칭성에 의해 $A_{i+} = A_{+i}$이다.

$\boldsymbol{A}^r$은 r번 거듭제곱(r−th power of $\boldsymbol{A}$)으로 A_{ij}^r는 노드 i와 j 간 r번 이동한 결과를 보여준다.

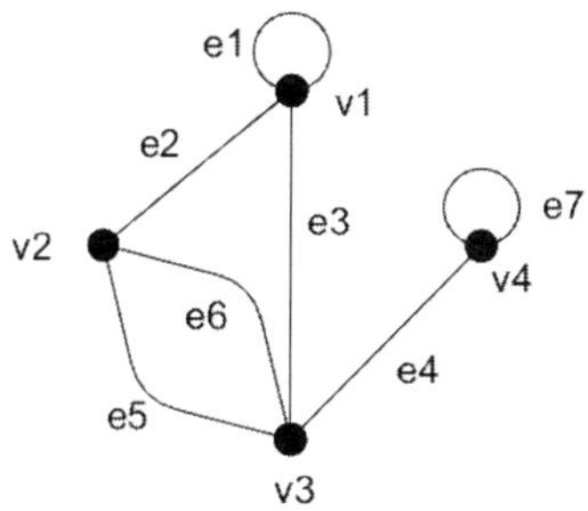

to \ from	v_1	v_2	v_3	v_4
v_1	2	1	1	0
v_2	1	0	2	0
v_3	1	2	0	1
v_4	0	0	1	0

그림 2.4 노드 4개를 포함한 방향성 없는 그래프와 인접행렬

방향성 있는 그래프에 대한 인접행렬 $\boldsymbol{A}$인 경우에는

$$A_{ij} = 1, \quad \text{if } i,j \in E \tag{2.2}$$

는 i에서 j로 방향 있음을 나타낸다. 인접행렬 $\boldsymbol{A}$는 비대칭적이다. 행합과 열합은 다음과 같은 연결성차수를 나타낸다.

$$A_{i+} = d_i^{out} \tag{2.3}$$
$$A_{+j} = d_j^{in}.$$

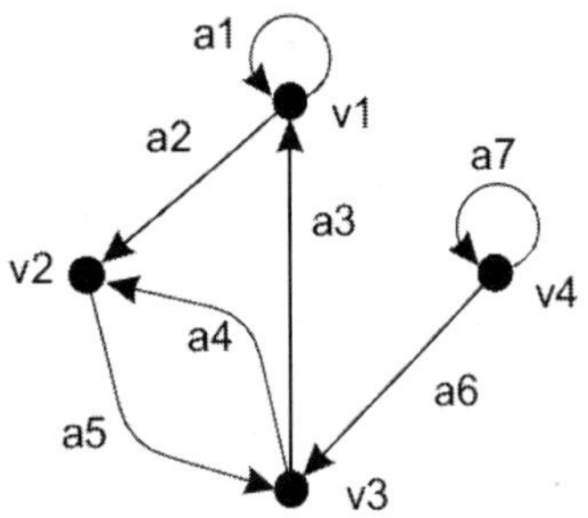

to \ from	v_1	v_2	v_3	v_4	행합
v_1	1	1	0	0	2
v_2	0	0	1	0	1
v_3	1	1	0	0	2
v_4	0	0	1	1	2
열합	2	2	2	1	7

그림 2.5 노드 4개를 포함한 방향성 있는 그래프와 인접행렬

그래프 G를 표현하는 또 다른 유용한 행렬로 접속행렬 또는 발생률행렬(incidence matrix)이 있다. 접속행렬 $\boldsymbol{B}$는 $N_v \times N_e$ 이항행렬로 다음과 같다.

$$B_{ij} = \begin{cases} 1, & \text{if } vertex\ i\ is\ incident\ j \in E \\ 0, & otherwise \end{cases} \tag{2.4}$$

여기서 에지 순서는 임의로 놓는다.

$\widetilde{\boldsymbol{B}}$는 연결된 곳에서 값 1을 가지면, '+' 또는 '–' 부호를 가질 수 있다.

$$\widetilde{\boldsymbol{B}}\widetilde{\boldsymbol{B}}^{\top} = \boldsymbol{D} - \boldsymbol{A} \tag{2.5}$$

여기서 $\boldsymbol{D} = diag[(d_i),\ i \in V]$는 연결성차수를 포함한 대각행렬이다.

표 2.1 방향성 없는 그래프(그림 2.4)에 대한 발생률행렬(노드와 에지로 표현)

	e_1	e_2	e_3	e_4	e_5	e_6	e_7
v_1	2	1	1	0	0	0	0
v_2	0	1	0	0	1	1	0
v_3	0	0	1	1	1	1	0
v_4	0	0	0	1	0	0	2

$N_v \times N_v$ 행렬 $\boldsymbol{L} = \boldsymbol{D} - \boldsymbol{A}$는 그래프 G에 대한 라플라스 연산자(Laplacian of the graph G) 이다.

라플라스 연산자는 임의의 실수 벡터(real-valued vector) $\boldsymbol{x} \in R^{N_v}$에 대해 다음과 같다.

$$\boldsymbol{x}^\top \boldsymbol{L}\boldsymbol{x} = \sum_{i,j \in E} (x_i - x_j)^2. \tag{2.6}$$

이 값이 0에 가까울수록 근접한 노드이다. 따라서 라플라스 연산자 계산을 통해 그래프 G에 대한 평활성(smoothness)을 나타낼 수 있다.

행렬 $\boldsymbol{L}$의 특성을 보면 양의 준정부호행렬(positive semidefinite matrix)이므로 고유값은 음이 아니다.

$$\boldsymbol{L}\mathbf{1} = \mathbf{0} \tag{2.7}$$

여기서 $\mathbf{1}$ 벡터는 요소가 모두 1인 $n_v \times 1$ 벡터, $\mathbf{0}$ 벡터는 요소가 모두 0인 $n_v \times 1$ 벡터이다. 행렬 $\boldsymbol{L}$의 최소고유값 $\lambda_1 = 0$, 두 번째 고유값 λ_2는 가장 중요한 고유값으로 이 값이 클수록 그래프 G가 분리되는 부분그래프로 나누기 어려움을 의미한다.

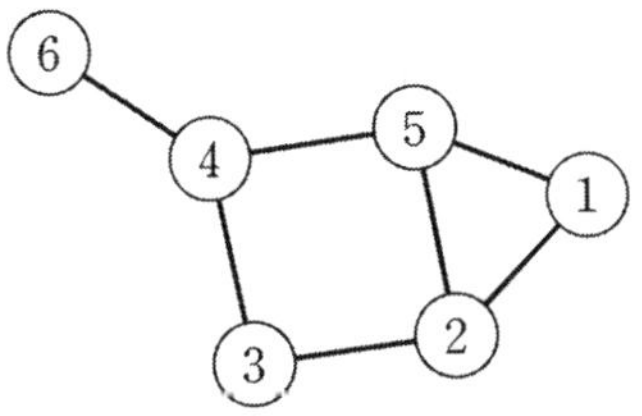

그림 2.6 번호 라벨을 가진 그래프 G

표 2.2 번호 라벨을 가진 그래프 G(그림 2.6)에 대한 행렬

연결성차수 행렬 D	인접행렬 A	라플라스 행렬 $L = D - A$
$\begin{bmatrix} 2&0&0&0&0&0 \\ 0&3&0&0&0&0 \\ 0&0&2&0&0&0 \\ 0&0&0&3&0&0 \\ 0&0&0&0&3&0 \\ 0&0&0&0&0&1 \end{bmatrix}$	$\begin{bmatrix} 0&1&0&0&1&0 \\ 1&0&1&0&1&0 \\ 0&1&0&1&0&0 \\ 0&0&1&0&1&1 \\ 1&1&0&1&0&0 \\ 0&0&0&1&0&0 \end{bmatrix}$	$\begin{bmatrix} 2&-1&0&0&-1&0 \\ -1&3&-1&0&-1&0 \\ 0&-1&2&-1&0&0 \\ 0&0&-1&3&-1&-1 \\ -1&-1&0&-1&3&0 \\ 0&0&0&-1&0&1 \end{bmatrix}$

라플라스 행렬은 다음과 같으며 인접행렬의 정보를 담고 있다.

$$L_{ij} = \begin{cases} d_{v_i} = degree(v_i) & \text{if } i = j \\ -1 & \text{if } i \neq j \text{ and } v_i \text{ is adjacent} \\ 0 & \text{otherwise.} \end{cases}$$

라플라스 행렬을 정규화하면,

$$L_{ij}^{sym} = \begin{cases} 1 & \text{if } i = j \\ \dfrac{-1}{\sqrt{d_{v_i} d_{v_j}}} & \text{if } i \neq j \text{ and } v_i \text{ is adjacent to } v_j \\ 0 & \text{otherwise} \end{cases}$$

으로 $\boldsymbol{L}^{sym} = \boldsymbol{D}^{-1/2}\boldsymbol{L}\,\boldsymbol{D}^{-1/2}$로 구한다. 여기서 $\boldsymbol{L}^{sym}$은 정보를 압축한 행렬로 볼 수 있다.

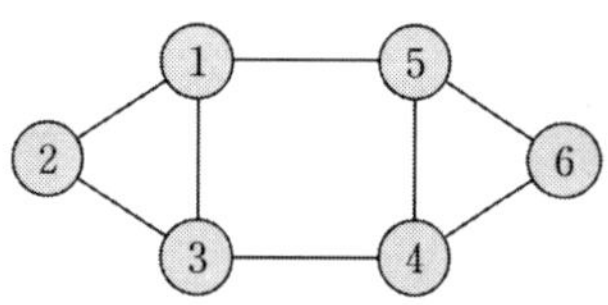

$$L = D - A$$

$$L = \begin{bmatrix} 3 & -1 & -1 & 0 & -1 & 0 \\ -1 & 2 & -1 & 0 & 0 & 0 \\ -1 & -1 & 3 & -1 & 0 & 0 \\ 0 & 0 & -1 & 3 & -1 & -1 \\ -1 & 0 & 0 & -1 & 3 & -1 \\ 0 & 0 & 0 & -1 & -1 & 2 \end{bmatrix}$$

그림 2.7 번호 라벨을 가진 그래프와 라플라스 행렬

2.4 네트워크 중심성 측도

그래프 $G = (V, E)$는 방향성 없는 네트워크 그래프로 N_v개 노드를 포함한다.

2.4.1 연결성차수

[정의 2.5] 노드 v에 대한 연결성차수(degree) d_v,

d_v는 노드 v에 연결된 에지 개수이다.

연결성차수는 네트워크 내에서 노드 v가 다른 노드에 연결되는, 즉 접속되는 양을 나타낸다. 만약 어떤 노드에 연결된 노드가 없다면 해당 노드의 연결성차수는 0이며 고립노드(isolate)가 된다.

$\{d_1, \ldots, d_{N_v}\}$는 연결성차수 수열이다. 연결성차수의 평균을 구하면 노드들의 평균적인 활동성을 알 수 있다. 연결성차수의 분산을 구하면 노드들의 연결성의 균등성을 알 수 있다.

방향성 있는 그래프인 경우에는 $\{d_v^{in}\}_{v \in V}$과 $\{d_v^{out}\}_{v \in V}$를 구할 수 있다. 여기서 $\{d_v^{in}\}$는 들어오는 차수(in-degree)로 내향 연결정도, $\{d_v^{out}\}$는 나가는 차수(out-degree)로 외향 연결정도로 구분하여 알 수 있다.

예를 들어, 단백질 네트워크 {Sgg, Tim, Dbt, Per, dCLK, Cyc}에서 연결성차수가 {1, 3, 4, 4, 3, 3}일 때(그림 2.8), 연결성차수 분포(degree distribution)는 $\{f_1 = 1/6, f_3 = 1/2, f_4 = 1/3\}$이다.

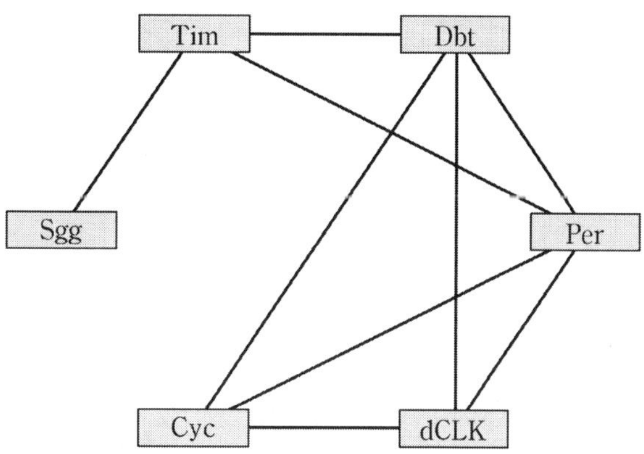

그림 2.8 단백질 결속을 나타내는 방향성 없는 네트워크 그래프

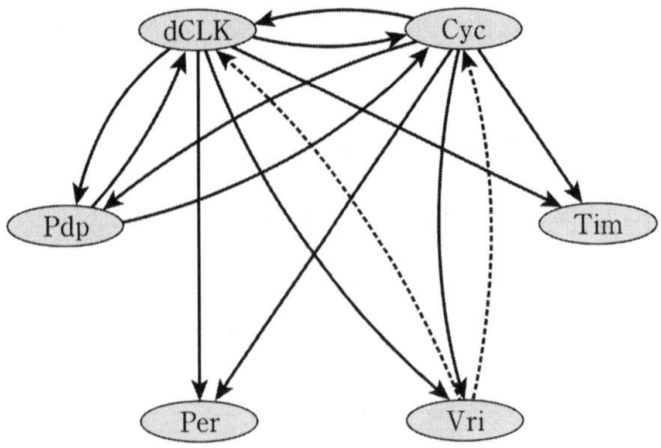

그림 2.9 단백질 결속을 나타내는 방향성 있는 네트워크 그래프

방향성 있는 네트워크 그래프의 경우 연결성차수 분포는 들어오는 차수와 나가는 차수 분포로 나누어 정의된다.

예를 들어, 유전자 정규 네트워크(그림 2.8)를 보면, 들어오는 연결성차수 분포(in-degree distribution)는 $\{f_2^{in}=2/3,\ f_3^{in}=1/3\}$, 나가는 연결성차수 분포(out-degree distribution)는 $\{f_0^{out}=1/3,\ f_2^{out}=1/3,\ f_4^{out}=1/3\}$이다.

연결성차수 분포가 네트워크의 특성을 나타내준다. 그러나 [그림 2.10]에서는 연결성차수 분포는 같지만 서로 다른 모양의 그래프를 보여준다.

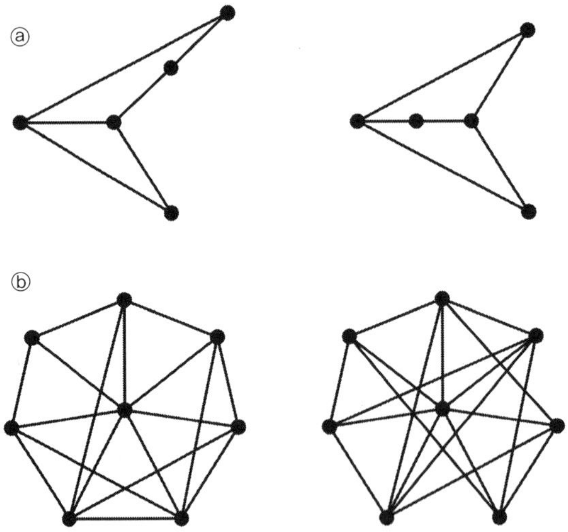

ⓐ degree sequence {3,3,2,2,2} ⓑ degree sequence {7,5,5,4,4,4,4,3}

그림 2.10 같은 연결성차수 분포를 갖는 서로 다른 그래프

2.4.2 근접중심성

근접성(closeness)은 한 노드가 다른 노드들에 대해 얼마만큼 가까운가를 나타낸다. 각 노드의 근접중심성은 한 노드가 자신을 제외한 모든 노드로 가는 경로의 수 합의 역수로 구한다. 즉, 특정 노드가 임의 노드로 가기까지 거쳐야 하는 연결 횟수가 적다면 근접중심성 값은 크고, 반대로 다른 노드로 가기까지 평균적으로 거쳐야 하는 연결 횟수가 많으면 근접중심성 값이 작아진다. 어떤 노드가 다른 노드들과 가깝다면 중심적인 위치에 있다고 볼 수 있다. 이러한 측도로 근접중심성(closeness centrality)은 다음과 같이 정의한다.

[정의 2.6] 근접중심성(closeness centrality)

$$c_{Cl}(v) = \frac{1}{\sum_{u \in V} dist(v,u)} \tag{2.8}$$

여기서 $dist(v,u)$는 노드 $u,v \in V$ 간 거리이다.

[정의 2.7] 정규화 근접중심성

$$c_{Cl}{}^{*}(v) = \frac{1}{\frac{1}{N_v - 1}\sum_{u \in V} dist(v,u)} = (N_v - 1) \times c_{Cl}(v). \tag{2.9}$$

근접중심성 $N_v - 1$을 곱하여 [0, 1] 사이의 값을 갖도록 정규화한다.

2.4.3 중개중심성

중개중심성(betweenness centrality)도 네트워크 분석에서 중개역할에 대해 중요한 지표가 된다. 이는 한 노드가 다른 노드에 얼마만큼 연결고리 역할을 해주는지를 측정하여 관계를 분석하는 것이다.

[정의 2.8] 중개중심성

$$c_B(v) = \sum_{s \neq t \neq v \in V} \frac{\sigma(s,t|v)}{\sigma(s,t)} \tag{2.10}$$

여기서 $\sigma(s,t|v)$ 노드 s에서 노드 t로 갈 때 노드 v를 거쳐 가는 최단거리경로(shortest path)이다. 이러한 경로의 합은 $\sigma(s,t) = \sum_v \sigma(s,t|v)$ 이다.

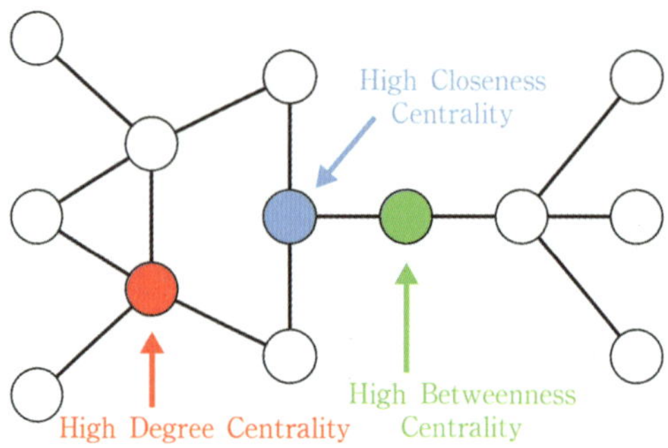

그림 2.11 네트워크에서 연결성차수(degree), 근접성(closeness), 중개성(betweeness)

2.4.4 위세중심성

위세중심성(eigenvector centrality)은 '지위(status)', '권위(prestige)', '계급(rank)'을 나타내고자 한다. 즉, 좀 더 중심역할을 하는 노드 또는 중심성을 나타내고자 하는 측도로 고유벡터를 구한다.

[정의 2.9] 위세중심성

$$c_{Ei}(v) = \alpha \sum_{\{u,v\} \in E} c_{Ei}(u) \tag{2.11}$$

여기서 벡터 $\boldsymbol{c}_{Ei} = (c_{Ei}(1), \ldots, c_{Ei}(N_v))^{\top}$는 다음과 같이 고유값을 구한다.

$$Ac_{Ei} = \alpha^{-1} c_{Ei} \tag{2.12}$$

A는 그래프 G에 대한 인접행렬, 적정해(solution) α^{-1}는 A의 최대 고유값이다.

[그림 2.12]에서는 ⓐ 네트워크에 대해 근접성, 중개성, 위세성에 따라 중요도가 클수록 가운데 놓이도록 그린 그림이다. 가운데 놓인 노드를 보면 근접성(ⓑ)의 경우는 파란색 노드, 중개성(ⓒ)의 경우는 노란색 노드, 위세성(ⓓ)의 경우에는 빨간색 노드가 중심에 있어 측도에 따라 중심성이 다를 수 있음을 보여준다.

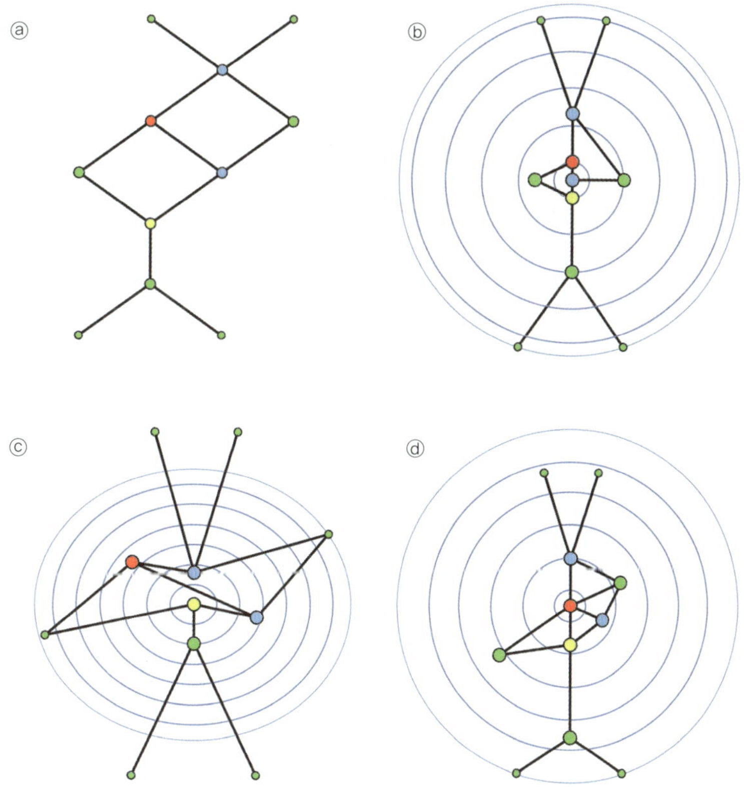

그림 2.12 ⓐ 주어진 네트워크 ⓑ 근접성 ⓒ 중개성 ⓓ 위세성을 표현한 그래프

2.4.5 중심화

여러 중심성 통계량은 노드 또는 에지 기반으로 정의된다. 그래프 수준에서의 요약통계량이 필요하며 중심화 통계량을 이용한다.

[정의 2.10] 중심화지수(centralization index)

$$c = \frac{\sum_{v \in V}[c^* - c(v)]}{\max \sum_{v \in V}[c^* - c(v)]} \tag{2.13}$$

여기서 c^*는 그래프 전체에서 중심성 통계량 $c(v)$의 최댓값이다.

2.5 네트워크 응집성 측도

네트워크의 응집된 구조는 노드들의 부분집합이 국지적으로 밀도가 높은 구조를 포함한다. 네트워크 분석에서 네트워크 응집성(network cohesion)을 포함한 문제는 에지를 정의하는 관계의 관점에서 서로 함께 뭉치는(stick together) 노드들의 집합이다.

예를 들어, 소셜 네트워크에서 어떤 행위자들끼리 잘 뭉치는가? 세포 내 단백질의 어떤 집합이 비슷하게 작동하는가? www(World Wide Web)에서 어떤 유형의 내용에 따라 페이지들이 연결되는가? 등의 문제는 응집성에 관한 문제로 볼 수 있다.

소셜 네트워크에서 어떤 사람들은 많은 연결 관계를 맺지만 그렇지 않은 사람들도 있다. 연결이 잘 되어있는, 즉 응집성이 높은 네트워크는 전체 구성원들끼리 보유한 자원을 잘 활용하고 문제해결 시 다양한 관점을 활용할 수 있다.

[정의 2.11] 클리크(clique) H는 완전한 부분그래프를 나타낸다(complete subgraph H of G). 즉, 부분그래프에서는 모든 노드가 연결되어 에지를 갖는다.

네트워크 연구에서 관심 있는 질문 중에 네트워크 응집성 문제가 있으며, 이를 측정하기 위한 여러 가지 통계량이 있다. 클리크(clique)는 명백히 정의할 수 있는 응집성이지만 결집(cluster)은 기준에 따라 암묵적으로 정의할 수 있다.

2.5.1 지역밀도

그래프 G(with no self-loops and no multiple edges)에서 부분그래프 $H=(V_H, E_H)$에 대한 밀도를 지역밀도라고 한다.

[정의 2.12] 지역밀도(local density)

$$den(H) = \frac{|E_H|}{|V_H|(|V_H|-1)/2} \tag{2.14}$$

여기서 $|E_H|$는 에지 개수, $|V_H|$는 노드 개수를 나타낸다.
지역밀도의 분자는 에지 개수, 분모는 가능한 에지 개수이며, $den(H)$ 값은 0~1 사이로 H가 클리크에 가까워진 정도를 나타낸다.

2.5.2 결집계수

연결된 삼각형(connected triple)은 세 개 노드가 두 개 에지에 의해 연결된 부분그래프이다.

[정의 2.13] 그래프 G에 대한 결집계수(clustering coefficient)

$$cl(G) = \frac{1}{V'} \sum_{v \in V'} cl(v) \tag{2.15}$$

여기서 $V' \subseteq V$는 $d_v \geq 2$인 노드들의 집합이다.

$\tau_\Delta(v)$는 그래프 G에서 삼각형(triangle) 개수, $\tau_3(v) = \binom{d_v}{2}$는 노드 v에 연결된 삼각형 개수, $cl(v) = \dfrac{\tau_\Delta(G)}{\tau_3(G)}$이다.

가중평균(weighted average)은 다음과 같이

$$\frac{\sum_{v \in V'} \tau_3(v) \times cl(v)}{\sum_{v \in V'} \tau_3(v)} \tag{2.16}$$

을 계산하여 활용한다.

[정의 2.14] 전이성(transitivity)

$$cl_T(G) = \frac{3\tau_\triangle(G)}{\tau_3(G)} \tag{2.17}$$

여기서 $\tau_\triangle(G) = (1/3)\sum_{v \in V} \tau_\triangle(v)$는 그래프에서 삼각형 개수이고, $\tau_3(G) = \sum_{v \in V} \tau_3(v)$는 연결된 삼각형(connected triples) 개수이다.

전이성의 예로는 소셜 네트워크에서 내 친구의 친구가 내 친구인 경우가 있다.

2.6 응집성

클리크(clique)와 클러스터(cluster)로 국소적인 응집성 특성을 볼 수 있다. 이번에는 전체적인 관점으로 응집성을 살펴보고자 한다. 기본적인 질문은 네트워크를 분리할 수 있는가, 그렇지 못하다면 그래프에 대한 정보 측면에서 어떻게 응집되어있는가이다.

뭉쳐 있는 노드들의 작은 규모의 부분집합을 찾고 몇 개의 부분그래프로 분리되는가 또는 얼마나 가까운가 등에 대해 알고자 하며, 이는 네트워크에서 정보의 흐름을 파악하는 데 도움이 된다.

[정의 2.15] 네트워크에서의 거리

$$\bar{l} = \frac{1}{N_v(N_v+1)/2} \sum_{u \neq v \in V} dist(u,v) \tag{2.18}$$

여기서 N_v는 노드 개수이다. 네트워크에서의 거리는 두 노드 간 평균 거리로 계산한다.

예를 들어, 소셜 네트워크에서는 최단 거리 6단계를 거치면 연결되고(Milgram, 1967), 단백질 네트워크에서는 평균 거리 3.68이면 5,128개 단백질 노드에 연결할 수 있다.

2.7 그래프 분할

그래프 분할(graph partitioning)은 그래프를 부분집합으로 나누는 것이다.

[정의 2.16] 노드 v_i와 v_j에 대한 비유사도(dissimilarity)

$$x_{ij} = \frac{|N_{v_i} \triangle N_{v_j}|}{d_{(N_V)} + d_{(N_V - 1)}} \tag{2.19}$$

여기서 N_v는 노드 v의 이웃점 집합이다. $\triangle$는 두 집합 사이의 차를 구하는 연산자이다.

$d_{(i)}$는 연결성차수 수열에서 i번째 값이다($d_{(1)} < d_{(2)} < \cdots$).

[정의 2.17] 유클리드 거리 비유사도(Euclidean distance dissimilarity)

$$x_{ij} = \sqrt{\sum_{k \neq i,j} (A_{ik} - A_{jk})^2} \tag{2.20}$$

여기서 $\boldsymbol{A}$는 인접행렬, x_{ij}는 행 i와 j 사이의 유클리드 거리(Euclidean distance)이다.

$C=\{C_1,...,C_K\}$는 분할 후보 집합이다. $f_{ij}=f_{ij}(C)$는 C_i 분할에서의 노드와 C_j 분할에서의 노드와의 연결성차수를 나타내는 에지들의 비율이다.

[그림 2.13]의 그래프를 보면 3개의 작은 커뮤니티가 있어 보이는데, 이러한 것을 어떻게 찾을 수 있을까? 이 네트워크의 커뮤니티 구조는 얼마나 모듈화되어 있을까? 이러한 모듈성을 정량화하기 위한 통계량이 필요하다.

[정의 2.18] 분할 C에 대한 모듈성(modularity of a partition C)

$$\text{mod}(C)=\sum_{k=1}^{K}[f_{kk}(C)-f_{kk}^{*}]^2 \tag{2.21}$$

여기서 f_{kk}^{*}는 랜덤 에지 할당 모형에서의 f_{kk}의 기댓값이다. 또한,

$$f_{kk}=f_{k+}f_{+k} \tag{2.22}$$

여기서 f_{k+}, f_{+k}는 각각 k번째 행과 k번째 열에 대한 합이다. $f=\{f_{ij}\}$는 $K\times K$ 행렬이다.

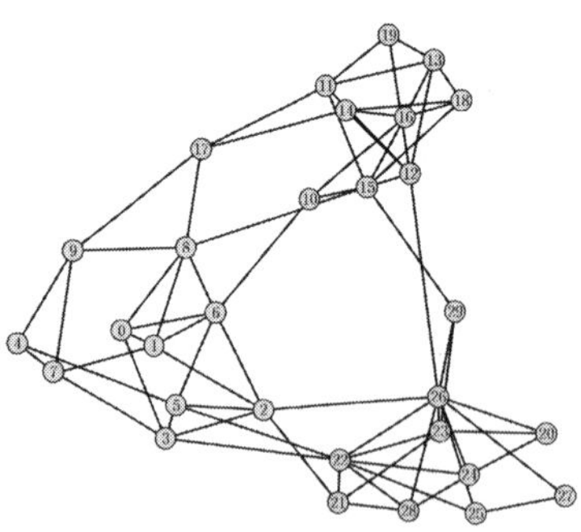

그림 2.13 3개 모듈이 있어 보이는 네트워크

2.8 스펙트럼 분할

인접행렬에 대한 고유값과 라플라스 연산자를 이용해 스펙트럼 그래프이론(spectral graph theory)을 기반으로 그래프 분할을 할 수 있다.

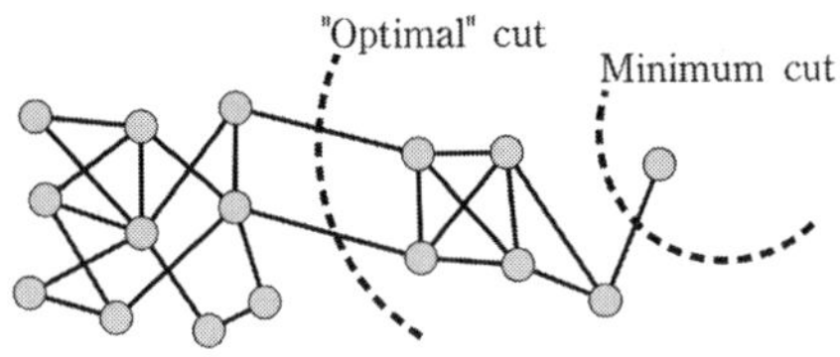

그림 2.14 네트워크 분할 문제

인접행렬 $\boldsymbol{A}$에 대한 고유값과 고유벡터는 다음과 같이 구한다.

$$\boldsymbol{A}\boldsymbol{x}_i = \lambda_i \boldsymbol{x}_i \tag{2.23}$$

을 풀어 N_v개 쌍 $(\lambda_i, \boldsymbol{x}_i) \in R \times R^{N_v}$을 얻는다. 여기서 $\lambda_1 \leq \lambda_2 \leq \cdots \leq \lambda_{N_v}$는 행렬 $\boldsymbol{A}$에 대한 N_v개 고유값이고 $\boldsymbol{x}_1, \ldots, \boldsymbol{x}_{N_v}$는 고유값에 해당하는 고유벡터이다.

두 개의 d-regular graph(각 노드가 d개 이웃을 갖는 그래프)를 형성한다면, 가장 큰 두 개의 고유값을 관심 있게 보게 된다. 나머지 고유값은 $O(d^{1/2})$ 크기를 갖는다. [그림 2.15]에서는 d값이 다른 d-regular graph의 예를 보여준다.

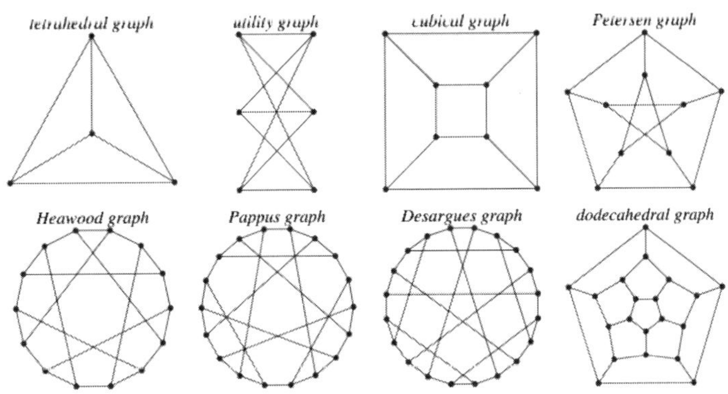

그림 2.15 d값이 다른 d-regular graph 예

다른 방법으로 그래프 라플라스 연산자를 활용하여 스펙트럼 분할을 한다.

$$\boldsymbol{L} = \boldsymbol{D} - \boldsymbol{A} \tag{2.24}$$

여기서 $\boldsymbol{D} = diag[(d_v)]$는 연결성차수를 나타내는 대각행렬이다.

그래프에 대한 등주번호(isoperimetric number of a graph)는 다음과 같이 정의한다.

$$\phi(G) = \min_{S \subset V : |S| \leq N_V/2} \phi(S, \overline{S}) \tag{2.25}$$

여기서 $\phi(S, \overline{S}) = |E(S, \overline{S})|/|S|$는 $(S, \overline{S})$로 분할된 비($ratio$)이다.

등주번호의 범위는

$$\frac{\lambda_2}{2} \leq \phi(G) \leq \sqrt{\lambda_2 (2d_{\max} - \lambda_2)} \tag{2.26}$$

으로 $d_{\max}$는 G의 최대 연결성차수이다.

Fiedler(1973)는 두 번째 고유값 λ_2를 그래프의 연결성차수와 분할에 대한 정보로 활용하여 해당 고유벡터 $\boldsymbol{x}_2$로 분할을 제안했다.

$$S = \{v \in V : \boldsymbol{x}_2(v) \geq 0\} \quad \text{and} \quad \overline{S} = \{v \in V : \boldsymbol{x}(v) < 0\}. \tag{2.27}$$

고유벡터 $\boldsymbol{x}_2$는 Fiedler vector로 불리며 해당 고유값 λ_2는 Fiedler value로 부른다. 다음의 연결성을 나타내는 관계식을 만족한다.

$$\phi(G) \leq \phi(S, \overline{S}) \leq \frac{\phi^2_{(G)}}{d_{\max}} \leq \lambda_2 \tag{2.28}$$

여기서 스펙트럼 이분할(spectral bisection)은 $\phi(G)$를 만족하는 최적 분할을 찾는 데 계산이 효율적이다.

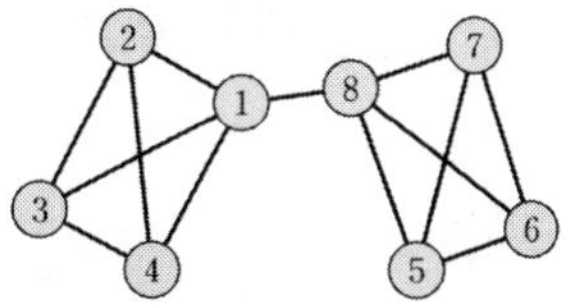

$\lambda_1 = 0$
$\lambda_2 = 0.354$

$$L = \begin{bmatrix} 4 & -1 & -1 & -1 & 0 & 0 & 0 & -1 \\ -1 & 3 & -1 & -1 & 0 & 0 & 0 & 0 \\ -1 & -1 & -1 & -1 & 0 & 0 & 0 & 0 \\ -1 & -1 & 3 & 3 & 0 & 0 & 0 & 0 \\ 0 & 0 & 0 & 0 & 3 & -1 & -1 & -1 \\ 0 & 0 & 0 & 0 & -1 & 3 & -1 & -1 \\ 0 & 0 & 0 & 0 & -1 & -1 & 3 & -1 \\ -1 & 0 & 0 & 0 & -1 & -1 & -1 & 4 \end{bmatrix} \quad \boldsymbol{v}_2 = \begin{bmatrix} 0.247 \\ 0.383 \\ 0.383 \\ 0.383 \\ -0.383 \\ -0.383 \\ -0.383 \\ -0.247 \end{bmatrix}$$

그림 2.16 네트워크 분할 문제

2.9 동류성

그래프 G에서 f_{ij}는 i번째 범주의 노드와 j번째 범주의 노드가 연결된 에지 비율이다. f_{i+}는 i번째 범주의 주변분포, f_{+j}는 j번째 범주의 주변분포이다. 상관성 척도를 활용하여 범주 간 동류성 정도를 구한다.

[정의 2.19] 동류성 계수(assortativity coefficient)

$$r_a = \frac{\sum_i f_{ii} - \sum_i f_{i+} f_{+i}}{1 - \sum_i f_{i+} f_{+i}} \tag{2.29}$$

랜덤하게 만들어진 그래프와 차이가 없다면 $r_a = 0$이다.

-1(비동류성)$\le r_a \le 1$(동류성) 사잇값을 갖는다. 만약, 각 범주의 노드들이 서로 연결된다면 최솟값을 갖게 된다.

$$r_a^{\min} = -\frac{\sum_i f_{i+} f_{+i}}{1 - \sum_i f_{i+} f_{+i}}. \tag{2.30}$$

에지는 연속형 또는 순서형 변수로 볼 수 있다. 에지 $e \in E$에 연결된 쌍 (x_e, y_e)에 대한 피어슨 상관계수(Pearson correlation coefficient)는 다음과 같다.

$$r = \frac{\sum_{x,y} xy(f_{xy} - f_{x+} f_{+y})}{\sigma_x \sigma_y} \tag{2.31}$$

여기서 σ_x, σ_y는 f_{x+}, f_{+y} 분포에 대한 표준편차이다.

2.10 R을 이용한 네트워크 기본 통계량

네트워크 기본 통계량을 구하기 위해 R에서는 statnet과 igraph 패키지에 내장된 함수를 사용한다. 각 패키지의 함수명은 [표 2.3]에서 보여준다.

표 2.3 statnet과 igraph 패키지에 내장된 네트워크 기본 통계량 함수

Measures	statnet 패키지	igraph 패지키
Degree	degree()	degree()
Closeness	closeness()	closeness()
Betweenness	betweenness()	betweenness()
Eigenvector	evcent()	evcent()
Bonacich power	bonpow()	bonpow()
Flow betweenness	flowbet()	
Information	infocent()	

예제 2.10.1

인접행렬 A를 갖는 네트워크 데이터에 대해 기본 통계량을 구하고자 한다. 다음은 노드 6개를 포함한 네트워크이다.

$$A=\begin{bmatrix}0\,1\,0\,0\,0\,0\\1\,0\,1\,1\,0\,0\\0\,1\,0\,0\,0\,1\\0\,1\,0\,0\,1\,1\\0\,0\,0\,1\,0\,1\\0\,0\,1\,1\,1\,0\end{bmatrix}$$

코드 2.10.1 **네트워크 데이터 생성**

```
A <- rbind(c(0,1,0,0,0,0),
           c(1,0,1,1,0,0),
           c(0,1,0,0,0,1),
           c(0,1,0,0,1,1),
           c(0,0,0,1,0,1),
           c(0,0,1,1,1,0))
rownames(A) <- 1:6
colnames(A) <- 1:6
A
```

\>>> **결과 2.10.1**

```
> A
  1 2 3 4 5 6
1 0 1 0 0 0 0
2 1 0 1 1 0 0
3 0 1 0 0 0 1
4 0 1 0 0 1 1
5 0 0 0 1 0 1
6 0 0 1 1 1 0
```

코드 2.10.2 **네트워크 객체(network object) 변환과 네트워크 그림**

```
library(statnet)
A.net <-network(A, directed = FALSE) # 그림 2.17
gplot(A.net, gmode = "graph", displaylabels = T, vertex.col = "green2")
```

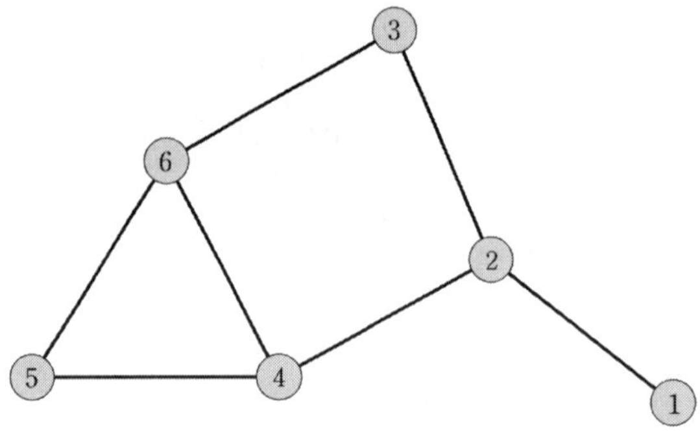

그림 2.17 인접행렬 A를 갖는 네트워크 그림

코드 2.10.3 degree centrality

```
degree(A.net, gmode = "graph")
```

>>> **결과 2.10.3**

```
> degree(A.net, gmode = "graph")
[1] 1 3 2 3 2 3
```

6개 각 노드의 연결성차수를 출력한다. 2번, 4번, 6번 노드가 최대연결성차수 3을 갖는다.

코드 2.10.4 closeness centrality

```
cls <- rep(NA, 6)
for (i in 1:6) {
  cls[i] <- 1/sum(geodist(A)$gdist[i,])
}
cls
cls*(6-1)

closeness(A.net)
closeness(A.net, rescale = TRUE)
```

>>> **결과 2.10.4**

```
> cls
[1] 0.0909 0.1429 0.1250 0.1429 0.1111 0.1250
> cls*(6-1)
[1] 0.455 0.714 0.625 0.714 0.556 0.625

> closeness(A.net)
     1      2      3      4      5      6
0.0909 0.1429 0.1250 0.1429 0.1111 0.1250
> closeness(A.net, rescale = TRUE)
    1     2     3     4     5     6
0.455 0.714 0.625 0.714 0.556 0.625
```

6개 각 노드의 정규화 근접중심성을 출력한다. 2번과 4번 노드가 최대 근접중심성 값 0.714를 갖는다.

코드 2.10.5 betweenness centrality

```
betweenness(A.net)
betweenness(A.net)*2/((6-1)*(6-2))
betweenness(A.net, rescale = TRUE)
```

>>> **결과 2.10.5**

```
> betweenness(A.net)
  1   2   3   4   5   6
0.0 4.5 1.0 3.0 0.0 1.5
> betweenness(A.net)*2/((6-1)*(6-2))
   1    2    3    4    5    6
0.00 0.45 0.10 0.30 0.00 0.15
> betweenness(A.net, rescale = TRUE)
   1    2    3    4    5    6
0.00 0.45 0.10 0.30 0.00 0.15
```

6개 각 노드의 중개중심성을 출력한다. 2번 노드가 최대 중개중심성을 갖는다.

코드 2.10.6 eigenvector centrality

```
x1 <- eigen(A)$vectors[,1]
x1/max(abs(x1))

x0 <- c(1,1,1,1,1,1)
for (i in 1:30) {

  xi <- A %*% x0
  scaled_xi <- xi/max(abs(xi)) # inf-norm

  x0 <- xi
}

scaled_xi
evcent(A.net)$vector
```

>>> **결과 2.10.6**

```
> scaled_xi
  [,1]
1 0.311
2 0.789
3 0.694
4 1.000
5 0.777
6 0.972

> evcent(A.net)$vector
    1     2     3     4     5     6
0.311 0.790 0.694 1.000 0.777 0.973
```

6개 각 노드의 위세중심성을 출력한다. 4번 노드가 최대 위세중심성을 갖는다.

예제 2.10.2

DHHS 네트워크 데이터에 대해 기본적인 통계량을 구하고자 한다. DHHS Collaboration Network(DHHS) 데이터는 미국에서 54명 tobacco control experts가 11개 기관에서 2005년에 협업한 네트워크 데이터이다. 두 사람의 연결은 협업을 한 경우가 있는 정도로 다음의 수준값을 갖는다.

1: Shared information only
2: Worked together informally
3: Worked together formally on a project
4: Worked together formally on multiple projects

코드 2.10.7 DHHS 네트워크 기본 통계량의 상관성

```
library(UserNetR)
data(DHHS)
df.prom <- data.frame(
  deg = degree(DHHS),
  cls = closeness(DHHS),
  btw = betweenness(DHHS),
  evc = evcent(DHHS),
  inf = infocent(DHHS),  # information centrality
  flb = flowbet(DHHS))   # flow betweenness scores
cor(df.prom)  # correlation among a set of centrality measures
```

>>> 결과 2.10.7

```
> cor(df.prom)
       deg    cls    btw    evc    in     flb
deg    1.000  0.973  0.750  0.972  0.902  0.944
cls    0.973  1.000  0.787  0.934  0.890  0.941
btw    0.750  0.787  1.000  0.600  0.485  0.884
evc    0.972  0.934  0.600  1.000  0.940  0.843
inf    0.902  0.890  0.485  0.940  1.000  0.773
flb    0.944  0.941  0.884  0.843  0.773  1.000
```

네트워크 기본 측도로 6개 중심성 측도 간 상관성을 출력한다.

예제 2.10.3

Bali terrorist 네트워크 데이터에 대해 기본적인 통계량을 구하고자 한다.

코드 2.10.8 (1) Bali terrorist network degree

```
library(RColorBrewer)
library(UserNetR)
library(statnet)
data(Bali)
str(degree(Bali))
summary(degree(Bali))
```

>>> 결과 2.10.8

```
> str(degree(Bali))
 num [1:17] 18 8 18 30 18 20 6 18 18 10 ...
> summary(degree(Bali))
   Min.  1st Qu.  Median   Mean   3rd Qu.   Max.
    6.0   10.0     18.0    14.8    18.0     30.0
```

Bali terrorist 네트워크의 노드에 대한 연결성차수의 평균은 14.8이다.

코드 2.10.8 (2) interaction among the 17 members

```
my_pal <- brewer.pal(5, "Set2")
rolecat <- Bali %v% "role"

gplot(Bali, usearrows = FALSE, displaylabels = TRUE,
     vertex.col = my_pal[as.factor(rolecat)],
     edge.lwd = 0, edge.col = "grey25") # 그림 2.18
legend("topright", legend = c("BM","CT","OA","SB", "TL"),
      col = my_pal, pch = 19, pt.cex = 2)
```

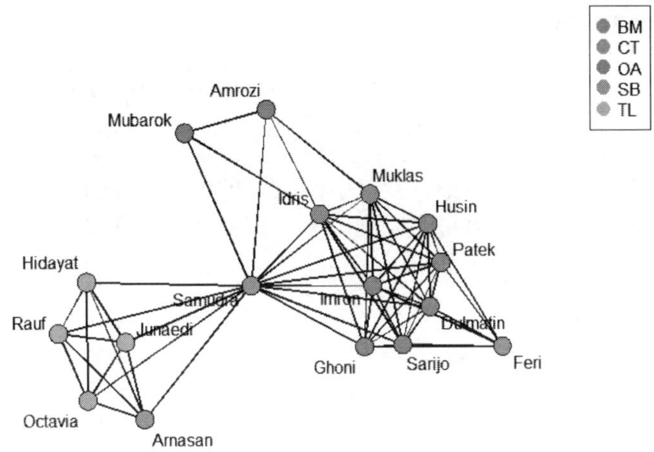

그림 2.18 Bali terrorist network

코드 2.10.8 (3) centrality of the 17 members

```
df.prom2 <- data.frame(degree(Bali),
                       closeness(Bali),
                       betweenness(Bali))

rownames(df.prom2) <- Bali %v% "vertex.names"
colnames(df.prom2) <- c("degree", "closeness", "betweenness")

df.promsort <- df.prom2[order(-df.prom2$degree),]
cd <- centralization(Bali, degree)
cc <- centralization(Bali, closeness)
cb <- centralization(Bali, betweenness)

df.promsort <- rbind(df.promsort, c(cd, cc, cb))
rownames(df.promsort)[18] <- "<em>Centralization<em>"
install.packages("htmlTable")
library(htmlTable)
df.promsort <- apply(df.promsort, 2, function(x){round(x,2)})
df.promsort <- htmlTable(df.promsort, total = T)
print(df.promsort, type = "html", useViewer = T)
```

>>> 결과 2.10.8

	degree	closeness	betweenness
Samudra	30	0.94	122.33
Idris	20	0.73	12.33
Muklas	18	0.7	4.67
Imron	18	0.7	3.33
Dulmatin	18	0.7	3.33
Husin	18	0.7	3.33
Ghoni	18	0.7	3.33
Patek	18	0.7	3.33
Sarijo	18	0.7	3.33
Feri	12	0.48	0
Arnasan	10	0.57	0
Rauf	10	0.57	0
Octavia	10	0.57	0
Hidayat	10	0.57	0
Junaedi	10	0.57	0
Amrozi	8	0.55	0.67
Mubarok	6	0.53	0
Centralization	**0.54**	**0.33**	**0.5**

EXCERCISE

연습문제

EXCERCISE

1. 다음의 그래프에 대해 답하시오.

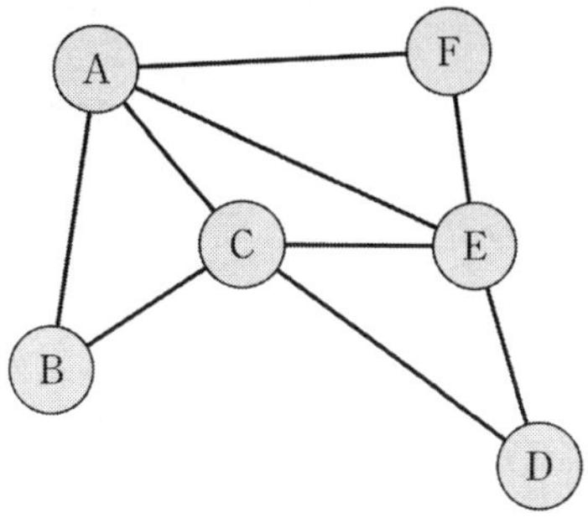

(a) 노드집합 V를 쓰시오.

(b) 에지집합 E를 쓰시오.

(c) 인접행렬을 만드시오.

(d) 노드별로 다음의 통계량을 채우시오.

통계량(centrality)	노드 이름					
	A	B	C	D	E	F
degree						
closeness						
betweeness						
eigenvector						

2. 다음의 네트워크에 대해 답하시오.

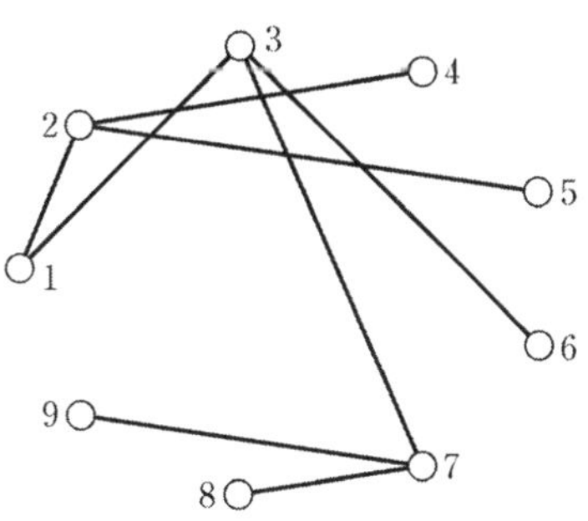

(a) 인접행렬을 만드시오.

(b) 여러 가지 네트워크 요약통계량을 구하시오.

3. **다음 유형의 네트워크를 고려하여 물음에 답하시오.**

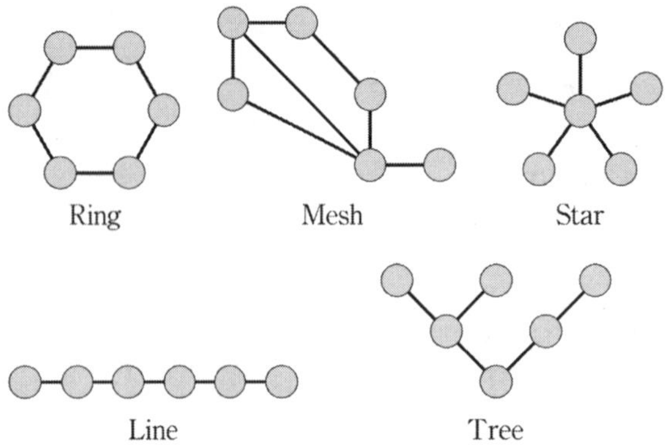

(a) 연결성중심화가 가장 큰 네트워크를 고르시오.

(b) 근접성중심화가 가장 큰 네트워크를 고르시오.

(c) 중개성중심화가 가장 큰 네트워크를 고르시오.

(d) 밀도가 가장 큰 네트워크를 고르시오.

4. **다음 유형의 네트워크를 고려하여 물음에 답하시오.**

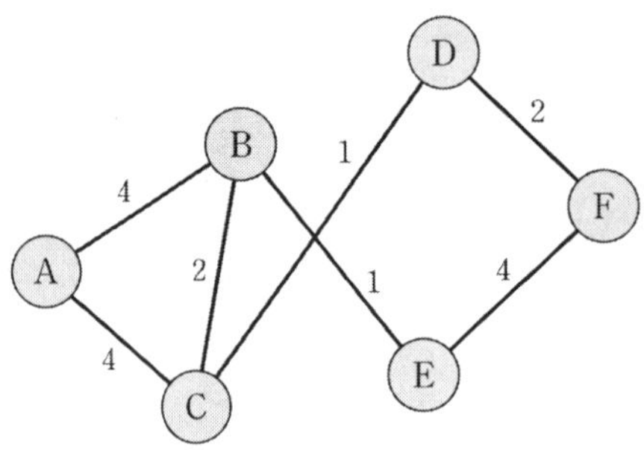

(a) 에지 가중값을 고려한 인접행렬을 만드시오.

(b) 에지 가중값을 고려하지 않고 연결 여부를 0, 1로 하여 인접행렬을 만드시오.

5. **확률변수 X는 다음의 Pareto 분포를 따르며 다음의 확률밀도함수를 갖는다.**

$$f(x) = \frac{\alpha x_0^\alpha}{x^{\alpha+1}} \quad \text{for } x > x_0, \quad x_0, \alpha > 0.$$

x_0는 알려져 있고 서로 독립인 확률표본 $\{x_1, \ldots, x_n\}$에 대해 답하시오.

(a) 로그 우도함수를 구하시오.

(b) α에 대한 최대우도추정량을 구하시오.

(c) α, x_0를 고정하고 $n = 100$으로 놓고 컴퓨터를 이용하여 확률표본을 발생하여 에지값으로 간주한다. 노드 연결성차수 분포를 히스토그램으로 그리시오.

CHAPTER

03

R에서 네트워크 데이터 다루기

네트워크 분석을 위해서 우선 네트워크 데이터를 이해하고 그림으로 표현하고 다루는 작업을 하고자 한다.

이 장에서는 다음의 R 패키지를 활용한다.

```
library(UserNetR)
library(igraph)
library(statnet)
```

3.1 네트워크 데이터 개념

3.1.1 근접행렬

두 노드 간의 연결 여부를 0과 1로 나타낸 정방행렬(square matrix)로 나타낸다. 방향성 있는 연결 관계(directed tie)에서는 행이 시작 노드, 열이 도착 노드를 나타낸다. 이러한 상황을 근접행렬(adjacency matrix)로 나타낸다.

3.1.2 에지 리스트

에지 리스트(edge list)는 연결 관계가 있는 두 노드 쌍을 목록으로 정리한 것으로 두 개의 열로 구성되며 첫 번째 열은 시작 노드, 두 번째 열은 도착 노드를 나타낸다.

3.2 R에서 네트워크 객체 생성과 관리

3.2.1 statnet 패키지에서 네트워크 객체 생성

네트워크 데이터 객체를 생성하기 위해 network() 함수를 이용한다. 옵션을 사용하여 연결의미를 포함한 관계형 데이터(relational data)로 만들어야 한다. 주로 adjacency matrix 또는 edge list 옵션을 사용한다.

코드 3.2.1 **(1) adjacency matrix를 사용한 network 객체 생성**

```
library(statnet)
netmat1 <- rbind(c(0,1,1,0,0),
                 c(0,0,1,1,0),
                 c(0,1,0,0,0),
                 c(0,0,0,0,0),
                 c(0,0,1,0,0))
rownames(netmat1) <- c("A","B","C","D","E")
colnames(netmat1) <- c("A","B","C","D","E")
net1 <- network(netmat1, matrix.type = "adjacency")
class(net1)
summary(net1)
gplot(net1, vertex.col = 2, displaylabels = TRUE)  # 그림 3.1
```

>>> 결과 3.2.1 (1)

```
> class(net1)
[1] "network"
> summary(net1)
Network attributes:
  vertices = 5
  directed = TRUE
  hyper = FALSE
  loops = FALSE
  multiple = FALSE
  bipartite = FALSE
 total edges = 6
   missing edges = 0
   non-missing edges = 6
 density = 0.3
```

```
Vertex attributes:
  vertex.names:
   character valued attribute
   5 valid vertex names

No edge attributes

Network adjacency matrix:
  A B C D E
A 0 1 1 0 0
B 0 0 1 1 0
C 0 1 0 0 0
D 0 0 0 0 0
E 0 0 1 0 0
```

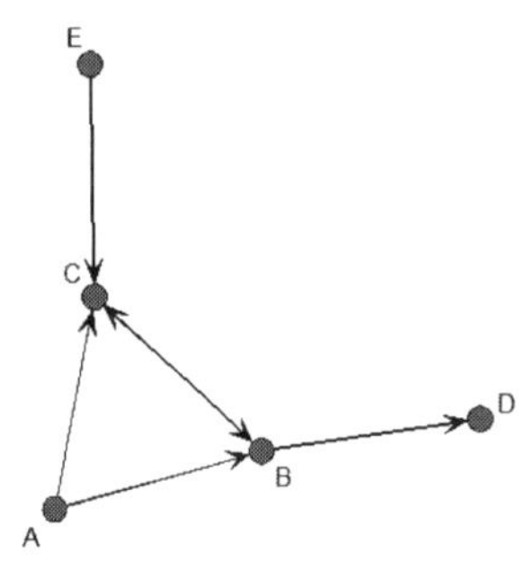

그림 3.1 노드와 방향성 에지를 표현한 네트워크

코드 3.2.1 (2) edge-list를 사용한 network 객체 생성

```
netmat2 <- rbind(c(1, 2),
                 c(1, 3),
                 c(2, 3),
                 c(2, 4),
                 c(3, 2),
                 c(5, 3))
net2 <- network(netmat2, matrix.type = "edgelist")
```

```
network.vertex.names(net2) <- c("A","B","C","D","E")
summary(net2)
```

\>>> **결과 3.2.1 (2)**

```
> summary(net2)
Network attributes:
  vertices = 5
  directed = TRUE
  hyper = FALSE
  loops = FALSE
  multiple = FALSE
  bipartite = FALSE
 total edges = 6
   missing edges = 0
   non-missing edges = 6
 density = 0.3

Vertex attributes:
  vertex.names:
   character valued attribute
   5 valid vertex names

No edge attributes

Network adjacency matrix:
  A B C D E
A 0 1 1 0 0
B 0 0 1 1 0
C 0 1 0 0 0
D 0 0 0 0 0
E 0 0 1 0 0
```

코드 3.2.1 (3) 네트워크 데이터를 다른 행렬 형태로 만들기

```
as.sociomatrix(net1)
class(as.sociomatrix(net1))
all(as.matrix(net1) == as.sociomatrix(net1))
as.matrix(net1, matrix.type = "edgelist")
```

>>> **결과 3.2.1 (3)**

```
> as.sociomatrix(net1)
  A B C D E
A 0 1 1 0 0
B 0 0 1 1 0
C 0 1 0 0 0
D 0 0 0 0 0
E 0 0 1 0 0
> class(as.sociomatrix(net1))
[1] "matrix" "array"
> all(as.matrix(net1) == as.sociomatrix(net1))
[1] TRUE
> as.matrix(net1, matrix.type = "edgelist")
     [,1] [,2]
[1,]    1    2
[2,]    3    2
[3,]    1    3
[4,]    2    3
[5,]    5    3
[6,]    2    4
attr(,"n")
[1] 5
attr(,"vnames")
[1] "A" "B" "C" "D" "E"
```

3.2.2 노드와 연결성 다루기

3.2.2.1 노드 속성

다음의 예에서는 노드 속성을 만드는데 두 가지 다른 방법을 설명한다. 우선 statnet 패키지의 vertex attributes() 함수를 사용한다.

코드 3.2.2 (1) net1 네트워크 객체에 대해 "gender" 변수를 추가하여 노드 속성으로 입력

```
set.vertex.attribute(net1, "gender", c("F", "F", "M", "F", "M"))
```

코드 3.2.2 (2) "alldeg"를 노드 속성으로 입력

```
net1 %v% "alldeg" <- degree(net1)
list.vertex.attributes(net1)
summary(net1, print.adj = FALSE)
```

>>> **결과 3.2.2 (2)**

```
> net1 %v% "alldeg" <- degree(net1)
> list.vertex.attributes(net1)
[1] "alldeg"     "gender"     "na"          "vertex.names"
> summary(net1, print.adj = FALSE)
Network attributes:
  vertices = 5
  directed = TRUE
  hyper = FALSE
  loops = FALSE
  multiple = FALSE
  bipartite = FALSE
 total edges = 6
   missing edges = 0
   non-missing edges = 6
 density = 0.3
```

```
Vertex attributes:

 alldeg:
   numeric valued attribute
   attribute summary:
   Min. 1st Qu.  Median    Mean 3rd Qu.    Max.
     1.0     1.0     2.0     2.4     4.0     4.0

 gender:
   character valued attribute
   attribute summary:
F M
3 2
  vertex.names:
   character valued attribute
   5 valid vertex names

No edge attributes
```

코드 3.2.2 (3) 속성 value 확인

```
get.vertex.attribute(net1, "gender")
net1 %v% "alldeg"
```

>>> 결과 3.2.2 (3)

```
> get.vertex.attribute(net1, "gender")
[1] "F" "F" "M" "F" "M"
> net1 %v% "alldeg"
[1] 2 4 4 1 1
```

3.2.3 연결속성

에지에 대한 연결속성(tie attributes)으로 난수를 부여한 새로운 속성을 만들고 이러한 정보를 활용하고자 한다.

코드 3.2.3 "rndval"을 연결에 대한 속성으로 에지 속성으로 입력

```
list.edge.attributes(net1)
set.edge.attribute(net1, "rndval", runif(network.size(net1), 0, 1))
list.edge.attributes(net1)
summary(net1 %v% "rndval")
summary(get.edge.attribute(net1, "rndval"))
```

>>> 결과 3.2.3

```
> list.edge.attributes(net1)
[1] "na"    "rndval"
> summary(net1 %e% "rndval")
   Min. 1st Qu.  Median    Mean 3rd Qu.    Max.
  0.147   0.286   0.352   0.372   0.383   0.725
> summary(get.edge.attribute(net1, "rndval"))
   Min. 1st Qu.  Median    Mean 3rd Qu.    Max.
  0.147   0.286   0.352   0.372   0.383   0.725
```

네트워크의 속성으로 연속변수로서 값을 포함할 수 있으며 이러한 값을 에지 속성으로 다룰 수 있고 에지 속성을 추가할 수도 있다. statnet 패키지에서는 에지 속성으로 값이 저장될 수 있다.

이번에는 사회행렬 또는 근접행렬로부터 에지 속성에 대한 값을 저장하고자 한다. ignore.eval와 names.eval 옵션을 사용한다. 근접행렬의 값에 네트워크 함수 적용 여부와 새롭게 생성된 에지 속성에 대한 이름을 부여한다.

코드 3.2.4 (1) valued network를 저장하는 방법

```
netvall <- rbind(c(0,2,3,0,0),
                 c(0,0,3,1,0),
                 c(0,1,0,0,0),
                 c(0,0,0,0,0),
                 c(0,0,2,0,0))
netvall <- network(netvall, matrix.type = "adjacency",
                   ignore.eval = FALSE, names.eval = "like")
```

```
network.vertex.names(netvall) <- c("A","B","C","D","E")
list.edge.attributes(netvall)
get.edge.attribute(netvall, "like")
```

>>> **결과 3.2.4 (1)**

```
netvall <- rbind(c(0,2,3,0,0),
            c(0,0,3,1,0),
            c(0,1,0,0,0),
            c(0,0,0,0,0),
            c(0,0,2,0,0))
netvall <- network(netvall, matrix.type = "adjacency",
              ignore.eval = FALSE, names.eval = "like")
network.vertex.names(netvall) <- c("A","B","C","D","E")
list.edge.attributes(netvall)
get.edge.attribute(netvall, "like")
```

에지 속성으로 저장된 값을 as.sociomatrix() 함수로 인접행렬을 만들 수 있다.

코드 3.2.4 **(2) 네트워크 데이터를 다른 데이터 포맷으로 바꾸기**

```
as.sociomatrix(netvall)
as.sociomatrix(netvall, attrname = "like")
```

>>> **결과 3.2.4 (2)**

```
> as.sociomatrix(netvall)
  A B C D E
A 0 1 1 0 0
B 0 0 1 1 0
C 0 1 0 0 0
D 0 0 0 0 0
E 0 0 1 0 0

> as.sociomatrix(netvall, attrname = "like")
  A B C D E
```

```
A 0 2 3 0 0
B 0 0 3 1 0
C 0 1 0 0 0
D 0 0 0 0 0
E 0 0 2 0 0
```

3.3 네트워크 객체 생성

네트워크를 다루는 주요한 R 패키지로 igraph를 활용하는데, igraph의 네트워크 객체는 그래프로서 근접행렬 또는 에지 리스트로부터 생성될 수 있다.

코드 3.3.1 (1) adjacency matrix를 사용하여 igraph 객체 생성과 요약 정보

```
detach(package:statnet)
library(igraph)
inet1 <- graph.adjacency(netmat1)
class(inet1)

summary(inet1) # igraph 객체로부터 요약 정보
print.igraph(inet1)
```

>>> 결과 3.3.1 (1)

```
> summary(inet1)
IGRAPH 06da46a DN-- 5 6 --
+ attr: name (v/c)
> print.igraph(inet1)
IGRAPH 06da46a DN-- 5 6 --
+ attr: name (v/c)
+ edges from 06da46a (vertex names):
[1] A->B A->C B->C B->D C->B E->C
```

결과를 보면, 네트워크 inet1은 방향이 있으며 노드의 이름이 있고 5개 노드와 6개 에지를 포함한다. 네트워크에 대한 요약으로 출력을 읽어보면 "IGRAPH" 다음에 쓰인 "D"는 directed를 의미하고 "N"은 노드가 name을 가진다는 뜻이다. 그다음 쓰인 숫자는 순서대로 노드 개수와 에지 개수를 나타낸다. print.igraph() 함수는 에지 리스트까지 출력한다.

코드 3.3.1 (2) edge-list를 사용하여 igraph 객체 생성

```
inet2 <- graph.edgelist(netmat2)
summary(inet2)
```

>>> 결과 3.3.1 (2)

```
> summary(inet2)
IGRAPH 9157749 D--- 5 6 --
```

statnet 패키지를 사용할 경우 노드와 연결속성을 추가로 만들고 변환할 수 있다.

정점접근자함수(vertex accessor function)로 V() 함수를 사용한다. 마찬가지로 에지접근자함수(edge accessor function)로 E() 함수를 사용한다. 다음 예에서는 노드에 대해 이름을 주고 연결에 대해서는 edge 값을 할당한다.

코드 3.3.2 node 이름과 edge 값 지정

```
V(inet2)$name <- c("A","B","C","D","E")
E(inet2)$val <- c(1:6)
summary(inet2)
print.igraph(inet2)
```

>>> 결과 3.3.2

```
> print.igraph(inet2)
IGRAPH 9157749 DN-- 5 6 --
+ attr: name (v/c), val (e/n)
+ edges from 9157749 (vertex names):
[1] A->B A->C B->C B->D C->B E->C
```

3.4 네트워크 객체 변환

각 패키지에서 사용하는 네트워크 객체가 다를 수 있으니 활용되는 객체로 변환해 주어야 한다. intergraph 패키지에서는 asIgraph() 함수를 이용하여 네트워크 객체로 변환한다.

코드 3.4.1 network 객체를 igraph 객체로 변환

```
# install.packages("intergraph")
library(intergraph)
class(net1)
net1igraph <- asIgraph(net1)
class(net1igraph)
print.igraph(net1igraph)
```

>>> 결과 3.4.1

```
> class(net1)
[1] "network"
> class(net1igraph)
[1] "igraph"
> print.igraph(net1igraph)
IGRAPH 4c661f2 D--- 5 6 --
+ attr: alldeg (v/n), gender (v/c), na (v/l), vertex.names (v/c), na (e/l), rndval
| (e/n)
+ edges from 4c661f2:
[1] 1->2 3->2 1->3 2->3 5->3 2->4
```

3.5 네트워크 데이터 가져오기

에지 리스트(edge list)를 csv로 저장하고자 한다.

코드 3.5.1 **edge-list를 csv 파일로 저장**

```
detach("package:igraph", unload = TRUE)
library(statnet)
netmat3 <- rbind(c("A", "B"),
                 c("A", "C"),
                 c("B", "C"),
                 c("B", "D"),
                 c("C", "B"),
                 c("E", "C"))
net.df <- data.frame(netmat3)
net.df
write.csv(net.df, file = "MyData.csv", row.names = FALSE)
```

>>> 결과 3.5.1

```
> net.df
  X1 X2
1 A B
2 A C
3 B C
4 B D
5 C B
6 E C
```

위 결과를 보면, 두 개 노드를 쌍으로 나타내어 에지가 있음을 나타낸다. 즉, 6개의 에지가 있으며 에지를 갖는 각 쌍을 보여준다.

이번에는 에지 리스트가 저장된 csv 파일을 읽고 네트워크 객체로 변환하고자 한다. 먼저, summary() 함수로 네트워크 특성 정보를 출력한다.

코드 3.5.2 csv 데이터를 network 객체로 변환

```
net.edge <- read.csv(file = "MyData.csv")
net_import <- network(net.edge, matrix.type = "edgelist")
# vertex 순서 다를 경우: permute.vertexIDs(net_import, vids = c(1,2,3,5,4))
summary(net_import)
gden(net_import) # graph density
```

>>> **결과 3.5.2**

```
> summary(net_import)
Network attributes:
  vertices = 5 (노드 5개)
  directed = TRUE (방향성 있음)
  hyper = FALSE
  loops = FALSE (루프 없음)
  multiple = FALSE
  bipartite = FALSE (이분 그래프 아님)
 total edges = 6 (전체 에지 개수 = 6개)
   missing edges = 0
   non-missing edges = 6
 density = 0.3 (degree density value=0.3)

Vertex attributes:
  vertex.names:
   character valued attribute
   5 valid vertex names

No edge attributes

Network adjacency matrix: (네트워크 근접행렬)
  A B C D E
A 0 1 1 0 0
B 0 0 1 1 0
C 0 1 0 0 0
D 0 0 0 0 0
E 0 0 1 0 0
> gden(net_import)
[1] 0.3
```

3.6 일반적인 네트워크 데이터 작업

3.6.1 노드 값을 기반으로 필터링

네트워크에서 노드값(node value)이 노드 속성으로 저장된 경우 이러한 정보를 이용하여 관심 있는 부분네트워크를 추출할 수 있다.

코드 3.6.1 (1) gender = "female"인 노드 추출과 네트워크 그리기

```
n1F <- get.inducedSubgraph(net1, which(net1 %v% "gender" == "F"))
n1F[,]
gplot(n1F, displaylabels = TRUE)  #subnetwork plot # 그림 3.2
```

>>> **결과 3.6.1 (1)**

```
> n1F[,]
  A B D
A 0 1 0
B 0 0 1
D 0 0 0
```

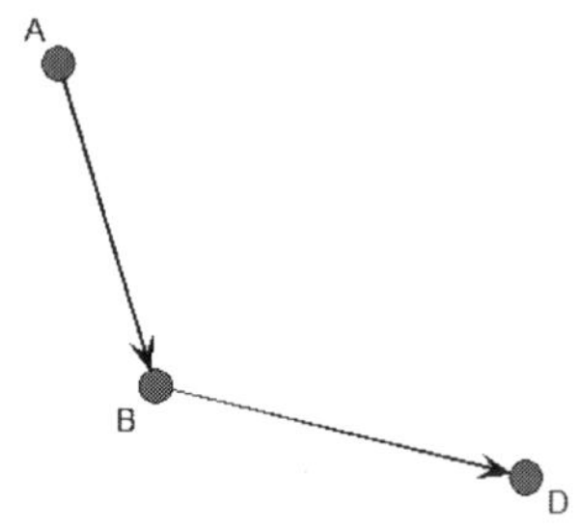

그림 3.2 노드와 방향성 있는 에지

코드 3.6.1 (2) degree가 2 이상인 노드 추출

```
deg <- net1 %v% "alldeg"
n2 <- net1 %s% which(deg > 1)
```

```
# Calling %s% with a single vector of vertices has an identical effect
gplot(n2, displaylabels = TRUE)  # 그림 3.3
```

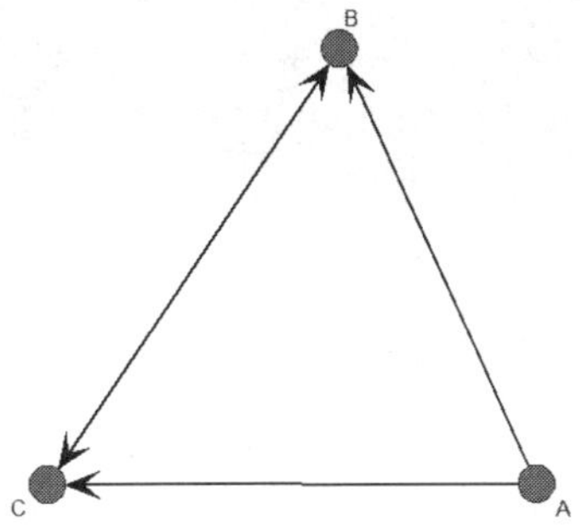

그림 3.3 노드 degree 2인 경우와 방향성 있는 에지

3.7 고립된 노드 삭제

고립(isolate)된 노드, 즉 노드 연결성차수가 0인 노드를 삭제한 네트워크를 얻고자 한다.

예제 3.7.1

ICTS 데이터는 Washington University의 Institute of Clinical and Translational Sciences(ICTS)에서 493명의 공동연구에 대한 네트워크 데이터이다. 이 데이터에서 고립된 노드를 제거하고 분석 작업을 하고자 한다.

코드 3.7.1 (1) ICTS 데이터의 isolated node 개수

```
library(UserNetR)
data(ICTS_G10)
gden(ICTS_G10)
length(isolates(ICTS_G10))
```

>>> **결과 3.7.1 (1)**

```
> gden(ICTS_G10)
[1] 0.0112
> length(isolates(ICTS_G10))
[1] 96
```

코드 3.7.1 (2) ICTS 데이터 copy, isolated node 삭제

```
n3 <- ICTS_G10
delete.vertices(n3, isolates(n3))
gden(n3)
length(isolates(n3))

par(mfrow=c(1,2))  # 그림 3.4
gplot(ICTS_G10, vertex.col = 2, displaylabels = FALSE, main="Entire Network")
gplot(n3, displaylabels=FALSE, main="Network w/o isolated ₩n network")
```

>>> **결과 3.7.1 (2)**

```
> gden(n3)
[1] 0.0173
> length(isolates(n3))
[1] 0
```

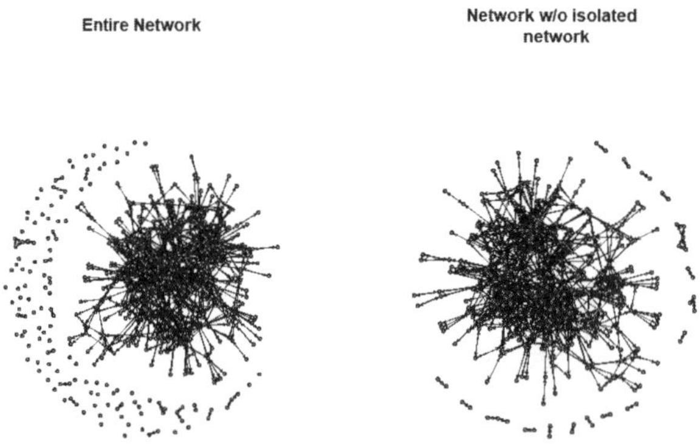

그림 3.4 ICTS 전체 네트워크와 고립된 노드 제거 후 네트워크

3.8 에지값을 기반으로 필터링

네트워크가 에지 연결에 대해 연속값을 갖는 경우를 고려한다. 에지값을 모두 고려한다면 상대적으로 밀도가 높아져 네트워크 구조를 알아보기 어렵고 해석 또한 어려울 수 있다.

예제 3.8.1

DHHS 네트워크 데이터([예제 2.10.2] 참고)를 다루고자 한다.

DHHS Collaboration Network(DHHS) 데이터는 미국에서 11개 기관의 54명 tobacco control experts가 2005년에 협업한 네트워크 데이터이다. 두 사람의 연결은 협업 정도를 나타내며, 수준값으로 1, 2, 3, 4를 갖는다(값이 클수록 협업 관계가 많다).

코드 3.8.1 (1) DHHS 데이터의 density 계산

```
library(UserNetR)
data(DHHS)
d <- DHHS
gden(d)
class(DHHS)
```

>>> 결과 3.8.1 (1)

```
> gden(d)
[1] 0.3124
> class(DHHS)
[1] "network"
```

코드 3.8.1 (2) DHHS 데이터 그리기(filtering 전)

```
op <- par(mar = rep(0, 4)) # 그림 3.5
gplot(d, gmode = "graph", edge.lwd = d %e% 'collab',
```

```
    edge.col = "grey50", vertex.col = "lightblue",
    vertex.cex = 1.0, vertex.sides = 20)
par(op)
```

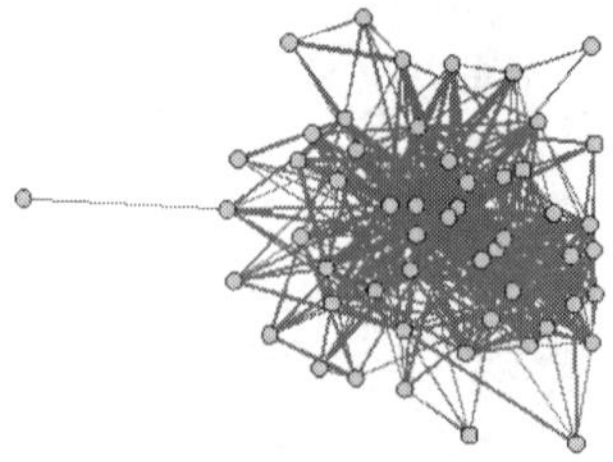

그림 3.5 DHHS 네트워크 데이터

코드 3.8.1 (3) 6번째 노드까지의 raw sociomatrix

```
as.sociomatrix(d)[1:6,1:6]
list.edge.attributes(d)
as.sociomatrix(d, attrname= "collab")[1:6, 1:6]
```

>>> **결과 3.8.1 (3)**

```
> as.sociomatrix(d)[1:6,1:6]
       ACF-1  ACF-2  AHRQ-1 AHRQ-2 AHRQ-3 AHRQ-4
ACF-1    0      1      0      0      0      0
ACF-2    1      0      0      0      0      0
AHRQ-1   0      0      0      1      1      1
AHRQ-2   0      0      1      0      1      1
AHRQ-3   0      0      1      1      0      1
AHRQ-4   0      0      1      1      1      0
> list.edge.attributes(d)
[1] "collab" "na"
```

코드 3.8.1 (4) tie value의 분포

```
table(d %e% "collab")
```

>>> 결과 3.8.1 (4)

```
> table(d %e% "collab")
  1   2   3   4
163 111  94  79
```

코드 3.8.1 (5) tie value가 3 이상인 노드 추출

```
d.val <- as.sociomatrix(d, attrname = "collab")
d.val[d.val < 3] <- 0
d.filt <- as.network(d.val, directed = FALSE,
                   matrix.type = "a", ignore.eval = FALSE,
                   names.eval = "collab")
summary(d.filt, print.adj = FALSE)
gden(d.filt)
```

>>> 결과 3.8.1 (5)

```
> summary(d.filt, print.adj = FALSE)
Network attributes:
  vertices = 54
  directed = FALSE
  hyper = FALSE
  loops = FALSE
  multiple = FALSE
  bipartite = FALSE
 total edges = 173
   missing edges = 0
   non-missing edges = 173
 density = 0.1208945

Vertex attributes:
  vertex.names:
   character valued attribute
   54 valid vertex names
```

```
Edge attributes:
 collab:
  numeric valued attribute
  attribute summary:
  Min. 1st Qu.  Median    Mean 3rd Qu.    Max.
 3.000   3.000   3.000   3.457   4.000   4.000
> gden(d.filt)
[1] 0.1209
```

연결값(tie value)이 3 이상인 노드만 추출한 결과 173개 에지만 나타난다. collab 변수로 보면 3-4 level인 경우로만 걸러진다.

코드 3.8.1 (6) DHHS 데이터 plotting(filtering 후)

```
op <- par(mar = rep(0, 4))  # 그림 3.6
gplot(d.filt, gmode = "graph", displaylabels = TRUE,
      vertex.col = "lightblue", vertex.cex = 1.3,
      label.cex = 0.4, label.pos = 5,
      displayisolates = FALSE)
par(op)
```

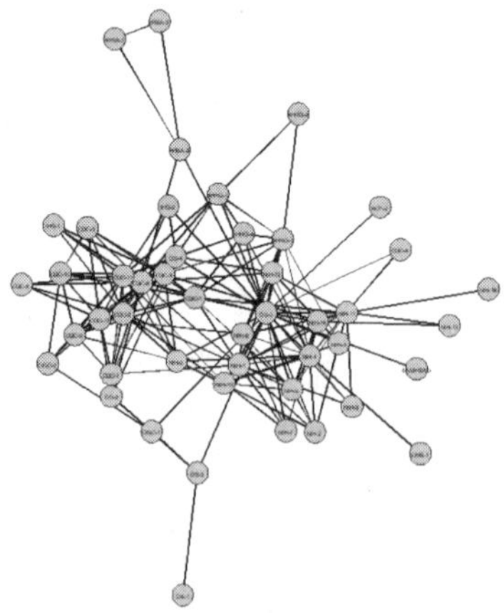

그림 3.6 연결값(tie value)이 3 이상인 노드만 필터링 후 네트워크 그림

코드 3.8.1 (7) filtered network

```
op <- par(mar = rep(0, 4))
d.val <- as.sociomatrix(d, attrname = "collab")
# note that a valued sociomatrix has to be passed, not an actual network object
gplot(d.val, gmode = "graph", displaylabels = TRUE,
      thresh = 2, vertex.col = "lightblue",
      vertex.cex = 1.3, label.cex = 0.4,
      label.pos = 5, displayisolates = FALSE)  # 그림 3.6
par(op)
```

3.9 방향성 네트워크를 무방향 네트워크로 전환

방향이 있는 연결을 무방향으로 바꾸어 분석하고자 할 수 있다(transforming a directed network to a non-directed network). 이러한 경우 symmetrize() 함수를 이용하여 근접행렬을 얻을 수 있다. 옵션으로 rule = "weak"은 Boolean 'OR' 함수로 한쪽 방향이라도 연결되면 연결된 것으로 간주한다. rule = "strong"은 Boolean 'AND' 함수로 두 방향 모두 연결된 경우만 연결된 것으로 간주한다.

코드 3.9.1 directed tie를 non-directed tie로 변환

```
net1mat <- symmetrize(net1, rule = "weak")
net1mat
net1symm <- network(net1mat, matrix.type = "adjacency")
network.vertex.names(net1symm) <- c("A","B","C","D","E")
summary(net1symm)
```

>>> **결과 3.9.1**

```
> net1mat
     [,1] [,2] [,3] [,4] [,5]
[1,]    0    1    1    0    0
[2,]    1    0    1    1    0
[3,]    1    1    0    0    1
[4,]    0    1    0    0    0
[5,]    0    0    1    0    0
> summary(net1symm)
Network attributes:
  vertices = 5
  directed = TRUE
  hyper = FALSE
  loops = FALSE
  multiple = FALSE
  bipartite = FALSE
 total edges = 10
   missing edges = 0
   non-missing edges = 10
 density = 0.5

Vertex attributes:
  vertex.names:
   character valued attribute
   5 valid vertex names

No edge attributes

Network adjacency matrix:
  A B C D E
A 0 1 1 0 0
B 1 0 1 1 0
C 1 1 0 0 1
D 0 1 0 0 0
E 0 0 1 0 0
```

연습문제
EXCERCISE

1. 다음의 네트워크에 대해

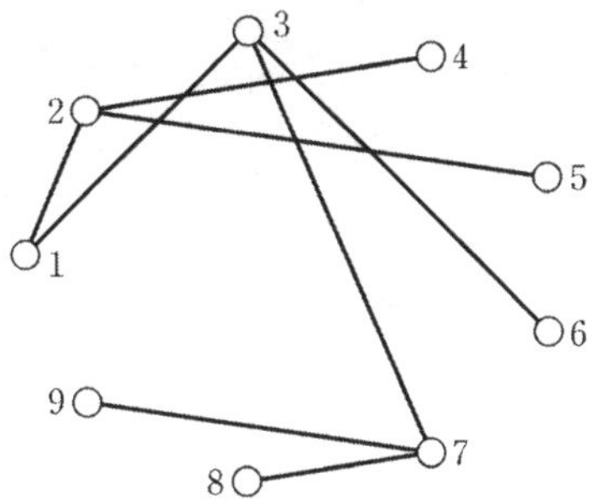

(a) 노드의 연결을 기반으로 근접행렬로 네트워크 객체를 만드시오.

(b) 에지의 연결을 기반으로 그래프를 네트워크 객체로 만드시오.

(c) 네트워크 노드 속성으로 번호를 추가하시오.

(d) 네트워크 노드 속성으로 1, 2, 3, 4번은 "female", 5, 6, 7, 8, 9번은 "male"로 gender 변수를 추가하시오.

(e) 네트워크 에지 속성으로 1~10 값을 갖는 연속 균일분포에서 값을 생성하여 할당하시오.

(f) 네트워크 에지 속성으로 1~10 값을 갖는 이산 균일분포에서 값을 생성하여 할당하시오.

2. 다음의 방향성 네트워크에 대해 답하시오.

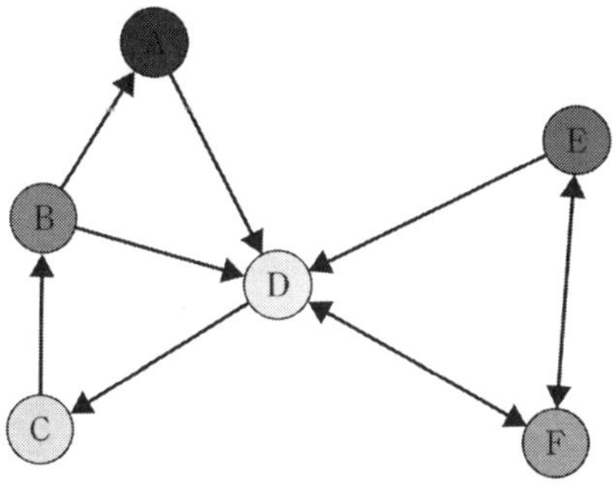

(a) 방향성 네트워크 객체를 생성하시오.

(b) (a)에서 만든 네트워크 객체를 무방향성 네트워크 객체로 변환하시오.

3. 다음의 방향성 네트워크에 대해 답하시오.

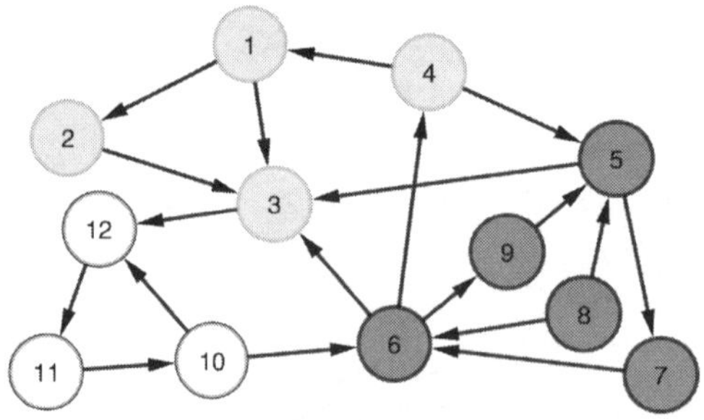

(a) 노드의 연결을 기반으로 근접행렬로 네트워크 객체를 만드시오.

(b) 에지의 연결을 기반으로 그래프를 네트워크 객체로 만드시오.

(c) 네트워크 노드 속성으로 번호를 추가하시오.

(d) 네트워크 노드 속성으로 노드 색깔의 진한 정도(가장 진한 색=A, B, C)에 따라 그룹변수 group을 생성하시오.

(e) 최종 네트워크 객체에 대해 summary() 함수를 적용하고 결과를 해석하시오.

4. 다음의 코드를 수행하고 고립된 노드 이름을 쓰고, 고립된 노드를 제거한 후 네트워크를 그리시오.

```
library(igraph)
g <- graph( c("John", "Jim", "Jim",  "Jack", "John", "John"), isolates=c("Jesse") )
plot(g,  vertex.label.dist=2)
```

CHAPTER

04

네트워크 그림과 배열

네트워크에 관해 탐구하는 사실을 시각적으로 표현하기 위해서는 어떠한 형태의 데이터를 만들어야 할까? 개체와 개체 사이의 관계를 그래프로 나타내어 보여주는 네트워크 시각화는 가장 일반적으로 활용되고 있는 기술이라고 할 수 있다. 네트워크 시각화를 위해서는 네트워크를 형성하는 개체와 그 개체들 사이의 관계가 일정한 형식의 데이터로 정리되어야 한다.

4.1 네트워크 시각화

네트워크를 그림으로 잘 표현하여 네트워크 구조에 대한 이해를 돕고자 한다. 네트워크 시각화를 디자인하는 주된 목적은 네트워크가 지닌 구조적 특성을 잘 나타내는 것이다(그림 4.1).

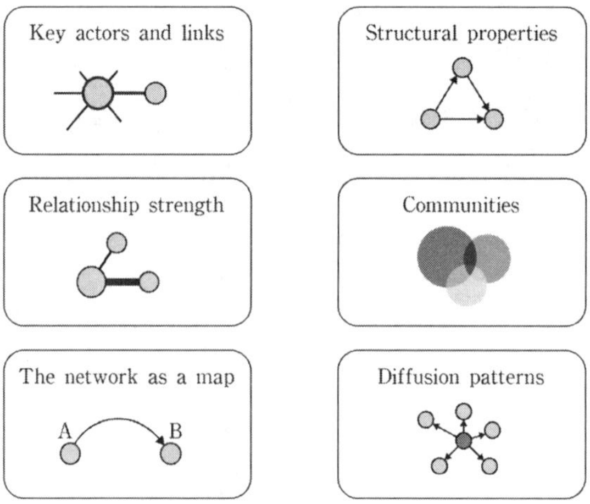

그림 4.1 네트워크 시각화 목적

예제 4.1.1

Moreno's sociogram network data는 Jacob Moreno가 1933년 New York Times에 게재한 방향성(directed) 데이터이다. UserNetR 패키지에 내장된 데이터 Moreno는 undirected network data이다.

코드 4.1.1 **동일한 네트워크에 대해 서로 다른 배열**

```
library(devtools)
install_github("DougLuke/UserNetR")
library(UserNetR)
data(Moreno)

library(statnet)
op <- par(mar = rep(0, 4), mfrow = c(1, 2)) # 그림 4.2
  plot(Moreno, mode = "circle", vertex.cex = 1.5)
  plot(Moreno, mode = "fruchtermanreingold", vertex.cex = 1.5)
par(op)
```

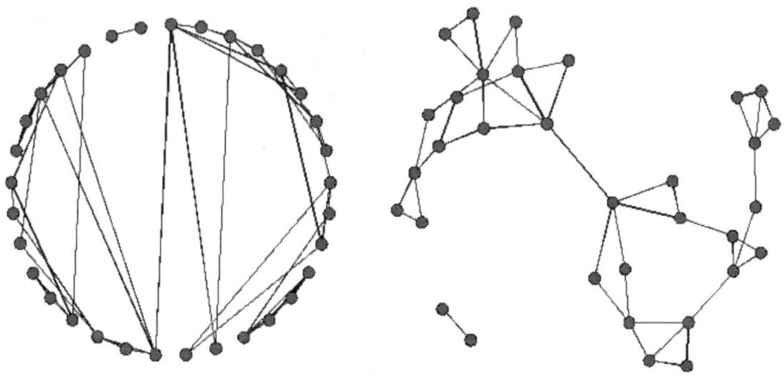

그림 4.2 원형배열 그래프와 FR 그래프

코드 4.1.2 **격자배열 네트워크**

```
m <- matrix(c(rep(1,10), rep(2,10), rep(3,10),
          rep(4,6), rep(5,6), rep(6,6), rep(7,6), rep(8,6),
          rep(9,10), rep(10,10), rep(11,10)), 3, 30, byrow=TRUE)
nf <- layout(m)
layout.show(nf) # 그림 4.3
```

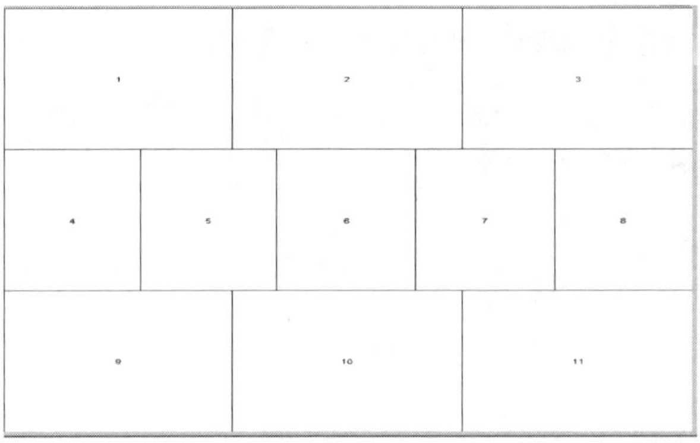

그림 4.3 격자배열

4.2 네트워크 배열의 미학

네트워크 그래픽스에 다음의 가이드라인(guideline)을 참조하면 좋다.

- 에지 크로싱은 최소화(Minimize edge crossing)
- 노드 배열의 대칭성은 최대화(Maximize the symmetry of the layout of nodes)
- 에지 길이의 분산은 최소화(Minimize the variability of the edge lengths)
- 에지가 교차할 경우 에지 간 각도는 최대화(Maximize the angle between edges when they cross or join nodes)
- 네트워크 전체를 보여주는 공간 최소화(Minimize the total space used for the network display)

[그림 4.4]에서 왼쪽 그림은 Moreno network에서 노드를 랜덤하게 배열하여 그린 것이고, 오른쪽 그림은 Moreno network에서 Fruchterman-Reingold algorithm을 이용하여 그린 것으로 네트워크 구조 파악하는 데 비교된다.

코드 4.2.1 Moreno network-random과 Fruchterman-Reingold layout

```
op <- par(mar = c(0,0,4,0), mfrow = c(1,2)) # 그림 4.4
gplot(Moreno, gmode = "graph", mode = "random",
    vertex.cex = 1.5, main = "Random layout")
gplot(Moreno, gmode = "graph", mode = "fruchtermanreingold",
    vertex.cex = 1.5, main = "Fruchterman-Reingold")
par(op)
```

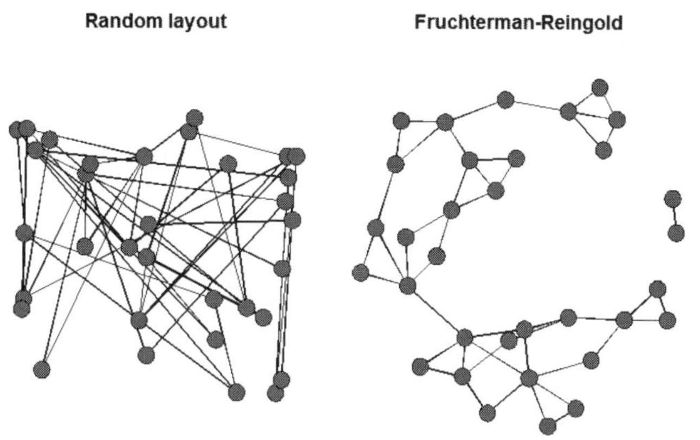

그림 4.4 랜덤 그래프와 FR 그래프

sample_pa() 함수는 Barabasi 그래프를 생성하는 함수이다.

코드 4.2.2 고정된 노드를 중심으로 좌표평면에 나타낸 그래프

```
library(igraph)
# Fixing ego
set.seed(35)
g <- sample_pa(20, m=2)
minC <- rep(-Inf, vcount(g))
maxC <- rep(Inf, vcount(g))
minC[1] <- maxC[1] <- 0
co <- layout_with_fr(g, minx=minC, maxx=maxC,
                     miny=minC, maxy=maxC)
co[1,]
```

```
plot(g, layout=co, vertex.size=30, edge.arrow.size=0.3,
    vertex.label=c("ego", rep("", vcount(g)-1)), rescale=FALSE,
    xlim=range(co[,1]), ylim=range(co[,2]), vertex.label.dist=0,
    vertex.label.color="blue") # 그림 4.5
axis(1)
axis(2)
```

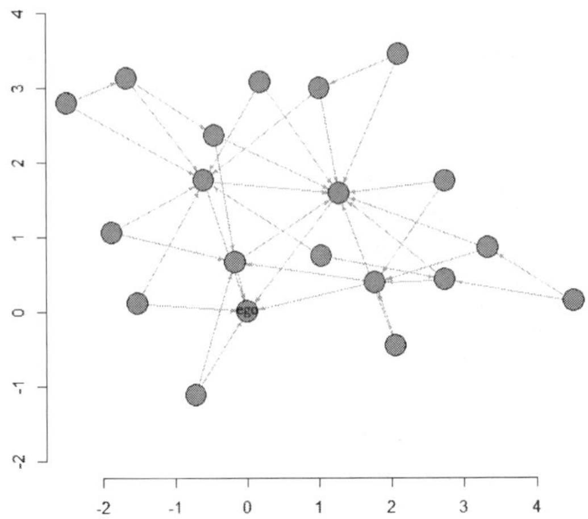

그림 4.5 고정된 노드를 중심으로 좌표평면에 나타낸 그래프

4.3 네트워크 그리기 알고리즘과 방법

4.3.1 네트워크의 노드와 에지 표현

네트워크의 노드와 에지 연결에 대해 표현하는 방법을 알아보고자 한다.

코드 4.3.1 network layout options

```
data(Bali)
op <- par(mar = c(0,0,2,0), mfrow = c(2,3)) # 그림 4.6
```

```
gplot(Bali, gmode = "graph", edge.col = "grey75",
    vertex.cex = 1.5, mode = "circle", main = "circle")
gplot(Bali, gmode = "graph", edge.col = "grey75",
    vertex.cex = 1.5, mode = "eigen", main = "eigen")
gplot(Bali, gmode = "graph", edge.col = "grey75",
    vertex.cex = 1.5, mode = "random", main = "random")
gplot(Bali, gmode = "graph", edge.col = "grey75",
    vertex.cex = 1.5, mode = "spring", main = "spring")
gplot(Bali, gmode = "graph", edge.col = "grey75",
    vertex.cex = 1.5, mode = "fruchtermanreingold",
    main = "fruchtermanreingold")
gplot(Bali, gmode = "graph", edge.col = "grey75",
    vertex.cex = 1.5, mode = "kamadakawai",
    main = "kamadakawai")
par(op)
```

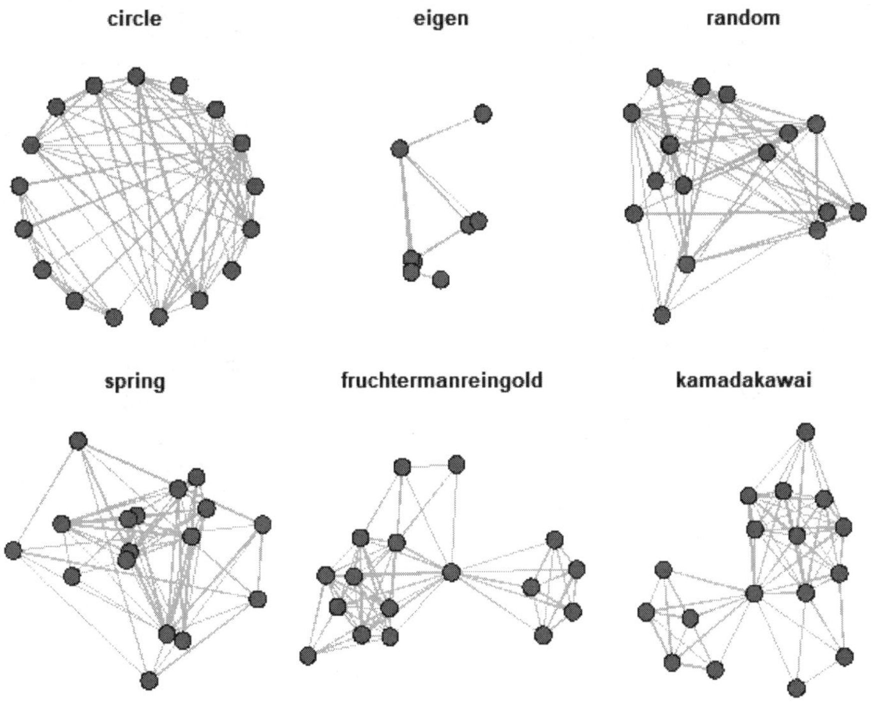

그림 4.6 여러 가지 네트워크 그래프

4.3.2 네트워크 배열에 대한 조절

statnet과 igraph 패키지의 내장함수를 이용하여 네트워크 배열에 대한 조절을 할 수 있다.

예제 4.3.1

Bali terrorist 네트워크 데이터([예제 2.10.3])를 여러 방법으로 배열하고 그래프를 그리고자 한다.

코드 4.3.2 (1) Bali 데이터의 layout coordinates 저장 및 변환

```
library(igarph)
mycoords1 <- gplot(Bali, gmode = "graph", vertex.cex = 1.5)
mycoords2 <- mycoords1
mycoords2[,2] <- mycoords1[,2]*1.5
mycoords1
mycoords2
```

>>> 결과 4.3.2

```
> mycoords1[1:6,]
          x     y
[1,] -0.7332 -5.01
[2,]  0.7527 -7.41
[3,]  0.0171 -3.19
[4,]  2.4293 -4.06
[5,]  0.4647 -2.10
[6,]  0.4332 -5.01
> mycoords2[1:2,]
          x      y
[1,] -0.7332  -7.51
[2,]  0.7527 -11.12
```

코드 4.3.2 **(2) 변환된 좌푯값(modified coordinates)으로 네트워크 그리기**

```
op <- par(mar = c(4,3,4,3), mfrow = c(1,2)) # 그림 4.7
gplot(Bali, gmode = "graph", coord = mycoords1,
    vertex.cex = 1.5, suppress.axes = FALSE,
    ylim = c(min(mycoords2[,2])-1, max(mycoords2[,2])+1),
    main = "Original coordinates")
gplot(Bali, gmode = "graph", coord = mycoords2,
    vertex.cex = 1.5, suppress.axes = FALSE,
    ylim = c(min(mycoords2[,2])-1, max(mycoords2[,2])+1),
    main = "Modified coordinates")
par(op)
```

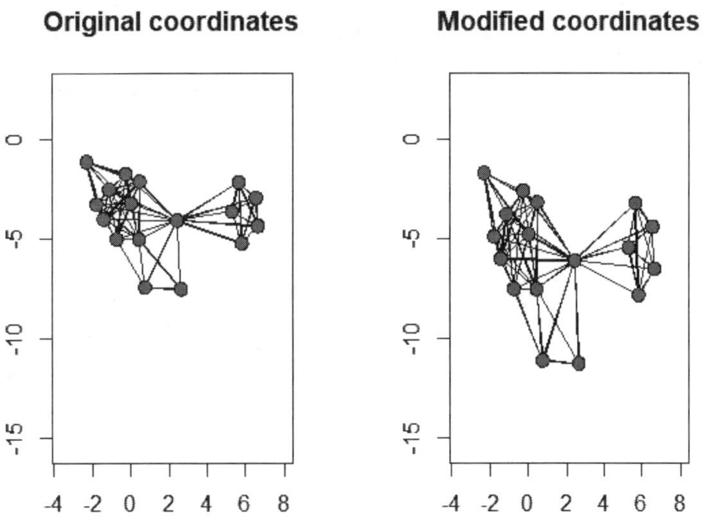

그림 4.7 조절된 후 좌표축에 네트워크 배열

4.3.2 igraph 패키지를 이용해 네트워크 그리기

igraph 패키지에서는 네트워크를 그릴 수 있는 함수와 옵션을 제공한다.

코드 4.3.3 (1) Bali network를 igraph 객체로 변환

```
detach(package:statnet)
library(igraph)
library(intergraph)
iBali <- asIgraph(Bali) # igraph object
```

코드 4.3.3 (2) igraph 패키지에서 네트워크 배열 옵션

```
op <- par(mar = c(0,0,3,0), mfrow = c(1,3)) # 그림 4.8
plot(iBali, layout = layout_in_circle, main = "Circle")
plot(iBali, layout = layout_randomly, main = "Random")
plot(iBali, layout = layout_with_kk, main = "Kamada-Kawai")
par(op)
```

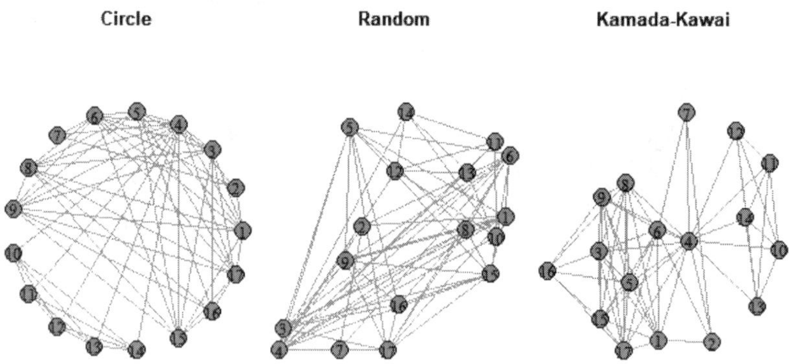

그림 4.8 여러 가지 네트워크 배열 방법

연습문제
EXCERCISE

1. 다음의 네트워크에 대해

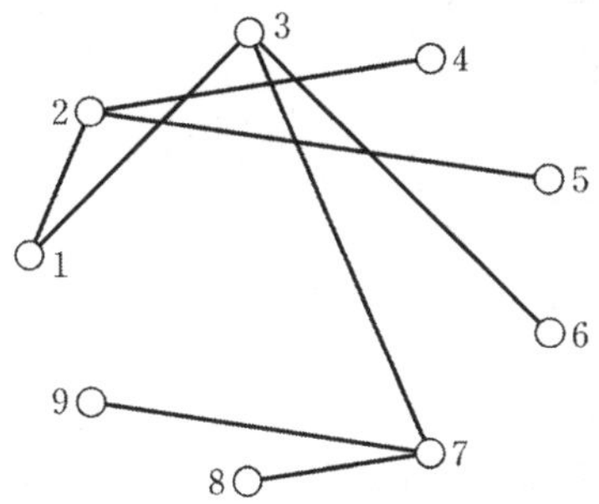

(a) 원형배열로 네트워크 그래프를 그리시오.

(b) FR 배열된 네트워크 그래프를 그리시오.

(c) 고정된 노드 3번을 중심으로 좌표평면에 네트워크 그래프를 나타내시오.

(d) 랜덤하게 배열된 네트워크 그래프를 그리시오.

(e) Kamada–Kawai 배열된 네트워크 그래프로 그리시오.

2. 다음의 방향성 네트워크에 대해 답하시오.

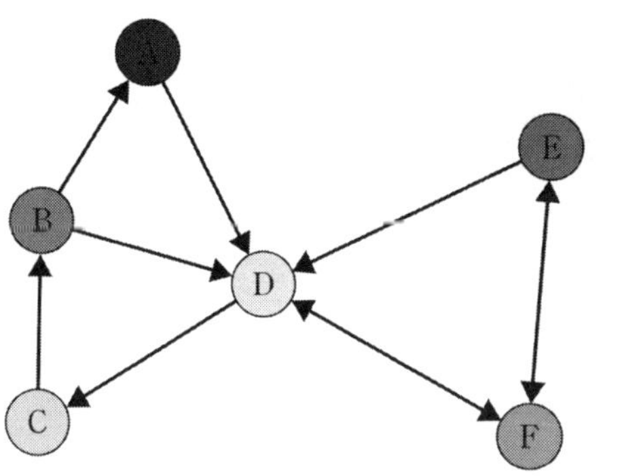

(a) 원형배열로 네트워크 그래프를 그리시오.

(b) FR 배열된 네트워크 그래프를 그리시오.

(c) 고정된 노드 3번을 중심으로 좌표평면에 네트워크 그래프를 나타내시오.

(d) 랜덤하게 배열된 네트워크 그래프를 그리시오.

(e) Kamada–Kawai 배열된 네트워크 그래프로 그리시오.

3. 다음의 방향성 네트워크에 대해 답하시오.

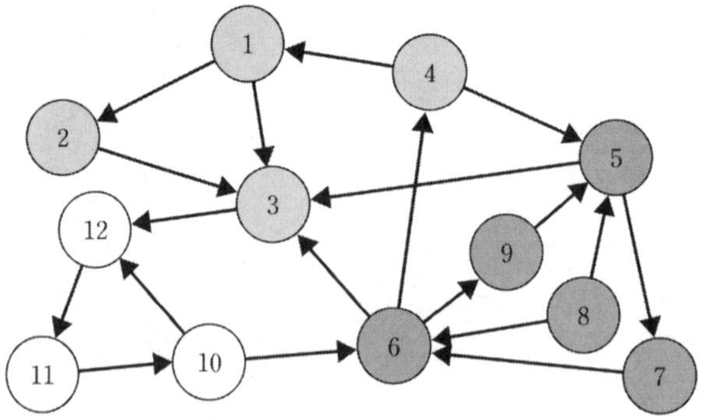

(a) 원형배열로 네트워크 그래프를 그리시오.

(b) FR 배열된 네트워크 그래프를 그리시오.

(c) 고정된 노드 3번을 중심으로 좌표평면에 네트워크 그래프를 나타내시오.

(d) 랜덤하게 배열된 네트워크 그래프를 그리시오.

(e) Kamada-Kawai 배열된 네트워크 그래프로 그리시오.

CHAPTER

05

효율적인 네트워크 그래프 디자인

네트워크란 경영 현상이나 사회현상, 경제 현상, 정치 현상, 물리현상을 막론하고 어떤 대상을 구성단위 간 연결적 관계에 초점을 맞춰 파악하는 접근법을 말한다. 여기서 각 구성단위는 노드(node)라고 부르며 이러한 노드 간 연결을 타이(tie)로 부른다. 즉, 네트워크는 복수의 노드들과 이들 간 타이들로 관심 대상의 구조를 파악하는 접근법이다. 네트워크 관련 정보를 시각화하기 위해 그래프 디자인을 활용한다.

네트워크 데이터는 점점 "빅데이터"가 되어가고, 컴퓨터 알고리즘은 점점 복잡해지고, 그에 따라 알고리즘 아래의 세계에선 통제의 가능성이 점점 커지고 있다. 시각화는 사람을 위한 것이다. 컴퓨터는 그 데이터들을 시각화해서 볼 필요가 없고, 컴퓨터를 위해 시각적으로 해석하도록 프로그램될 필요도 없다. 하지만 우리는 데이터를 이해하기 위해 시각화를 이용하고, 이러한 현상에 따라 데이터 분석에 기반을 둔 시각화의 필요성이 제기되고 있다.

5.1 디자인 요소

5.1.1 노드 색깔

네트워크를 구성하는 노드에 대한 색깔(node color)을 조절하기 위해 gplot() 함수에서 vertex.col 옵션을 사용한다. rgb() 함수는 색상의 투명성(transparency)을 조절한다.

코드 5.1.1 색상 이름을 사용하여 노드 색상 표현

```
library(UserNetR)
data(Bali)
library(statnet)
gplot(Bali, vertex.col = "skyblue", gmode = "graph") # 그림 5.1
```

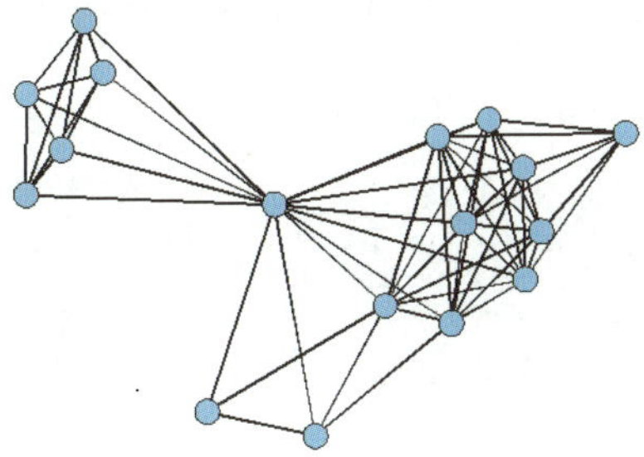

그림 5.1 노드의 색상을 skyblue로 선택하여 그린 네트워크 그래프

코드 5.1.2 RGB 비율을 사용하여 색상 변경

```
data(Bali)
gplot(Bali, vertex.col = rgb(122, 103, 238, maxColorValue = 255),
    gmode = "graph") # 그림 5.2
# Use hexadecimal string to select colors
gplot(Bali, vertex.col = "#7A67EE", gmode = "graph")
```

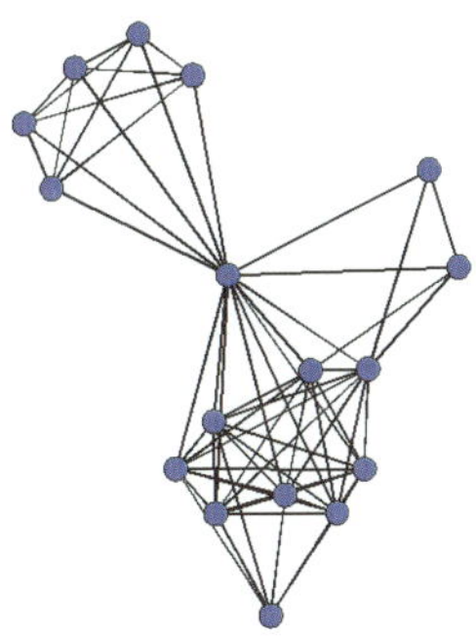

그림 5.2 RGB 비율을 사용하여 색상을 선택하여 그린 네트워크 그래프

코드 5.1.3 rgb() 함수의 비율을 선택한 네트워크 그래프

```
ndum <- rgraph(300, tprob = 0.025, mode = "graph")
op <- par(mar = c(0,0,2,0), mfrow = c(1,2)) # 그림 5.3
gplot(ndum, gmode = "graph", vertex.cex = 2,
    vertex.col = rgb(0,0,139, maxColorValue = 255),
    edge.col = "grey80", edge.lwd = 0.5,
    main = "Fully opaque")
```

```
gplot(ndum, gmode = "graph", vertex.cex = 2,
      vertex.col = rgb(0,0,139, alpha = 80, maxColorValue = 255),
      edge.col = "grey80", edge.lwd = 0.5,
      main = "Partly transparent")
par(op)
```

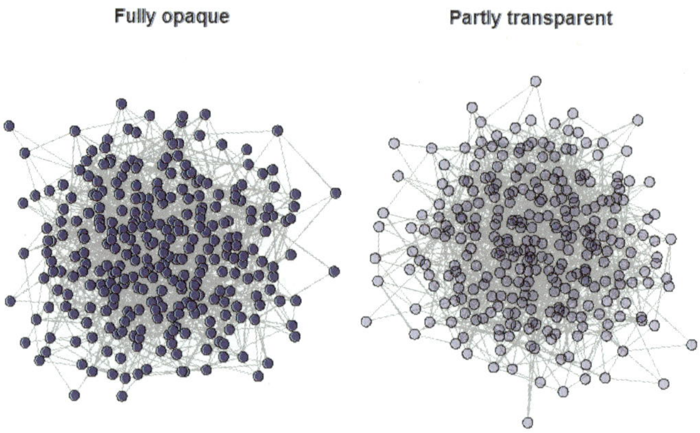

그림 5.3 rgb() 함수의 비율을 선택하여 그린 네트워크 그래프

코드 5.1.4 노드 속성에 따라 색상을 다르게 지정

```
rolelab <- get.vertex.attribute(Bali, "role")
op <- par(mar = c(0,0,0,0))
plot(Bali, usearrows = FALSE, vertex.cex = 1.5, label = rolelab,
    displaylabels = TRUE, vertex.col = "role")  # 그림 5.4
par(op)
```

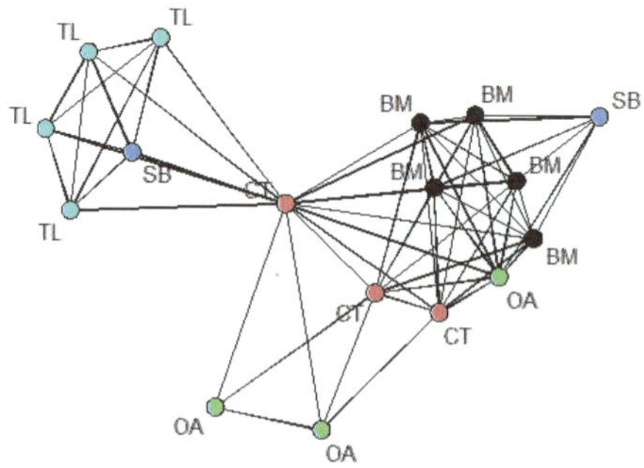

그림 5.4 노드의 색상을 다르게 선택하여 그린 네트워크 그래프

RColorBrewer 패키지는 색상 팔레트를 제공하므로 원하는 색상을 선택하면 된다.

코드 5.1.5 RColorBrewer의 palette 색상 추출

```
library(RColorBrewer)
display.brewer.pal(5, "Dark2")  # 그림 5.5
```

그림 5.5 색상 팔레트 예

코드 5.1.6 노드 속성에 따라 색상을 다르게 지정(RColorBrewer 이용)

```
my_pal <- brewer.pal(5, "Dark2")
rolecat <- as.factor(get.vertex.attribute(Bali, "role"))
plot(Bali, vertex.cex = 1.5, label = rolelab,
     displaylabels = T, vertex.col = my_pal[rolecat])  # 그림 5.6
```

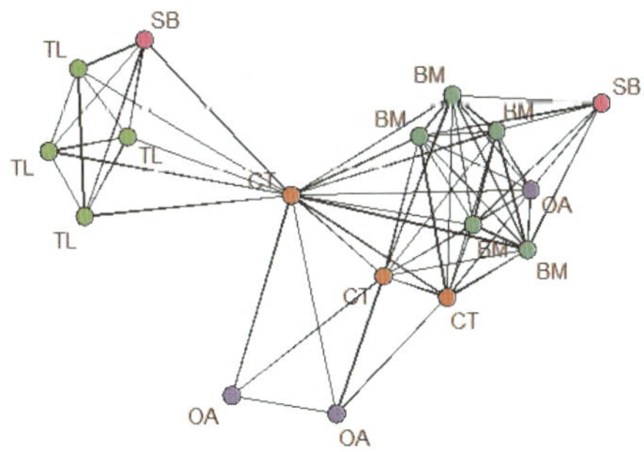

그림 5.6 노드의 속성에 따라 색상을 다르게 그린 네트워크 그래프

5.1.2 노드 모양

노드 속성에 따라 노드 모양을 다르게 지정한다.

코드 5.1.7 node 속성에 따라 모양을 다르게 지정

```
op <- par(mar = c(0,0,0,0)) # 그림 5.7
sidenum <- 3:7
plot(Bali, usearrows = FALSE, vertex.cex = 4,
    displaylabels = F, vertex.sides = sidenum[rolecat])
par(op)
```

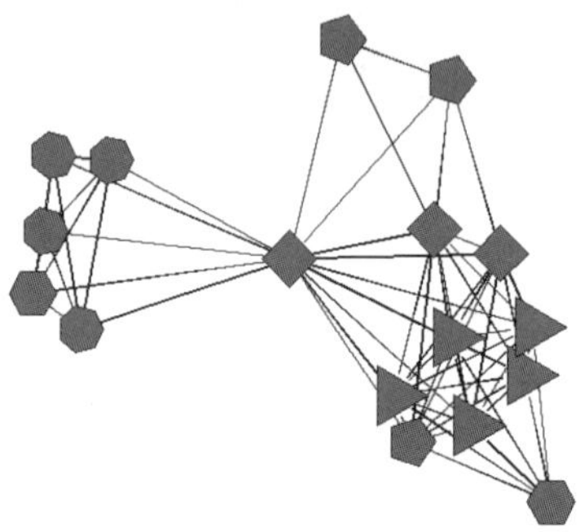

그림 5.7 노드의 속성에 따라 노드 모양을 다르게 그린 네트워크 그래프

5.1.3 노드 크기

노드 속성에 따라 노드 크기를 조절한다.

코드 5.1.8 노드 크기 조절

```
op <- par(mar = c(0,0,2,0), mfrow = c(1,3)) # 그림 5.8
plot(Bali, vertex.cex = 0.5, main = "Too small")
plot(Bali, vertex.cex = 2, main = "Just right")
plot(Bali, vertex.cex = 6, main = "Too large")
par(op)
```

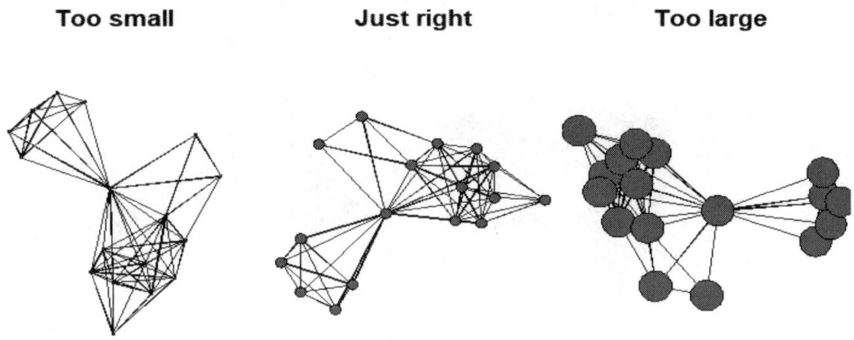

그림 5.8 노드의 크기를 다르게 그린 네트워크 그래프

코드 5.1.9 node centrality 벡터 생성

```
deg <- degree(Bali, gmode = "graph")
deg
cls <- closeness(Bali, gmode = "graph")
cls
bet <- betweenness(Bali, gmode = "graph")
bet

op <- par(mar = c(0,0,2,1), mfrow = c(1,2))  # 그림 5.9
plot(Bali, usearrows = T, vertex.cex = deg, main = "Raw")
plot(Bali, usearrows = F, vertex.cex = log(deg), main = "Adjusted")
par(op)
```

>>> **결과 5.1.9**

```
> deg
 [1]  9  4  9 15  9 10  3  9  9  5  5  5  5  5  9  6  9
> cls
 [1] 0.696 0.552 0.696 0.941 0.696 0.727 0.533 0.696 0.696 0.571
[11] 0.571 0.571 0.571 0.571 0.696 0.485 0.696
> bet
 [1]  2.333  0.333  1.667 61.167  1.667  6.167  0.000  1.667  1.667
[10]  0.000  0.000  0.000  0.000  0.000  1.667  0.000  1.667
```

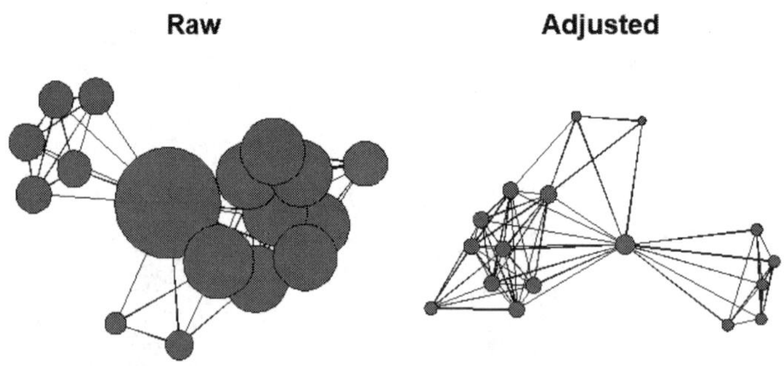

그림 5.9 degree centrality에 따라 노드의 크기를 다르게 그린 네트워크 그래프

코드 5.1.10 closeness centrality에 따라 크기를 다르게 지정

```
op <- par(mar = c(0,0,2,1), mfrow = c(1,2)) # 그림 5.10
plot(Bali, usearrows = F, vertex.cex = cls, main = "Raw")
plot(Bali, usearrows = F, vertex.cex = 4*cls, main = "Adjusted")
par(op)
```

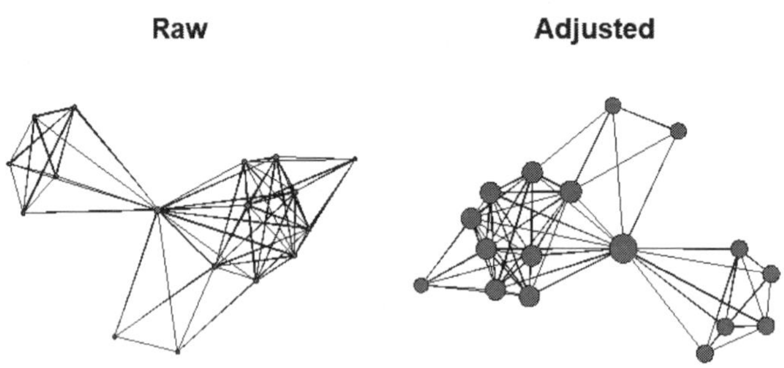

그림 5.10 closeness centrality에 따라 노드의 크기를 다르게 그린 네트워크 그래프

노드의 중개중심성 측도가 0인 경우가 있으므로 1을 더하여 보정한 후 제곱근 함수를 적용한다.

코드 5.1.11 between centrality에 따라 크기를 다르게 지정

```
op <- par(mar = c(0,0,2,1), mfrow = c(1,2)) # 그림 5.11
plot(Bali, usearrows = T, vertex.cex = bet, main = "Raw")
plot(Bali, usearrows = F, vertex.cex = sqrt(bet + 1), main = "Adjusted")
par(op)
```

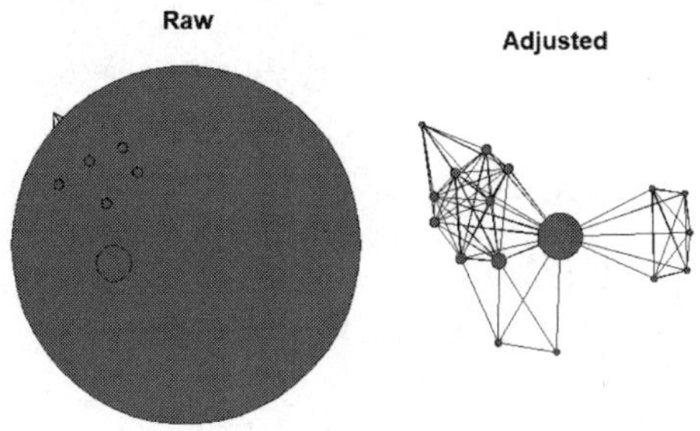

그림 5.11 between centrality에 따라 노드의 크기를 다르게 그린 네트워크 그래프

최적의 노드의 크기 선택을 위해 사용자 함수를 만들고자 한다. rescale() 함수는 노드 특성을 나타내는 측도를 최솟값에서 최댓값 사이에 놓이도록 정규화한다.

코드 5.1.12 **rescale() 함수 정의, 함숫값에 따라 크기를 다르게 지정**

```
rescale <- function(nchar, low, high) {
  min_d <- min(nchar)
  max_d <- max(nchar)
  rscl <- ((high-low)*(nchar - min_d))/(max_d - min_d) + low
  rscl
}
plot(Bali, vertex.cex = rescale(deg, 1, 6),
     main = "Adjusted node sizes with rescale function.") # 그림 5.12
```

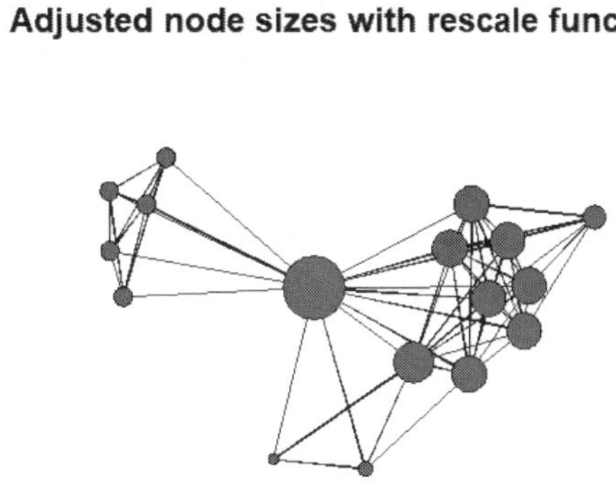

그림 5.12 최대최소 정규화로 노드의 크기를 나타낸 네트워크 그래프

5.1.4 노드 라벨

statnet 패키지에서는 vertex.names 옵션으로 노드 속성을 정의할 수 있다. 이후 그래프를 그릴 때 노드 라벨로 나타난다.

코드 5.1.13 (1) 노드 라벨 확인

```
list.vertex.attributes(Bali)
get.vertex.attribute(Bali, "vertex.names")
```

>>> 결과 5.1.13

```
 list.vertex.attributes(Bali)
[1] "na"          "role"         "vertex.names"
 get.vertex.attribute(Bali, "vertex.names")
 [1] "Muklas"  "Amrozi"  "Imron"   "Samudra"  "Dulmatin" "Idris"
 [7] "Mubarok"  "Husin"   "Ghoni"   "Arnasan"  "Rauf"    "Octavia"
[13] "Hidayat"  "Junaedi"  "Patek"   "Feri"    "Sarijo"
```

코드 5.1.13 (2) 노드 이름을 라벨(label)로 사용

```
op <- par(mar = c(0,0,0,0))
plot(Bali, displaylabels = TRUE, label.cex = 0.8,
    pad = 0.4, label.col = "darkblue")
par(op)  # 그림 5.13
```

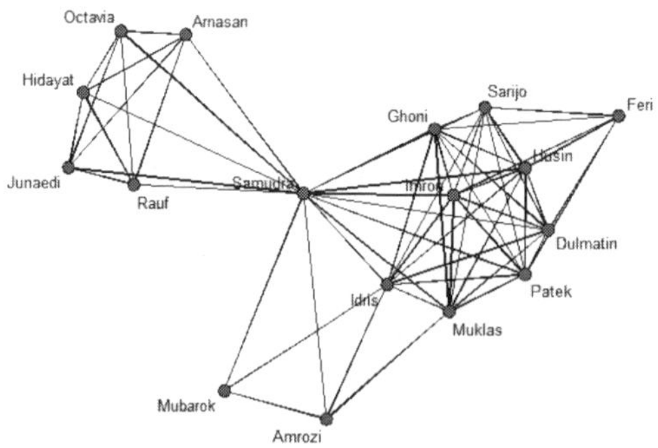

그림 5.13 노드의 이름을 라벨로 사용하여 그린 네트워크 그래프

코드 5.1.13 (3) 노드 속성을 라벨로 사용

```
rolelab <- get.vertex.attribute(Bali, "role")
plot(Bali, usearrows = FALSE, label = rolelab,
    displaylabels = T, label.col = "darkblue")  # 그림 5.14
```

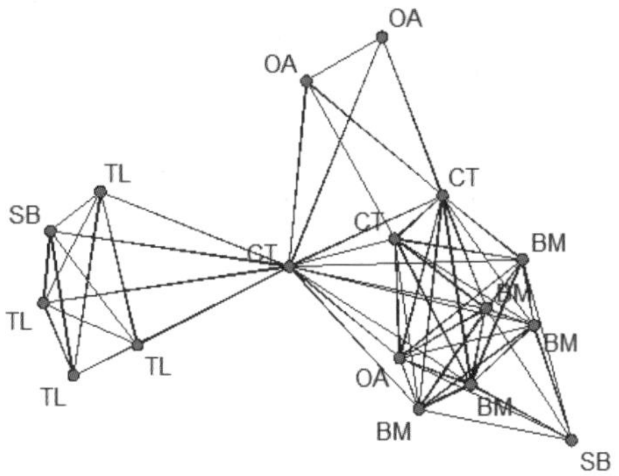

그림 5.14 노드의 속성을 라벨로 사용하여 그린 네트워크 그래프

5.1.5 에지의 폭

에지 속성에 따라 에지의 두께를 다르게 나타내어 양적인 정보를 표현할 수 있다.

코드 5.1.14 에지 속성에 따라 두께를 다르게 지정

```
op <- par(mar = c(0,0,0,0))
IClevel <- Bali %e% "IC"
plot(Bali, vertex.cex = 1.5, edge.lwd = 1.5*IClevel)
par(op)  # 그림 5.15
```

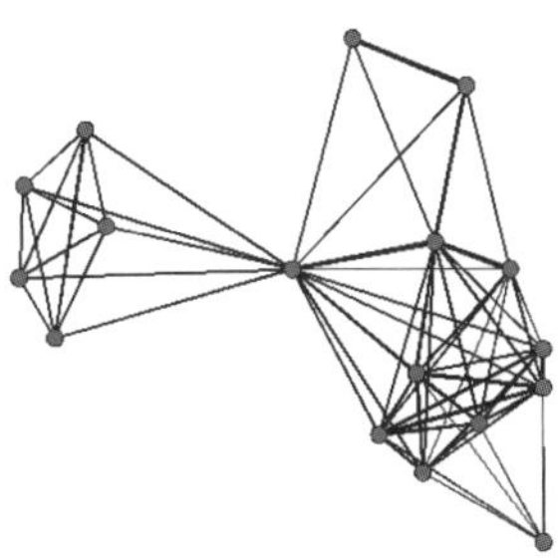

그림 5.15 에지 속성에 따라 두께를 다르게 지정하여 그린 네트워크 그래프

5.1.6 에지 색상

에지의 두께는 두 노드 간 양적 정보의 양을 나타낼 수 있다. 에지 색깔(edge color)로는 노드 간 질적 정보 교류를 나타낼 수 있다.

Bali network 데이터는 범주형 변수가 없으므로 예를 보여주기 위해 랜덤한 범주를 생성하고 색깔을 부여하고자 한다.

코드 5.1.15 **에지 속성에 따라 색상을 다르게 지정**

```
n_edge <- network.edgecount(Bali)
edge_cat <- sample(1:3, n_edge, replace = T)
linecol_pal <- c("blue", "red", "green")
plot(Bali, vertex.cex = 1.5, vertex.col = "grey25",
    edge.col = linecol_pal[edge_cat], edge.lwd = 2)  # 그림 5.16
```

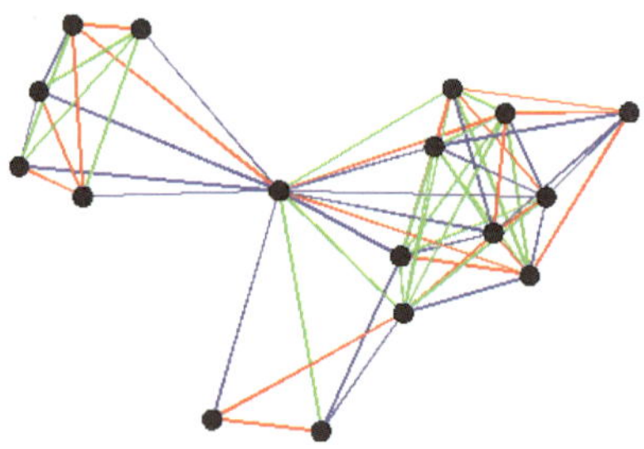

그림 5.16 에지의 질적 속성에 따라 색깔을 다르게 지정하여 그린 네트워크 그래프

5.1.7 에지 유형

에지 유형(edge type)으로 정보를 표현할 수 있다.

코드 5.1.16 **에지 유형을 다르게 그린 네트워크 그래프**

```
n_edge <- network.edgecount(Bali)
edge_cat <- sample(1:3, n_edge, replace = T)
line_pal <- c(2,3,4)
```

```
gplot(Bali, vertex.cex = 0.8, gmode = "graph",
    vertex.col = "gray50", edge.lwd = 1.5,
    edge.lty = line_pal[edge_cat]) # 그림 5.17
```

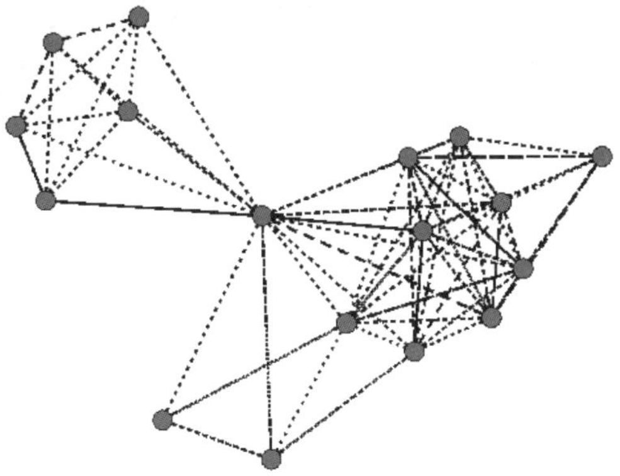

그림 5.17 에지 유형을 다르게 그린 네트워크 그래프

5.1.8 범례

네트워크 그래프를 나타내는 설명을 위해 legend() 함수를 이용해 네트워크 그래프에 대한 범례를 보여준다.

코드 5.1.17 **범례를 포함한 네트워크 그래프**

```
my_pal <- brewer.pal(5, "Dark2")
rolecat <- as.factor(get.vertex.attribute(Bali, "role"))
plot(Bali, vertex.cex = rescale(deg, 1, 5),
    vertex.col = my_pal[rolecat])
legend("bottomleft", legend = c("BM", "CT", "OA", "SB", "TL"),
      col = my_pal, pch = 19, pt.cex = 1.5, bty = "n",
      title = "Terrorist Role") # 그림 5.18
```

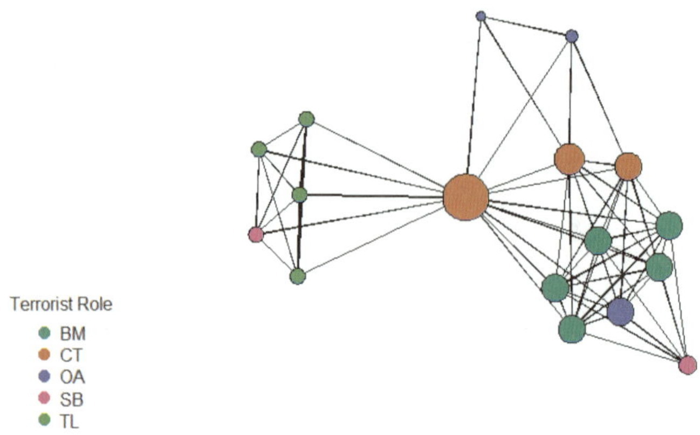

그림 5.18 범례를 포함한 네트워크 그래프

5.2 네트워크 다이어그램

5.2.1 호 다이어그램

노드가 연결을 호(arc)로 나타내는 호 다이어그램(arc diagram)으로 표현하고자 한다.

코드 5.2.1 (1) arcdiagram 패키지 설치

```
library(devtools)
install_github("gastonstat/arcdiagram")
```

코드 5.2.1 (2) simple acr diagram

```
library(arcdiagram)
library(igraph)
library(intergraph)
data(Simpsons)

iSimp <- asIgraph(Simpsons)
simp_edge <- get.edgelist(iSimp)
```

```
arcplot(simp_edge, col.arcs = "darkblue")  # 그림 5.19
```

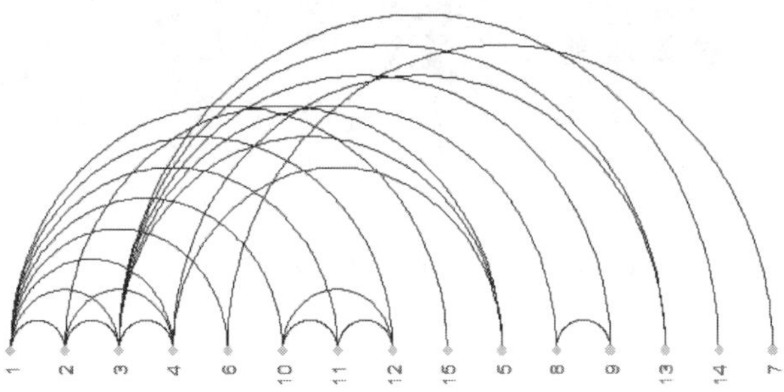

그림 5.19 Arc diagram

[참고] 필요한 패키지를 인스톨한 후, acrdiagram() 함수로 에지 리스트를 생성하고 그룹을 구별하도록 색상을 지정할 수 있다.

코드 5.2.1 **(3) 노드 속성을 반영한 arc diagram**

```
s_grp <- V(iSimp)$group
s_col = c("#a6611a", "#dfc27d","#80cdc1","#018571")
cols = s_col[s_grp]
node_deg <- degree(iSimp)

arcplot(simp_edge, lwd.arcs = 2, cex.nodes = node_deg/2,
      labels = V(iSimp)$vertex.names,
      col.labels = "darkgreen",font = 1,
      pch.nodes = 21,line = 1,col.nodes = cols,
      bg.nodes = cols, show.nodes = TRUE)  # 그림 5.20
```

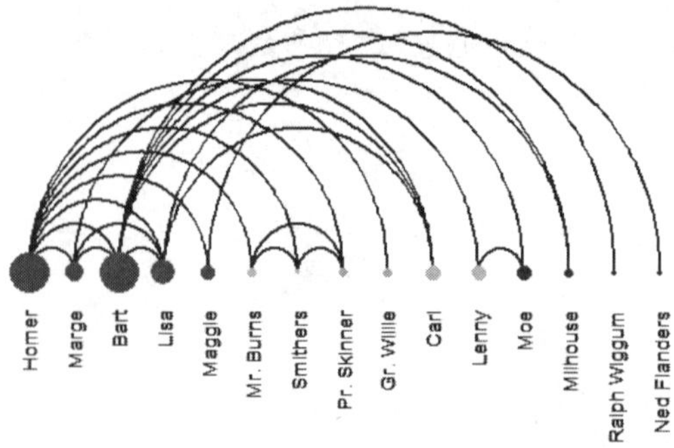

그림 5.20 노드 라벨을 나타낸 Arc diagram

5.2.2 코드 다이어그램

코드 다이어그램(chord diagram)은 노드를 원형으로 배열하여 정보를 나타내는 그림이다. circlize 패키지에서 여러 형태의 원형 그래프를 제공한다. 주어진 sociomatrix에 대해 chordDiagram() 함수를 이용하여 chord diagram을 그린다.

네트워크 분석을 위해 2010 Netherlands World Cup soccer team에 대한 네트워크 데이터를 사용하고자 한다.

코드 5.2.2 **(1) 네트워크 객체를 sociomatrix로 변환**

```
library(statnet)
# install.packages("circlize")
library(circlize)
data(FIFA_Nether)

FIFAm <- as.sociomatrix(FIFA_Nether, attrname = 'passes')

names <- c("GK1","DF3","DF4","DF5","MF6",
         "FW7","FW9","MF10","FW11","DF2","MF8")
rownames(FIFAm) = names
colnames(FIFAm) = names
FIFAm
```

>>> **결과 5.2.2**

```
> FIFAm
      GK1  DF3  DF4  DF5  MF6  FW7  FW9  MF10 FW11 DF2  MF8
GK1   0    42   67   21   2    27   7    5    2    17   3
DF3   30   0    44   14   42   15   8    7    10   36   29
DF4   38   43   0    57   18   11   7    21   1    7    28
DF5   6    14   47   0    11   50   20   40   1    4    42
MF6   9    28   25   10   0    41   28   37   14   34   21
FW7   4    12   1    21   21   0    15   33   9    25   18
FW9   0    0    1    8    7    12   0    31   16   7    2
MF10  1    11   11   22   43   29   20   0    28   13   21
FW11  3    2    2    3    7    6    11   15   0    21   12
DF2   29   38   8    3    45   38   10   18   26   0    15
MF8   12   25   26   38   23   13   12   32   11   24   0
```

간단히 하기 위해 패스 개수가 10 미만인 경우는 에지값을 0으로 한다.

코드 5.2.2 **(2) Netherlands soccer team에 default 옵션으로 0을 할당**

```
FIFAm[FIFAm < 10] <- 0
```

코드 5.2.2 **(3) 코드 다이어그램**

```
chordDiagram(FIFAm) # 그림 5.21
```

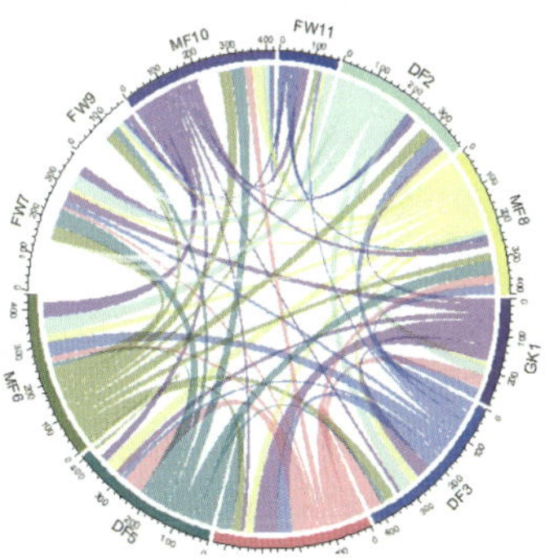

그림 5.21 패스 여부에 따라 에지 색상을 나타낸 chord diagram

[그림 5.21]에서의 네트워크에서는 같은 포지션(Forward, Midfielder, etc.)인 경우는 동일한 색깔로 표현하고, 방향에 대한 옵션은 공을 패스한 방향과 패스를 받은 방향을 구별하여 다른 색깔로 표현한다. 순서 옵션은 선수들 배열에 활용한다.

코드 5.2.2 (4) Netherlands soccer team에 대한 chord diagram(옵션 사용)

```
grid.col <- c("#AA3939",rep("#AA6C39",4),
            rep("#2D882D",3),rep("#226666",3))

chordDiagram(FIFAm, directional = TRUE,
            grid.col = grid.col,
            order=c("GK1","DF2","DF3","DF4","DF5",
                  "MF6","MF8","MF10","FW7",
                  "FW9","FW11")) # 그림 5.22
```

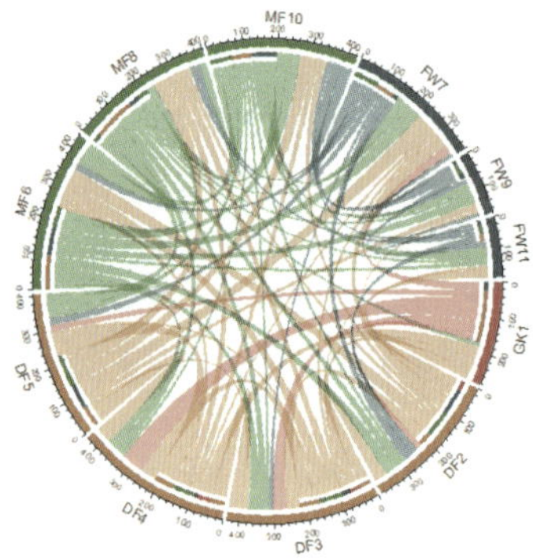

그림 5.22 패스 여부에 따라 방향성 있도록 에지 색상을 나타낸 chord diagram

[그림 5.22]를 보면 FW7이 다른 두 명의 forward보다 두 배 이상 패스를 받는 것으로 보인다. 골키퍼의 주요 대상은 DF4로 보이고 DF4는 DF5에 패스하는 경향이 있다.

5.2.3 네트워크 데이터에 대한 히트맵

네트워크 데이터를 히트맵(heatmap)으로 표현하고자 한다.

코드 5.2.3 (1) Netherland soccer team network를 sociomatrix로 변환

```
data(FIFA_Nether)
FIFAm <- as.sociomatrix(FIFA_Nether, attrname='passes')

colnames(FIFAm) <- c("GK1","DF3","DF4","DF5",
                     "MF6","FW7","FW9","MF10",
                     "FW11","DF2","MF8")
rownames(FIFAm) <- c("GK1","DF3","DF4","DF5",
                     "MF6","FW7","FW9","MF10",
                     "FW11","DF2","MF8")
```

colorRampPalette() 함수로 sociomatrix의 값에 따라 색상의 범위를 다르게 한다. 방향이 있는 경우 행은 'passers', 열은 'receivers'를 나타낸다.

코드 5.2.3 (2) Heatmap of Netherlands 2010 soccer team number of passes

```
palf <- colorRampPalette(c("#669999", "#003333"))
heatmap(FIFAm[,11:1],Rowv = NA,Colv = NA,col = palf(60),
      scale="none", margins=c(11,11) )  # 그림 5.23
```

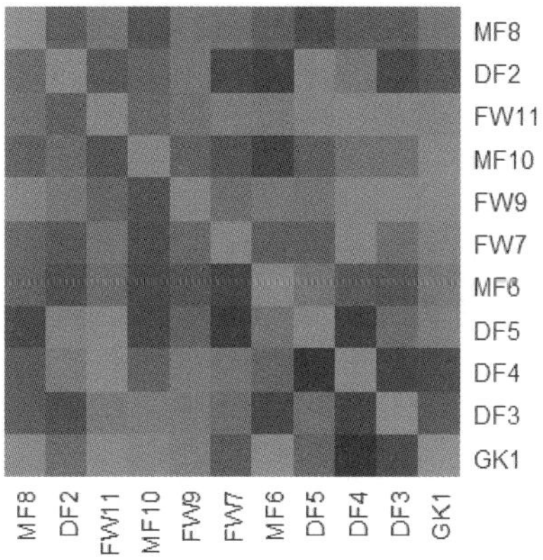

그림 5.23 팀별 패스 관계를 나타낸 히트맵(heatmap)

선수 간 패스 관계를 나타내는 [그림 5.23] 히트맵에서 서로 패스가 많을수록 진한 색으로 나타난다.

연습문제
EXCERCISE

1. 다음의 네트워크에 대해

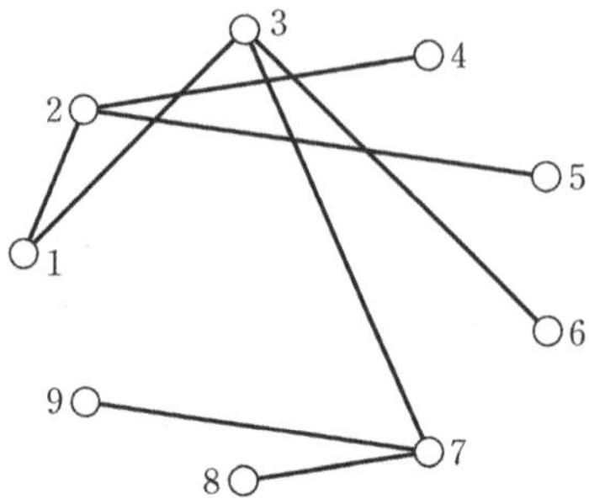

(a) Arc diagram으로 네트워크 그래프를 그리시오.
(b) 연결 여부에 따라 히트맵을 그리시오.
(c) 노드 색깔을 "노란색", 에지는 "빨간색"으로 네트워크 그래프를 그리시오.

2. 다음의 방향성 네트워크에 대해 답하시오.

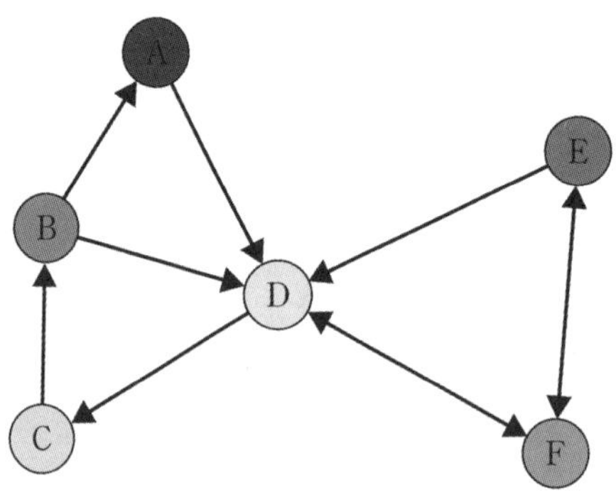

(a) Arc diagram으로 네트워크 그래프를 그리시오.
(b) 방향성과 연결 여부를 고려한 히트맵을 그리시오.

3. 참새의 사회연결망 데이터에 대해 네트워크 그래프를 그려보아 네트워크를 파악하시오.

미국 캘리포니아주에서 3개월간 관측한 자료로 Zonotrichia atricapilla 종 참새가 5m 반경 안에 같이 있으며 서로 교류가 있는 무리(flock)로 보고 참새가 노드이며 연결성은 무방향 가중값(ratio association index)을 갖는 에지를 갖는 네트워크 데이터이다. 첫 번째와 두 번째 열은 연결된 에지 번호, 세 번째 열은 가중값, 네 번째 열은 시기를 나타낸다.

[데이터셋] aves-sparrow-social_edges.txt

```
1 2 0.071428571 2009
1 3 0.055555556 2009
1 4 0.0625 2009
1 5 0.083333333 2009
1 6 0.083333333 2009
1 7 0.083333333 2009
1 8 0.125 2009
1 9 0.052631579 2009
1 10 0.142857143 2009
1 11 0.166666667 2009
1 12 0.0625 2009
1 13 0.066666667 2009
1 14 0.076923077 2009
1 15 0.2 2009
1 16 0.058823529 2009
17 3 0.153846154 2009
17 4 0.083333333 2009
17 16 0.076923077 2009
17 9 0.142857143 2009
17 18 0.1 2009
17 11 0.133333333 2009
17 19 0.1 2009
17 10 0.090909091 2009
17 13 0.2 2009
17 14 0.111111111 2009
17 15 0.076923077 2009
20 21 0.5 2009
20 5 0.076923077 2009
20 22 0.125 2009
20 8 0.055555556 2009
20 9 0.105263158 2009
20 23 0.285714286 2009
20 11 0.157894737 2009
20 24 0.055555556 2009
20 12 0.125 2009
20 25 0.294117647 2009
20 26 0.111111111 2009
20 15 0.055555556 2009
16 3 0.166666667 2009
16 4 0.117647059 2009
16 5 0.071428571 2009
16 6 0.153846154 2009
16 7 0.071428571 2009
16 2 0.133333333 2009
16 9 0.047619048 2009
16 10 0.058823529 2009
16 11 0.095238095 2009
16 8 0.111111111 2009
16 18 0.214285714 2009
16 13 0.2 2009
16 14 0.230769231 2009
16 19 0.416666667 2009
16 15 0.052631579 2009
22 21 0.125 2009
22 8 0.055555556 2009
22 9 0.105263158 2009
22 23 0.384615385 2009
22 11 0.047619048 2009
22 24 0.266666667 2009
22 12 0.2 2009
22 13 0.0625 2009
22 14 0.153846154 2009
22 26 0.25 2009
22 25 0.294117647 2009
22 10 0.0625 2009
9 23 0.166666667 2009
9 11 0.136363636 2009
9 24 0.1 2009
9 12 0.05 2009
9 26 0.15 2009
9 2 0.055555556 2009
9 3 0.095238095 2009
9 7 0.0625 2009
9 10 0.052631579 2009
9 15 0.1 2009
9 21 0.235294118 2009
9 19 0.055555556 2009
9 13 0.111111111 2009
9 14 0.125 2009
9 4 0.105263158 2009
9 5 0.0625 2009
9 18 0.117647059 2009
9 25 0.041666667 2009
23 21 0.285714286 2009
23 8 0.055555556 2009
23 11 0.157894737 2009
23 24 0.117647059 2009
23 12 0.125 2009
23 13 0.0625 2009
23 14 0.071428571 2009
23 26 0.176470588 2009
23 25 0.294117647 2009
23 5 0.076923077 2009
23 15 0.117647059 2009
11 15 0.15 2009
11 24 0.045454545 2009
11 26 0.043478261 2009
11 2 0.052631579 2009
11 3 0.142857143 2009
11 10 0.05 2009
11 21 0.157894737 2009
11 8 0.15 2009
11 19 0.111111111 2009
11 13 0.166666667 2009
11 14 0.117647059 2009
```

```
11 4 0.1 2009
11 5 0.125 2009
11 18 0.111111111 2009
11 25 0.083333333 2009
24 10 0.058823529 2009
24 21 0.1875 2009
24 12 0.266666667 2009
24 25 0.352941176 2009
24 26 0.3125 2009
24 14 0.066666667 2009
24 18 0.0625 2009
24 8 0.111111111 2009
12 8 0.055555556 2009
12 15 0.055555556 2009
12 21 0.058823529 2009
12 10 0.0625 2009
12 25 0.222222222 2009
12 26 0.333333333 2009
26 21 0.176470588 2009
26 13 0.055555556 2009
26 14 0.133333333 2009
26 25 0.333333333 2009
26 15 0.05 2009
27 28 0.3 2009
27 29 0.363636364 2009
27 30 0.272727273 2009
27 31 0.375 2009
2 4 0.066666667 2009
2 5 0.090909091 2009
2 6 0.090909091 2009
2 8 0.307692308 2009
2 10 0.071428571 2009
2 19 0.272727273 2009
2 18 0.076923077 2009
2 13 0.071428571 2009
2 14 0.083333333 2009
3 4 0.25 2009
3 6 0.066666667 2009
3 8 0.166666667 2009
3 18 0.2 2009
3 19 0.2 2009
3 10 0.1875 2009
3 13 0.117647059 2009
3 14 0.0625 2009
3 7 0.230769231 2009
3 15 0.105263158 2009
31 28 0.142857143 2009
31 29 0.111111111 2009
31 30 0.125 2009
10 4 0.214285714 2009
10 5 0.083333333 2009
10 18 0.153846154 2009
10 8 0.285714286 2009
10 15 0.058823529 2009
10 7 0.083333333 2009
10 19 0.153846154 2009
10 6 0.083333333 2009
15 4 0.117647059 2009
15 21 0.055555556 2009
15 13 0.058823529 2009
15 14 0.066666667 2009
15 19 0.0625 2009
15 18 0.133333333 2009
15 5 0.153846154 2009
15 8 0.052631579 2009
21 8 0.055555556 2009
21 25 0.1 2009
21 14 0.071428571 2009
21 5 0.076923077 2009
8 25 0.045454545 2009
8 7 0.071428571 2009
8 19 0.0625 2009
8 4 0.117647059 2009
8 18 0.0625 2009
8 6 0.071428571 2009
19 4 0.066666667 2009
19 5 0.090909091 2009
19 7 0.090909091 2009
19 18 0.272727273 2009
19 13 0.153846154 2009
19 14 0.181818182 2009
19 6 0.090909091 2009
29 28 0.5 2009
29 6 0.090909091 2009
29 30 0.625 2009
13 4 0.133333333 2009
13 5 0.083333333 2009
13 18 0.071428571 2009
13 25 0.105263158 2009
13 14 0.4 2009
13 7 0.083333333 2009
13 6 0.181818182 2009
14 7 0.1 2009
14 18 0.083333333 2009
14 25 0.055555556 2009
14 6 0.1 2009
28 30 0.833333333 2009
4 5 0.076923077 2009
4 6 0.166666667 2009
4 18 0.142857143 2009
4 7 0.076923077 2009
5 6 0.111111111 2009
5 18 0.090909091 2009
7 6 0.111111111 2009
6 18 0.090909091 2009
18 25 0.052631579 2009
```

CHAPTER

06

네트워크의 부분집단

네트워크는 복잡한 구조를 갖는다. 그런데 네트워크의 부분을 보면 상대적으로 결속이 약하거나 강한 부분집합이 나타날 수 있는데 이러한 집단을 정의하고 찾아내고자 한다. 큰 소셜 네트워크인 경우 뚜렷한 부분집단이 존재하는데, 예를 들어 사회적 계층(social class)을 들 수 있다. 의미 있는 부분집단과 커뮤니티를 찾고 구조를 알아내는 작업이 필요하다.

6.1 사회적 결속

네트워크의 부분집합에 대해 사회적 결속(social cohesion)을 고려한다. 결속력이 강한 부분그룹 내에서는 노드 간 연결이 강하다.

6.1.1 클리크

클리크(clique)는 완전히 연결된 부분집단으로 해당 집단 내의 노드는 모두 서로 간에 연결된다.

예제 6.1.1

두 개 클리크를 포함한 네트워크 그래프를 만든다.

코드 6.1.1 **(1) 두 개 클리크를 가진 네트워크**

```
library(igraph)
clqexmp <- graph.formula(A:B:C:D—A:B:C:D, D-E, E-F-G-E)
plot(clqexmp, vertex.label.cex = 0.8)  # 그림 6.1
```

[그림 6.1]에서는 두 개의 최대 클리크를 포함한 네트워크를 보여준다. 노드 A, B, C, D로 구성된 클리크와 노드 E, F, G로 구성된 클리크이다. clique.number() 함수로 가장

큰 클리크의 크기를 출력한다. cliques() 함수는 구성된 클리크를 나열한다.

maximal. clique() 함수로는 클리크 구성 정보를 출력하는데, min = 3 옵션을 사용하면 클리크의 최소 크기가 3 이상인 클리크만 출력한다.

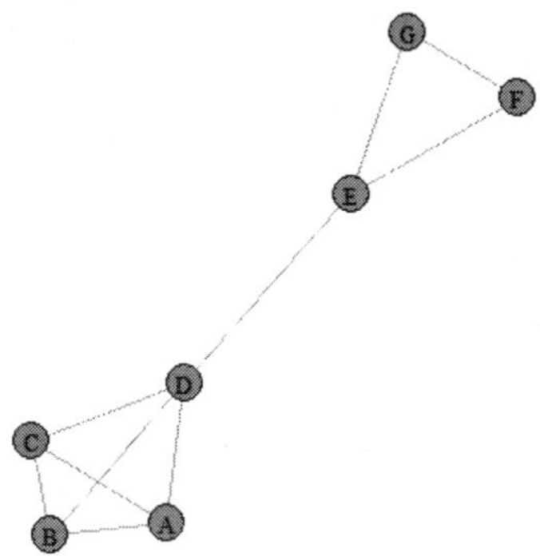

그림 6.1 두 개 클리크를 가진 네트워크

코드 6.1.1 **(2) 클리크에 대한 정보**

```
clique.number(clqexmp)  # largest clique 구성하는 노드 개수
cliques(clqexmp, min = 3)  # 크기 3 이상인 clique 개수
maximal.cliques(clqexmp, min = 3)  # 크기 3 이상, 더 확대되지 않는 clique
largest.cliques(clqexmp)   # 가장 큰 크기의 clique
# maximal clique를 이루는 vertex들
V(clqexmp) [unlist(largest.cliques(clqexmp))]
```

>>> **결과 6.1.1**

```
> clique.number(clqexmp)
[1] 4
> cliques(clqexmp, min = 3)
[[1]]
+ 3/7 vertices, named, from 8dfa49c:
[1] B C D

[[2]]
+ 3/7 vertices, named, from 8dfa49c:
[1] E F G
```

```
[[3]]
+ 3/7 vertices, named, from 8dfa49c:
[1] A B C

[[4]]
+ 4/7 vertices, named, from 8dfa49c:
[1] A B C D

[[5]]
+ 3/7 vertices, named, from 8dfa49c:
[1] A B D

[[6]]
+ 3/7 vertices, named, from 8dfa49c:
[1] A C D

> maximal.cliques(clqexmp, min = 3)
[[1]]
+ 3/7 vertices, named, from 8dfa49c:
[1] E F G

[[2]]
+ 4/7 vertices, named, from 8dfa49c:
[1] A B D C

> largest.cliques(clqexmp)
[[1]]
+ 4/7 vertices, named, from 8dfa49c:
[1] D A B C
>V(clqexmp)[unlist(largest.cliques(clqexmp))]
+ 4/7 vertices, named, from 8dfa49c:
[1] D A B C
```

6.1.2 k-코어

k-코어(k-core) 또는 차수 k 코어(core of order k)는 모든 노드가 최소한 k 이상의 연결성차수(degree)를 가지는 maximal-sub-network를 의미한다.

$G=(V,L)$ 그래프에서 V는 노드집합, L은 에지집합이다. 그래프 $H_k=(W,L|W)$는 노드집합 W로 형성된 부분그래프로 k-코어가 되려면,

$$\deg_H(v) \geq k, \ \forall \ v \in W \tag{6.1}$$

이어야 한다. H_k는 이러한 특성을 가진 최대의 부분그래프이다.

코어는 중첩성(nested)을 가진다. 즉, $i < k$, $H_j \subseteq H_i$를 만족한다. k-쉘(k-shell)은 정확하게 모든 노드가 연결성(degree) 값 k를 갖는 네트워크이다. k-크러스트(k-crust)는 해당 그래프에서 k-core를 빼고 남은 것들이다. 따라서 낮은 값의 k-shell은 보통 중심부가 아닐 수 있다. k가 높아질수록 좀 더 중심적인 코어에 근접한다.

k-코어 분해(k-core decomposition)는 k를 증가시키면서 k-core에 속하지 않는 k-crust를 구분하면서 그래프를 분해하는 것이다. 코어 분해를 통해 거대한 네트워크를 분해해서 볼 수 있어 다음의 정보를 얻을 수 있다.

1) 네트워크에서 연결이 많은 중요한 부분을 분리해 볼 수 있다.
2) 부분그래프의 형태를 볼 수 있다.
3) 코어 차수에 따라 네트워크를 순서화할 수 있고 색깔 등으로 나타낼 수 있다.

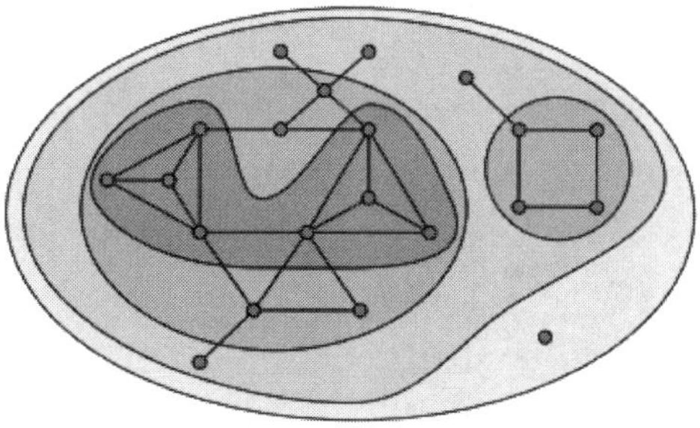

그림 6.2 코어 분해: 차수 0, 1, 2, 3 코어

예제 6.1.2

DHHS 네트워크에 대해 k-코어 분해를 수행하고자 한다. graph.coreness() 함수를 이용한다.

코드 6.1.2 (1) DHHS network를 igraph 객체로 변환

```
library(UserNetR)
data(DHHS)
library(intergraph)
iDHHS <- asIgraph(DHHS)
```

코드 6.1.2 (2) tie value가 3 이상인 edge만 추출

```
graph.density(iDHHS)
iDHHS <- subgraph.edges(iDHHS, E(iDHHS)[collab > 2])
graph.density(iDHHS)
```

\>>> 결과 6.1.2 (2)

```
> graph.density(iDHHS)
[1] 0.312
> graph.density(iDHHS)
[1] 0.153
```

코드 6.1.2 (3) DHHS 네트워크에 대해 k-코어 분해

```
coreness <- graph.coreness(iDHHS)
table(coreness)
maxCoreness <- max(coreness)
maxCoreness
```

\>>> 결과 6.1.2 (3)

```
> table(coreness)
coreness
 1  2  3  4  5  6
 7  6  2  5  2 26
> maxCoreness
[1] 6
```

코드 6.1.2 (4) highest core 값을 vertex attribute로 저장하여 색상 설정

```
Vname <- get.vertex.attribute(iDHHS, 'vertex.names', index = V(iDHHS))
# index: a vertex sequence, to query the attribute only for these vertices.
V(iDHHS)$name <- Vname
V(iDHHS)$color <- coreness + 1
op <- par(mar = rep(0,4))
plot(iDHHS, vertex.label.cex = 0.8)  # 그림 6.3
par(op)
```

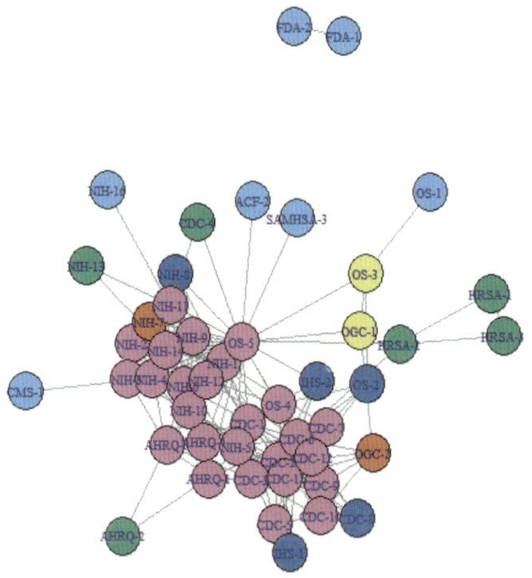

그림 6.3 highest core 값을 vertex attribute로 저장하여 색상 설정한 네트워크

코드 6.1.2 (5) highest core 값을 label 및 색상으로 설정

```
colors <- rainbow(maxCoreness)
op <- par(mar = rep(0,4))
plot(iDHHS, vertex.label = coreness,
   vertex.color = colors[coreness])  # 그림 6.4
par(op)
```

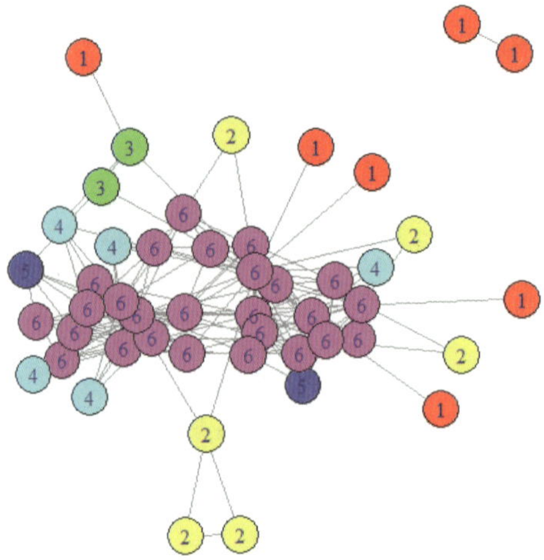

그림 6.4 연결된 에지 개수를 노드에 표시한 네트워크

코드 6.1.2 (6) lower k-core를 graph에서 차례대로 삭제(peeling away)

```
V(iDHHS)$name <- coreness
V(iDHHS)$color <- colors[coreness]
iDHHS1_6 <- iDHHS
iDHHS2_6 <- induced.subgraph(iDHHS, vids = which(coreness > 1))
iDHHS3_6 <- induced.subgraph(iDHHS, vids = which(coreness > 2))
iDHHS4_6 <- induced.subgraph(iDHHS, vids = which(coreness > 3))
iDHHS5_6 <- induced.subgraph(iDHHS, vids = which(coreness > 4))
iDHHS6_6 <- induced.subgraph(iDHHS, vids = which(coreness > 5))

lay <- layout.fruchterman.reingold(iDHHS)
op <- par(mfrow = c(2,3), mar = c(2,0,3,0)) # 그림 6.5
plot(iDHHS1_6, layout = lay, main = "All k-cores")
plot(iDHHS2_6, layout = lay[which(coreness > 1),], main = "k-cores 2-6")
plot(iDHHS3_6, layout = lay[which(coreness > 2),], main = "k-cores 3-6")
plot(iDHHS4_6, layout = lay[which(coreness > 3),], main = "k-cores 4-6")
plot(iDHHS5_6, layout = lay[which(coreness > 4),], main = "k-cores 5-6")
plot(iDHHS6_6, layout = lay[which(coreness > 5),], main = "k-cores 6-6")
par(op)
```

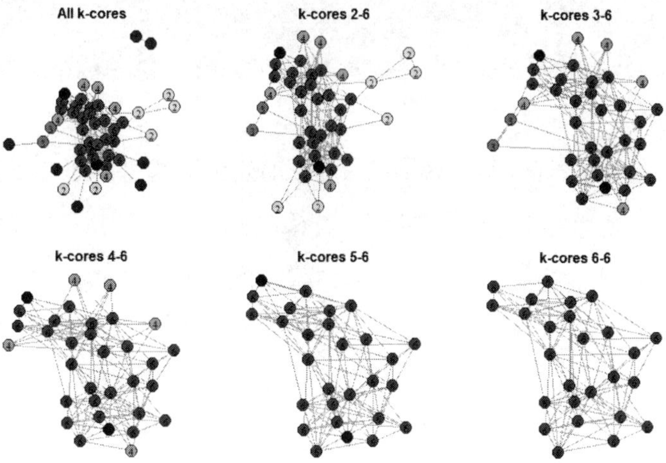

그림 6.5 적은 차수는 제외하면서 k-core decomposion 수행 후 네트워크

예제 6.1.3

다음의 자료를 이용하여 저자(author) 협동 연구 네트워크 연구를 하였다(Batagelj and Zaversnik, 2002). 9,027개 노드(저자)와 13,567개 에지(22,577개의 에지 중 복수연결은 단일 연결로 정리)를 포함한다.

http://www.math.utah.edu/~beebe/ bibliographies.html

그림 6.6 논문 저자들의 10-코어 네트워크: 133개 노드 포함(Beebe, 2002)

[그림 6.6]은 저자 데이터를 이용하여 노드 이름(저자)을 나타내어 10-코어 그래프를 그린 것이다. 코어가 0인 경우는 단독 연구로 협동연구가 없는 경우이다.

6.2 커뮤니티 탐지

네트워크 분석에서 커뮤니티 탐지(community detection) 방법은 밀도가 높은 집단끼리 묶어서 분석하는 방법이다. 다른 집단보다 밀집도가 높아 모듈성(modularity)이 큰 것이 커뮤니티이다. 전체 집단에서 어떤 커뮤니티가 존재하고 이러한 커뮤니티는 어떤 특성을 갖는지 분석하고자 하는 것이다. 일종의 클러스터링 개념으로 이해해도 된다. 내부적으로는 결속되고 외부와는 분리되는 커뮤니티를 찾기 위해서는 커뮤니티 탐지 알고리즘이 필요하다. Louvain 알고리즘은 가장 많이 사용되는 알고리즘에 속한다.

6.2.1 모듈성

네트워크의 커뮤니티 구조는 얼마나 모듈화되어 있을 것인가? 모듈성(modularity)은 이를 정량적으로 나타내고자 한다.

모듈성은 커뮤니티 내부에 펼쳐져 있는 링크들이 무작위적인 연결들과 비교했을 때 얼마나 더 많은지 정량화한다. 구체적으로는 원래의 네트워크 G와 각 노드의 링크 개수를 유지한 채로 대상을 랜덤하게 변화시킨 네트워크 G'와 원래 네트워크 G를 비교하여 도출된다. 모듈성(modularity)은 다음과 같이 정의한다.

$$Q = \frac{1}{2m}\sum_{i,j}\left(A_{ij} - \frac{k_i k_j}{2m}\right)\delta(C^{(i)}, C^{(j)}) \tag{6.2}$$

여기서

$A = \{A_{i,j}\}$는 근접행렬(adjacency matrix)

m은 네트워크의 에지 개수

k_i는 vertex i의 연결성 정도

$C^{(i)}$는 vertex i의 type(module)

$\delta(x,y) = 1$ if $x = y$, $\delta(x,y) = 0$ otherwise.

모듈성 통계량은 -1/2에서 1의 범위를 갖는다. 1에 가까울수록 해당 노드 간 결집(clustering)이 된다고 볼 수 있다.

예제 6.2.1

그룹화된 네트워크를 생성한다.

코드 6.2.1 (1) 속성에 대한 그룹핑(grouping) 그림

```
g1 <- graph.formula(A-B-C-A, D-E-F-D, G-H-I-G, A-D-G-A)
V(g1)$grp_good <- c(1,1,1, 2,2,2, 3,3,3)
V(g1)$grp_bad <- c(1,2,3, 2,3,1, 3,1,2)

op <- par(mfrow = c(1,2)) # 그림 6.7
plot(g1, vertex.color = (V(g1)$grp_good),
    vertex.size = 20, main = "Good Grouping")
plot(g1, vertex.color = (V(g1)$grp_bad),
    vertex.size = 20, main = "Bad Grouping")
par(op)
```

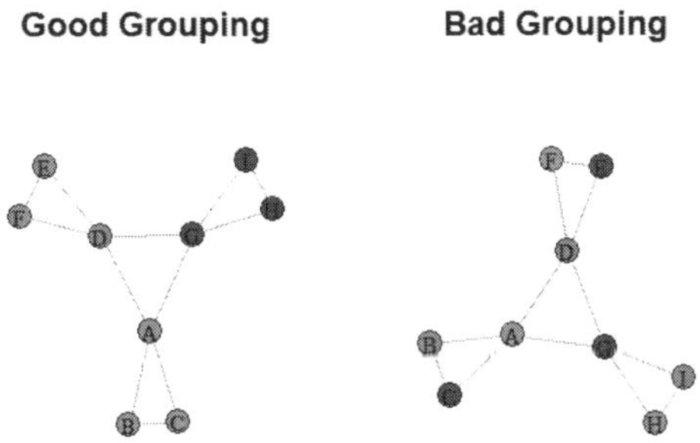

그림 6.7 그룹화된 네트워크(같은 색은 같은 속성을 나타낸다)

코드 6.2.1 (2) 두 grouping 속성의 modularity 비교

```
modularity(g1, V(g1)$grp_good)
modularity(g1, V(g1)$grp_bad)
```

>>> **결과 6.2.1**

```
> modularity(g1, V(g1)$grp_good)
[1] 0.417
> modularity(g1, V(g1)$grp_bad)
[1] -0.333
```

[그림 6.7]에서 good grouping 된 네트워크의 모듈성 값이 bad grouping 네트워크보다 크다.

예제 6.2.2

DHHS 네트워크 데이터에 대해 부분그룹을 알아보고자 한다.

코드 6.2.2 (1) DHHS network

```
library(intergraph)
data(DHHS)
iDHHS <- asIgraph(DHHS)
table(V(iDHHS)$agency)
```

>>> **결과 6.2.2**

```
> table(V(iDHHS)$agency)
 0  1  2  3  4  5  6  7  8  9 10
 2  4 12  2  2  3  2 16  3  5  3
```

모듈성 함수는 그룹화 변수로 1부터 시작한다. 이 데이터에서는 agency 번호가 0부터 시작하므로 1을 더해준 것이다.

코드 6.2.2 (2) "agency" 속성에 대한 modularity

```
V(iDHHS)[1:10]$agency
modularity(iDHHS, (V(iDHHS)$agency + 1))
```

>>> **결과 6.2.2**

```
> V(iDHHS)[1:10]$agency
 [1] 0 0 1 1 1 1 2 2 2 2
> modularity(iDHHS, (V(iDHHS)$agency + 1))
[1] 0.14
```

모듈성 점수 0.14는 DHHS agency가 네트워크 내에서 어느 정도 클러스터링되어 있다는 것을 의미한다.

예제 6.2.3

Moreno data에 대해 성별이 부분그룹을 어떻게 설명할 수 있는지 알아보고자 한다.

코드 6.2.3 (1) Moreno network에서 "gender" 속성에 대한 modularity

```
library(intergraph)
data(Moreno)
iMoreno <- asIgraph(Moreno)
table(V(iMoreno)$gender)
modularity(iMoreno, V(iMoreno)$gender)
```

>>> **결과 6.2.3**

```
> table(V(iMoreno)$gender)
 1  2
16 17

> modularity(iMoreno, V(iMoreno)$gender)
[1] 0.476
```

예제 6.2.4

Facebook network에 대해 Facebook friends가 사회적 그룹의 유형으로 속성 범주를 정한다(family, work, music, high school, etc.).

코드 6.2.4 (1) Facebook network, "group" 속성에 대한 modularity

```
data(Facebook)
levels(factor(V(Facebook)$group))

grp_num <- as.numeric(factor(V(Facebook)$group))
modularity(Facebook, grp_num)
```

>>> 결과 6.2.4

```
> levels(factor(V(Facebook)$group))
[1] "B" "C" "F" "G" "H" "M" "S" "W"
> modularity(Facebook, grp_num)
[1] 0.615
```

6.2.2 커뮤니티 탐지 알고리즘

네트워크에서 다른 집단보다 좀 더 밀집하게 묶여있는 부분집단, 즉 모듈성(modularity)이 높은 집단을 커뮤니티(community)라고 부른다. 커뮤니티 탐지 알고리즘(Community detection algorithm)은 전체 집단에 어떤 커뮤니티가 있고, 또한 이러한 커뮤니티는 어떤 특성이 있는지를 분석하는 방법이다. [표 6.1]에서는 몇 개의 알고리즘 이름과 특징을 설명한다.

표 6.1 커뮤니티 탐지 알고리즘(community detection algorithm)

알고리즘 이름	특징
Louvain	관계 밀도를 적절하게 정의된 랜덤 네트워크와 비교하여 커뮤니티의 품질을 측정한다.
Walktrap	일련의 random walk 과정을 통해 커뮤니티를 발견한다. 노드를 하나의 커뮤니티로 시작해, 점차 더 큰 그룹을 병합하면서 클러스터링한다.
Label propagation	네트워크 구조만을 사용하여 커뮤니티를 찾아내는 빠른 알고리즘이다. 모든 노드는 각자

알고리즘 이름	특징
	유일한 label을 가진다. 노드의 순서가 랜덤하게 배치된 리스트를 작성하고, 해당 노드의 주변 노드들이 지닌 label 중 가장 빈도가 높은 label로 해당 노드의 label을 변경한다. 모든 노드가 가장 높은 빈도의 label을 가질 때까지 반복한다.
InfoMAP	먼저 모든 노드가 하나의 커뮤니티라는 가정하에서 출발하며 탐욕 알고리즘을 사용하여 임의의 노드로부터 인접한 이웃 두 커뮤니티를 짝지어 가면서 하나의 공동체로 묶어 나가는데, 여기서 가장 작은 최소 정보량을 나타내는 그룹으로 묶어간다. 2단계로 공동체를 형성한 노드들의 차수를 합쳐 단일 노드의 차수로 만들고 인접 노드들과의 관계성을 고려하여 네트워크를 재구성한다.

예제 6.2.5

Moreno 데이터에 walktrap algorithm을 적용하여 커뮤니티 탐지를 하고자 한다.

코드 6.2.5 Moreno 데이터에 walktrap algorithm 적용

```
cw <- cluster_walktrap(iMoreno) # default : length=4
membership(cw)
modularity(cw)
plot(cw, iMoreno)  # 그림 6.8
```

>>> 결과 6.2.5

```
> membership(cw)
 [1] 1 1 1 1 1 1 1 1 3 3 3 5 5 5 5 1 3 2 2 2 4 4 4 2 2 2 2 2 2
[30] 2 2 6 6
> modularity(cw)
[1] 0.618
```

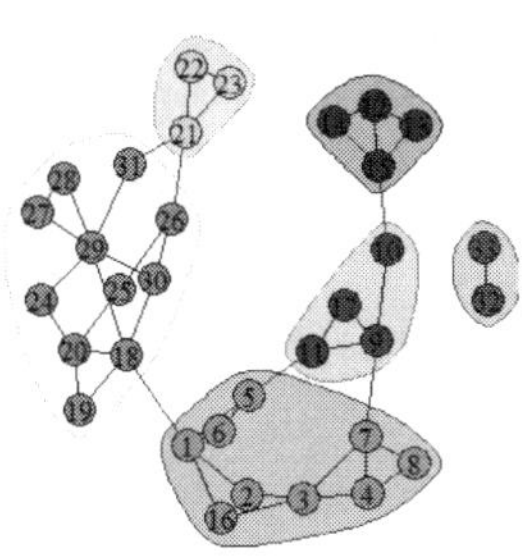

그림 6.8 커뮤니티를 나타낸 네트워크

예제 6.2.6

DHHS 데이터에 walktrap algorithm을 적용하여 커뮤니티 탐지를 하고자 한다.

코드 6.2.6 DHHS 데이터에 walktrap algorithm 적용

```
cw <- cluster_walktrap(iDHHS)
modularity(cw)
membership(cw)
table(V(iDHHS)$agency, membership(cw))
```

>>> **결과 6.2.6**

```
> modularity(cw)
[1] 0.165
> membership(cw)
 [1] 4 5 1 1 1 1 1 1 1 1 1 1 1 1 1 1 1 1 1 1 1 1 1 1 1 1 1 3 3
[30] 3 3 3 3 3 3 3 3 3 3 3 3 3 3 3 2 2 2 2 1 2 1 1 1 1 1
> table(V(iDHHS)$agency, membership(cw))
    1  2  3  4  5
 0  0  0  0  1  1
 1  4  0  0  0  0
 2 12  0  0  0  0
 3  2  0  0  0  0
 4  2  0  0  0  0
 5  3  0  0  0  0
 6  2  0  0  0  0
 7  0  0 16  0  0
 8  0  3  0  0  0
 9  3  2  0  0  0
 10 3  0  0  0  0
```

커뮤니티 탐지를 위한 community detection algorithm은 여러 가지가 있다. [표 6.2]는 igraph 패키지에 내장된 알고리즘을 보여준다.

표 6.2 igraph 패키지에서 제공하는 community detection algorithm

알고리즘 이름	R 함수	방향성	가중성
Edge-betweenness	cluster_edge_betweenness	T	T
Leading eigenvector	cluster_leading_eigen	F	F
Fast-greedy	cluster_fast_greedy	F	T
Louvain	cluster_louvain	F	T
Walktrap	cluster_walktrap	F	T
Label propagation	cluster_label_prop	F	T
InfoMAP	cluster_infomap	T	T
Spinglass	cluster_spinglass	F	T
Optimal	cluster_optimal		T

예제 6.2.7

Bali terrorist 네트워크 데이터에 대해 여러 가지 알고리즘을 적용해 커뮤니티 탐지를 비교하고자 한다. 알고리즘에 따라 모듈성 구조와 모듈성 정수에 차이가 있다.

코드 6.2.7 8개 community detection algorithm 비교

```
data(Bali)
iBali <- asIgraph(Bali)

cw <- cluster_walktrap(iBali)
modularity(cw)
membership(cw)

ceb <- cluster_edge_betweenness(iBali)
modularity(ceb)
membership(ceb)

cs <- cluster_spinglass(iBali)
modularity(cs)
membership(cs)
```

```
cfg <- cluster_fast_greedy(iBali)
modularity(cfg)
membership(cfg)

clp <- cluster_label_prop(iBali)
modularity(clp)
membership(clp)

cle <- cluster_leading_eigen(iBali)
modularity(cle)
membership(cle)

cl <- cluster_louvain(iBali)
modularity(cl)

co <- cluster_optimal(iBali)
modularity(co)
membership(co)
```

>>> 결과 6.2.7

```
> cw <- cluster_walktrap(iBali)
> modularity(cw)
[1] 0.283
> membership(cw)
 [1] 2 1 2 1 2 2 1 2 2 3 3 3 3 3 2 2 2

> ceb <- cluster_edge_betweenness(iBali)
> modularity(ceb)
[1] 0.239
> membership(ceb)
 [1] 1 1 1 1 1 1 1 1 1 2 2 2 2 2 1 1 1
> cs <- cluster_spinglass(iBali)
> modularity(cs)
[1] 0.297
```

```
> membership(cs)
 [1] 1 2 1 3 1 1 2 1 1 3 3 3 3 3 1 1 1

> cfg <- cluster_fast_greedy(iBali)
> modularity(cfg)
[1] 0.263
> membership(cfg)
 [1] 2 2 1 2 1 2 2 1 1 3 3 3 3 3 1 1 1

> clp <- cluster_label_prop(iBali)
> modularity(clp)
[1] 0.239
> membership(clp)
 [1] 1 1 1 1 1 1 1 1 1 2 2 2 2 2 1 1 1

> cle <- cluster_leading_eigen(iBali)
> modularity(cle)
[1] 0.275
> membership(cle)
 [1] 1 1 1 2 1 1 2 1 1 2 2 2 2 2 1 1 1

> cl <- cluster_louvain(iBali)
> modularity(cl)
[1] 0.297
> membership(cl)
 [1] 3 1 3 2 3 3 1 3 3 2 2 2 2 2 3 3 3

> co <- cluster_optimal(iBali)
> modularity(co)
[1] 0.297
> membership(co)
 [1] 1 2 1 3 1 1 2 1 1 3 3 3 3 3 1 1 1
```

Bali 데이터에 대한 모듈성은 커뮤니티 감지 알고리즘에 따라 차이가 있으며 결과를 보면 모듈성 값은 0.24~0.30이다.

커뮤니티 탐지 결과를 비교하기 위한 통계량으로 ARI(adjusted Rand index)를 설명한다. n개 개체를 포함한 집합 $S=\{O_1, \dots, O_n\}$에 대해 $U=\{u_1, \dots, u_R\}$와 $V=\{v_1, \dots, v_C\}$는 S에서의 두 개의 분할된 부분(partition)이다.

n_{ij}는 u_i와 v_j에 대한 공통 개체 수 $n_{ij}=|u_i \cap v_j|$이다. a_i와 b_j는 cluster u_i와 cluster v_j에 속한 개체 수다. 일반 초기하분포 모형을 고려하여 ARI(Adjusted Rand Index)와 행, 열에 배치된 요소에 대한 표기는 다음과 같다.

표 6.3 행과 열에 배치된 요소

	v_1	v_2	$\cdots$	v_C	행합
u_1	n_{11}	n_{12}	$\cdots$	n_{1C}	a_1
u_2	n_{21}	n_{22}	$\cdots$	n_{2C}	a_2
$\vdots$	$\vdots$	$\vdots$	$\vdots$	$\vdots$	$\vdots$
u_R	n_{R1}	n_{R2}	$\cdots$	n_{RC}	a_R
열합	b_1	b_2	$\cdots$	b_C	n

$$ARI = \frac{\sum_{i,j}\binom{n_{ij}}{2} - \left[\sum_i \binom{a_i}{2}\sum_j \binom{b_j}{2}\right] / \binom{n}{2}}{\frac{1}{2}\left[\sum_i \binom{a_i}{2} + \sum_j \binom{b_j}{2}\right] - \left[\sum_i \binom{a_i}{2}\sum_j \binom{b_j}{2}\right] / \binom{n}{2}} \tag{6.3}$$

여기서

$$E\left[\sum_{i,j}\binom{a_i}{2}\right] = \left[\sum_i \binom{a_i}{2}\sum_j \binom{b_j}{2}\right] / \binom{n}{2} \tag{6.4}$$

이다. ARI가 0일 경우 무작위 할당과 같고 0.2 이하의 점수일 경우 성능이 좋지 않음을 의미한다.

예제 6.2.8

Bali terrorist 네트워크 데이터에 대해 ARI(adjusted Rand index) 통계량으로 여러 알고리즘으로 구한 커뮤니티를 비교하고자 한다. 두 방법에 따른 커뮤니티 구조가 일치하면 ARI=1이 된다.

코드 6.2.8 Bali 네트워크 데이터에 대해 ARI로 커뮤니티 비교

```
table(V(iBali)$role, membership(cw))

compare(as.numeric(factor(V(iBali)$role)), cw, method = "adjusted.rand")
compare(cw, ceb, method = "adjusted.rand")
compare(cw, cs, method = "adjusted.rand")
compare(cw, cfg, method = "adjusted.rand")
```

\>>> **결과 6.2.8**

```
> table(V(iBali)$role, membership(cw))
    1 2 3
 BM 0 5 0
 CT 1 2 0
 OA 2 1 0
 SB 0 1 1
 TL 0 0 4

> compare(as.numeric(factor(V(iBali)$role)), cw, method = "adjusted.rand")
[1] 0.35
> compare(cw, ceb, method = "adjusted.rand")
[1] 0.616
> compare(cw, cs, method = "adjusted.rand")
[1] 0.725
> compare(cw, cfg, method = "adjusted.rand")
[1] 0.669
```

예제 6.2.9

Bali 네트워크 데이터에 대해 각 알고리즘으로 구한 커뮤니티를 표시하여 그림을 그리고자 한다.

코드 6.2.9 Bali network에 대한 커뮤니티 탐지

```
op <- par(mfrow = c(3,2), mar = c(3,0,2,0)) # 그림 6.9
plot(ceb, iBali, vertex.label = V(iBali)$role,
   main = "Edge Betweenness")
plot(cfg, iBali, vertex.label = V(iBali)$role,
   main = "Fastgreedy")
plot(clp, iBali, vertex.label = V(iBali)$role,
   main = "Label Propagation")
plot(cle, iBali, vertex.label = V(iBali)$role,
   main = "Leading Eigenvector")
plot(cs, iBali, vertex.label = V(iBali)$role,
   main = "Spinglass")
plot(cw, iBali, vertex.label = V(iBali)$role,
   main = "Walktrap")
par(op)
```

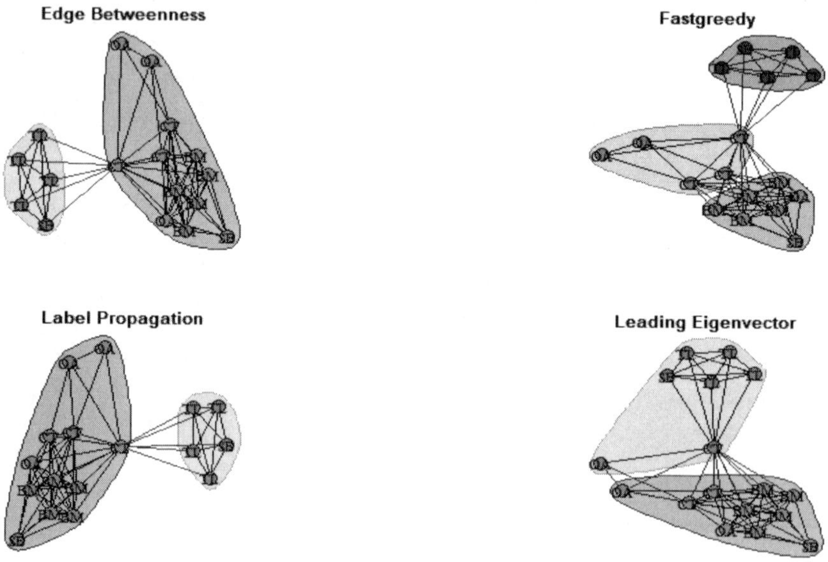

그림 6.9 community detection algorithm에 따른 community를 나타낸 네트워크

연습문제

EXCERCISE

1. igraphdata 패키지에 내장된 UKfaculty 데이터에 대해 분석하고자 한다. UKfaculty 데이터는 UK 대학 교수들의 친분 네트워크 데이터이다.
   (a) 여러 가지 네트워크 통계량을 구하시오.
   (b) 커뮤니티를 찾고 노드는 Group 변수를 이용하여 그래프로 나타내시오.

```
install.packages("igraphdata")
library(igraphdata)
data(package = "igraphdata")
library(igraph)
data(UKfaculty)
V(UKfaculty)
table(V(UKfaculty)$Group)

cw <- cluster_walktrap(UKfaculty)
modularity(cw)
membership(cw)
plot(cw, UKfaculty, vertex.label = V(UKfaculty)$Group,
    main = "Walktrap algorrithm community")
```

2. igraphdata 패키지에 내장된 USairports 데이터에 대해 분석하고자 한다. USairports 데이터는 2010년 10월 미국 내 공항 연결에 관한 데이터이다.
   (a) 여러 가지 네트워크 통계량을 구하시오.
   (b) 커뮤니티를 찾고 그래프로 나타내시오.

CHAPTER

07

제휴 네트워크

네트워크에서 구성원은 공통성을 기반으로 어떤 그룹에 속하거나 행동과 활동에 따라 서로 연결될 수 있다.

7.1 제휴 네트워크

제휴 네트워크(affiliation network)는 구성원(member) 간에 서로 연결되는 그룹이 나타나거나 소속되거나 어떤 사건에 공동으로 참여하여 연결되는 경우를 나타내는 네트워크이다. 예를 들어, 같은 반의 학생이 서로 모르더라도 같은 소속으로 인식되는 것이다. 사람 2명이 어느 한 조직에 속해있다면 서로 연결된 것으로 간주하고, 두 기관이 한 명의 공통으로 소속된 사람이 있다면 서로 연결된 것으로 간주하는 개념을 갖는다.

7.1.1 2부 네트워크

2부 네트워크(two-mode network)는 사회 구성원과 조직 간 관계를 나타내는 멤버십 자료가 대표적이다.

예제 7.1.1

제휴 네트워크의 간단한 예를 만들고자 한다.

코드 7.1.1 affiliation network(2-mode network) 데이터 생성

```
C1 <- c(1,1,1,0,0,0)
C2 <- c(0,1,1,1,0,0)
C3 <- c(0,0,1,1,1,0)
C4 <- c(0,0,0,0,1,1)
aff.df <- data.frame(C1, C2, C3, C4)
row.names(aff.df) <- c("S1", "S2", "S3", "S4", "S5", "S6")
aff.df
```

>>> **결과 7.1.1**

```
> aff.df
   C1 C2 C3 C4
S1  1  0  0  0
S2  1  1  0  0
S3  1  1  1  0
S4  0  1  1  0
S5  0  0  1  1
S6  0  0  0  1
```

여기서는 6명 학생이 4개 반에 속한다. 이러한 상황을 나타내는 데이터행렬은 발생행렬(incidence matrix)이라고 하며 n 개체가 g개 그룹에 속하는 상황을 보여준다. 발생행렬은 $n \times g$ 직사각형 행렬(rectangular matrix)로 형성되며 행은 개체, 열은 그룹을 나타낸다. 이러면 제휴행렬은 2부 네트워크(two-mode network)라고 한다.

예제 7.1.2

2부 네트워크 예로 사회 구성원과 조직 간 관계를 나타내는 멤버십 자료가 대표적이다(표 7.1). 같은 기관에 속해야 연결된 경우로 간주한다.

표 7.1 구성원과 속한 기관

노드	기관A	기관B	기관C
사람 1	1	1	0
사람 2	1	0	0
사람 3	0	1	0
사람 4	0	0	1
사람 5	1	1	1

이러한 데이터를 그래프로 나타내기 위한 행렬로 나타내면 다음과 같다.

$$
\begin{matrix} 1 & 2 & 3 & 4 & 5 & A & B & C \end{matrix}
$$

$$
\begin{pmatrix}
0 & 0 & 0 & 0 & 0 & 1 & 1 & 0 \\
0 & 0 & 0 & 0 & 0 & 1 & 0 & 0 \\
0 & 0 & 0 & 0 & 0 & 0 & 1 & 0 \\
0 & 0 & 0 & 0 & 0 & 0 & 0 & 1 \\
0 & 0 & 0 & 0 & 0 & 1 & 1 & 1 \\
1 & 1 & 0 & 0 & 1 & 0 & 0 & 0 \\
1 & 0 & 1 & 0 & 1 & 0 & 0 & 0 \\
0 & 0 & 0 & 1 & 1 & 0 & 0 & 0
\end{pmatrix}
$$

7.1.2 이분 그래프

제휴 네트워크(affiliation network)를 구성하는 노드는 두 종류가 있다. 한 가지는 개체 노드이고 다른 노드는 구성원이 속한 그룹이나 사건을 나타낸다. 구성원과 그룹 간 연결로 제휴 네트워크를 표현한다. statnet과 igraph 패키지에는 affiliation network를 다루는 함수가 포함되어 있다. 이분 그래프(bipartite graph)는 그래프의 모든 정점이 두 그룹으로 나뉘고 서로 다른 그룹의 정점이 간선으로 연결되어 있으나 같은 그룹에 속한 정점끼리는 서로 인접하지 않도록 하는 그래프이다. 이분 그래프인지 확인하는 탐색기법이 필요하며 너비 우선 탐색(breadth-first search, BFS), 깊이 우선 탐색(depth-first search, DFS) 기법이 있다. 탐색을 진행할 때 자신과 인접한 정점의 색이 자신과 동일하면 이분 그래프가 아니다.

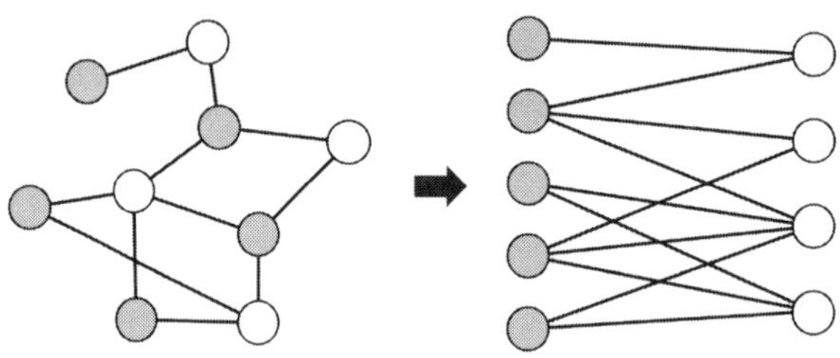

그림 7.1 두 종류 노드가 있는 이분 그래프로 정리

예제 7.1.3

두 종류 노드로 표현한 제휴 네트워크

코드 7.1.3 bipartite graph로서 affiliation network

```
library(igraph)
bn <- graph.incidence(aff.df)

plt.x <- c(rep(2,6), rep(4,4))
plt.y <- c(7:2, 6:3)
lay <- as.matrix(cbind(plt.x, plt.y))
shapes <- c("circle", "square")
colors <- c("blue", "red")
plot(bn, vertex.color = colors[V(bn)$type + 1],
    vertex.shape = shapes[V(bn)$type + 1],
    vertex.size = 10, vertex.label.degree = -pi/2,
    vertex.label.dist = 1.2, vertex.label.cex = 0.9,
    layout = lay) # 그림 7.2
```

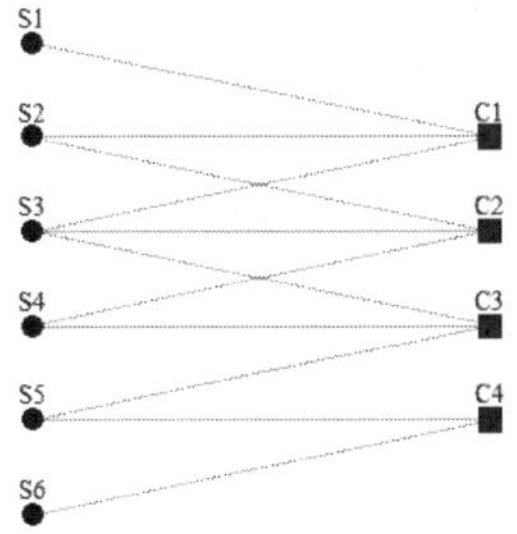

그림 7.2 두 종류 노드가 있는 이분 그래프로서 제휴 네트워크

7.2 제휴 네트워크 기본 통계량

7.2.1 발생행렬로부터 제휴 네트워크 형성

igraph.incidence() 함수로 data.frame 행렬 객체를 만들고 제휴행렬을 생성한다. 행은 구성원, 열은 그룹 또는 사건을 나타낸다.

코드 7.2.1 (1) incidence matrix를 이용하여 affiliation network 생성

```
bn <- graph.incidence(aff.df)
bn
```

>>> 결과 7.2.1 (1)

```
> bn
IGRAPH b2c0aca UN-B 10 11 —
+ attr: type (v/l), name (v/c)
+ edges from b2c0aca (vertex names):
 [1] S1—C1 S2—C1 S2—C2 S3—C1 S3—C2 S3—C3 S4—C2
 [8] S4—C3 S5—C3 S5—C4 S6—C4
```

igraph 객체로서 'UN-B'에서 'B'는 bipartite network를 나타낸다. "name"은 노드의 이름을 의미하고 "type"은 논리 벡터(logical vector)로 노드가 속한 클래스 유형을 구분한다.

코드 7.2.1 (2) affiliation network에 대한 정보

```
get.incidence(bn)
V(bn)$type
V(bn)$name
```

>>> 결과 7.2.1 (2)

```
> get.incidence(bn)
   C1 C2 C3 C4
S1  1  0  0  0
S2  1  1  0  0
S3  1  1  1  0
S4  0  1  1  0
S5  0  0  1  1
S6  0  0  0  1
> V(bn)$type
 [1] FALSE FALSE FALSE FALSE FALSE FALSE  TRUE  TRUE  TRUE  TRUE
```

```
> V(bn)$name
[1] "S1" "S2" "S3" "S4" "S5" "S6" "C1" "C2" "C3" "C4"
```

7.2.2 에지 리스트로부터 제휴 네트워크 생성

대규모 네트워크인 경우 에지 리스트(edge list)로 네트워크 데이터를 구성하는 경우가 일반적이다.

코드 7.2.2 (1) edge list를 이용하여 affiliation network 생성

```
el.df <- data.frame(rbind(c("S1","C1"),
                          c("S2","C1"),
                          c("S2","C2"),
                          c("S3","C1"),
                          c("S3","C2"),
                          c("S3","C3"),
                          c("S4","C2"),
                          c("S4","C3"),
                          c("S5","C3"),
                          c("S5","C4"),
                          c("S6","C4")))
el.df
bn2 <- graph.data.frame(el.df, directed = FALSE)
bn2
```

\>>> **결과 7.2.2 (1)**

```
> el.df
  X1 X2
1 S1 C1
2 S2 C1
3 S2 C2
4 S3 C1
5 S3 C2
```

```
6  S3 C3
7  S4 C2
8  S4 C3
9  S5 C3
10 S5 C4
11 S6 C4
> bn2
IGRAPH d3698d1 UN— 10 11 —
+ attr: name (v/c)
+ edges from d3698d1 (vertex names):
 [1] S1—C1 S2—C1 S2—C2 S3—C1 S3—C2 S3—C3 S4—C2 S4—C3 S5—C3
[10] S5—C4 S6—C4
```

코드 7.2.2 (2) 이분 그래프로 인식될 수 있도록 "type" attribute를 저장

```
V(bn2)$type <- V(bn2)$name %in% el.df[,1]
graph.density(bn) == graph.density(bn2)
```

\>>> **결과 7.2.2 (2)**

```
> graph.density(bn) == graph.density(bn2)
[1] TRUE
```

7.2.3 제휴 네트워크 그림

제휴 상황을 알 수 있도록 제휴 네트워크 그래프를 시각화하고자 한다.

코드 7.2.3 간단한 제휴 네트워크

```
shapes <- c("circle", "square")
colors <- c("blue", "red")
plot(bn, vertex.color = colors[V(bn)$type + 1],
    vertex.shape = shapes[V(bn)$type + 1],
    vertex.size = 10, vertex.label.degree = -pi/2,
    vertex.label.dist = 1.2, vertex.label.cex = 0.9)  # 그림 7.3
```

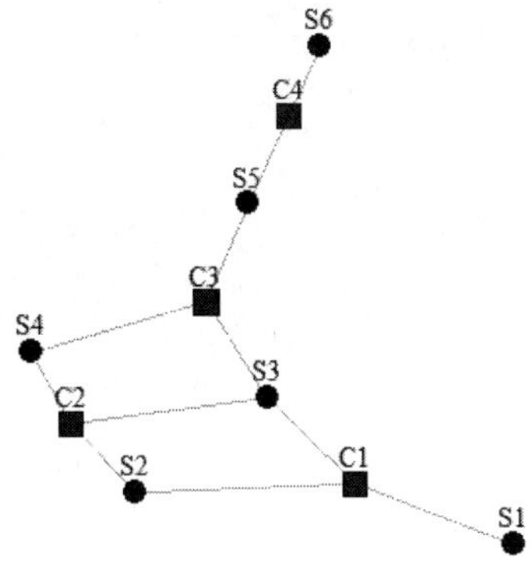

그림 7.3 색깔과 모양으로 두 종류 노드를 표현한 제휴 네트워크

7.2.4 투사하여 그리기

노드가 두 종류가 있는 경우 종류별로 노드의 관계 나타내보면 노드의 상황 정보를 알 수 있다. 2부 네트워크에서 한 종류의 노드로 투사(projection)하여 1부 네트워크(one-mode network)로 표현하고자 한다. igraph 네트워크 객체에 대해 bipartite.projection() 함수를 이용하여 그림을 그린다. 1-mode projection 후 이에 대한 근접행렬을 얻기 위해서는 get.adjacency() 함수를 이용한다.

코드 7.2.4 (1) 1-mode projections of the 2-mode affiliation network

```
bn.pr <- bipartite.projection(bn)
bn.pr
graph.density(bn.pr$proj1)
bn.student <- bn.pr$proj1
bn.class <- bn.pr$proj2
graph.density(bn.student)
```

>>> **결과 7.2.4 (1)**

```
> bn.pr
$proj1
IGRAPH 51b0fd8 UNW- 6 8 —
+ attr: name (v/c), weight (e/n)
```

```
+ edges from 51b0fd8 (vertex names):
[1] S1—S2 S1—S3 S2—S3 S2—S4 S3—S4
[6] S3—S5 S4—S5 S5—S6

$proj2
IGRAPH 51b1271 UNW- 4 4 —
+ attr: name (v/c), weight (e/n)
+ edges from 51b1271 (vertex names):
[1] C1—C2 C1—C3 C2—C3 C3—C4

> graph.density(bn.pr$proj1)
[1] 0.533
> graph.density(bn.student)
[1] 0.533
```

코드 7.2.4 (2) 1-mode projection 후 adjacency matrix

```
get.adjacency(bn.student, sparse = FALSE, attr = "weight")
get.adjacency(bn.class, sparse = FALSE, attr = "weight")
```

\>>> 결과 7.2.4 (2)

```
> get.adjacency(bn.student, sparse = FALSE, attr = "weight")
   S1 S2 S3 S4 S5 S6
S1  0  1  1  0  0  0
S2  1  0  2  1  0  0
S3  1  2  0  2  1  0
S4  0  1  2  0  1  0
S5  0  0  1  1  0  1
S6  0  0  0  0  1  0
> get.adjacency(bn.class, sparse = FALSE, attr = "weight")
   C1 C2 C3 C4
C1  0  2  1  0
C2  2  0  2  0
C3  1  2  0  1
C4  0  0  1  0
```

1-mode projection 후 adjacency matrix를 보면 노드 간에 얼마나 연결되었는지를 보여준다.

코드 7.2.4 (3) 연결의 상대적 강도(relative strength of the ties)

```
shapes <- c("circle", "square")
colors <- c("blue","red")
op <- par(mfrow = c(1,2)) # 그림 7.4
plot(bn.student, vertex.color = "blue",
    vertex.shape = "circle", main = "Students",
    edge.width = E(bn.student)$weight*2,
    vertex.size = 15, vertex.label.degree = -pi/2,
    vertex.label.dist = 1.2, vertex.label.cex = 1)
plot(bn.class, vertex.color = "red",
    vertex.shape = "square", main = "Classes",
    edge.width = E(bn.class)$weight*2,
    vertex.size = 15, vertex.label.degree = -pi/2,
    vertex.label.dist = 1.2, vertex.label.cex = 1)
par(op)
```

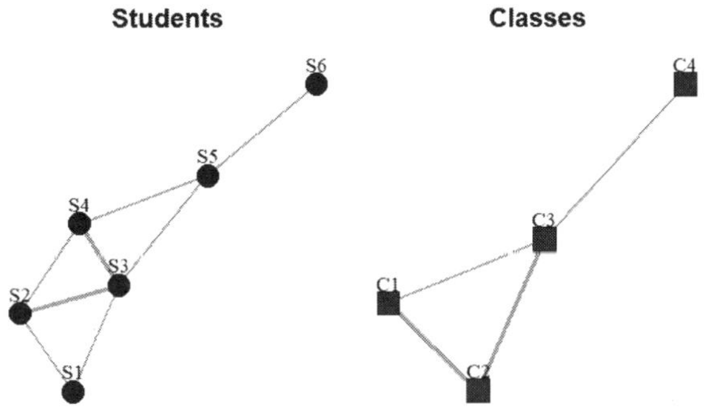

그림 7.4 2-mode 네트워크에서 1-mode projection 후 mode별 네트워크

7.3 제휴 네트워크 분석 사례

예제 7.3.1

UserNetR 패키지에 내장된 가장 인기 있는 영화 데이터 hwd를 사용하여 분석한다. 1999년부터 2014년까지 매년 10개의 가장 인기 있는 영화를 선정하고 movie's IMDB page에 있는 영화별로 상위 10명의 배우(actor)를 선택하였다. 노드는 배우이고 사건은 영화 이름이다. 노드 특성값은 MPAA movie rating 값이다. 160 movie nodes, 1,205 actor nodes, 1,600개 edge로 구성된다.

7.3.1 할리우드 배우들의 제휴 네트워크 분석

할리우드(Hollywood) 배우들 간의 연결성에 관한 네트워크 분석을 하고자 한다.

코드 7.3.1 (1) Hollywood network 데이터

```
library(UserNetR)
data(hwd)
h1 <- hwd
h1
```

>>> 결과 7.3.1 (1)

```
> h1
IGRAPH 9cdab39 UN-B 1365 1600 —
+ attr: name (v/c), type (v/l), year (v/n), IMDBrating (v/n),
| MPAArating (v/c)
+ edges from 9cdab39 (vertex names):
 [1] Inception        —Leonardo DiCaprio
 [2] Inception        —Joseph Gordon-Levitt
```

```
[3] Inception        --Ellen Page
[4] Inception        --Tom Hardy
[5] Inception        --Ken Watanabe
[6] Inception        --Dileep Rao
[7] Inception        --Cillian Murphy
+ ... omitted several edges
```

코드 7.3.1 (2) Hollywood network의 노드 속성

```
V(h1)$name[1:10]
V(h1)$type[1:10]
V(h1)$IMDBrating[1:10]
V(h1)$name[155:165]
```

>>> **결과 7.3.1 (2)**

```
> V(h1)$name[1:10]
 [1] "Inception"
 [2] "Alice in Wonderland"
 [3] "Kick-Ass"
 [4] "Toy Story 3"
 [5] "How to Train Your Dragon"
 [6] "Despicable Me"
 [7] "Scott Pilgrim vs. the World"
 [8] "Hot Tub Time Machine"
 [9] "Harry Potter and the Deathly Hallows: Part 1"
[10] "Tangled"

> V(h1)$type[1:10]
 [1] TRUE TRUE TRUE TRUE TRUE TRUE TRUE TRUE TRUE TRUE

> V(h1)$IMDBrating[1:10]
 [1] 8.8 6.5 7.8 8.4 8.2 7.7 7.5 6.5 7.7 7.9

> V(h1)$name[155:165]
 [1] "Notting Hill"          "Eyes Wide Shut"
```

```
 [3] "The Green Mile"            "10 Things I Hate About You"
 [5] "American Pie"              "Girl, Interrupted"
 [7] "Leonardo DiCaprio"         "Joseph Gordon-Levitt"
 [9] "Ellen Page"                "Tom Hardy"
[11] "Ken Watanabe"
```

160개 영화 노드, 1,205명 배우 노드, 그리고 1,600개 연결로 구성된 전체 네트워크는 매우 규모가 크다. 예를 들어, Martin Scorsese 영화만 선택한 부분집합으로 그림을 그려 본다. E()는 edge iterator 함수이며 inc() 함수를 사용한다. [그림 7.5]를 보면 Decaprio 배우의 역할이 눈에 띈다.

코드 7.3.1 **(3) Martin Scorsese의 영화만을 고려한 네트워크**

```
V(h1)$shape <- ifelse(V(h1)$type == TRUE, "square", "circle")
V(h1)$color <- ifelse(V(h1)$type == TRUE, "red", "lightblue")

Scor <- V(h1)[name %in% c("The Wolf of Wall Street", "Gangs of New York",
                         "The Departed")]
h2 <- subgraph.edges(h1, E(h1)[inc(Scor)])
# inc() takes a vertex sequence, and selects all edges
# that have at least one incident vertex in the sequence.
plot(h2, layout = layout_with_kk)  # 그림 7.5
```

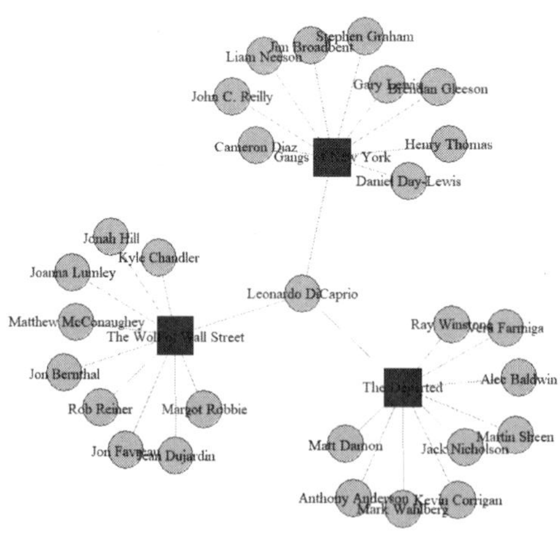

그림 7.5 Hollywood 2-mode 네트워크

코드 7.3.1 (4) Hollywood 배우들의 영화 출연 빈도, 평균 출연 횟수

```
graph.density(h1)
table(degree(h1, v = V(h1)[type == FALSE]))
mean(degree(h1, v = V(h1)[type == FALSE]))
```

>>> 결과 7.3.1 (4)

```
> graph.density(h1)
[1] 0.00172
> table(degree(h1, v = V(h1)[type == FALSE]))
  1   2   3   4   5   6   7   8
955 165  47  23  11   2   1   1
> mean(degree(h1, v = V(h1)[type == FALSE]))
[1] 1.33
```

대부분 배우는 한 개 영화에 출연했고 평균적으로 1.3개 영화에 출연했다. 5회 이상 출연한 배우는 15명으로 매우 바쁘게 활동한 것으로 보인다.

코드 7.3.1 (5) 지난 15년간 Hollywood 영화에 5회 이상 출연한 배우들

```
V(h1)$deg <- degree(h1)
V(h1)[type == FALSE & deg > 4]$name

busy_actor <- data.frame(cbind(
        Actor = V(h1)[type == FALSE & deg > 4]$name,
        Movies = V(h1)[type == FALSE & deg > 4]$deg))
busy_actor[order(busy_actor$Movies, decreasing = T),]
```

>>> 결과 7.3.1 (5)

```
> V(h1)[type == FALSE & deg > 4]$name
 [1] "Leonardo DiCaprio" "Emma Watson"       "Richard Griffiths"
 [4] "Harry Melling"     "Daniel Radcliffe"  "Rupert Grint"
 [7] "James Franco"      "Ian McKellen"      "Martin Freeman"
[10] "Bradley Cooper"    "Christian Bale"    "Samuel L. Jackson"
```

```
[13] "Natalie Portman"   "Brad Pitt"          "Liam Neeson"

> busy_actor[order(busy_actor$Movies, decreasing = T),]
             Actor Movies
5   Daniel Radcliffe      8
11     Christian Bale      7
1  Leonardo DiCaprio      6
2       Emma Watson      6
3  Richard Griffiths      5
4      Harry Melling      5
6       Rupert Grint      5
7       James Franco      5
8        Ian McKellen      5
9     Martin Freeman      5
10    Bradley Cooper      5
12 Samuel L. Jackson      5
13   Natalie Portman      5
14         Brad Pitt      5
15       Liam Neeson      5
```

코드 7.3.1 (6) 배우별 IMDB rating의 합산 점수

```
for (i in 161:1365) {
        V(h1)[i]$totrating <- sum(V(h1)[nei(i)]$IMDBrating)
}
max(V(h1)$totrating, na.rm = TRUE)

pop_actor <- data.frame(cbind(
        Actor = V(h1)[type == FALSE & totrating > 40]$name,
        Popularity = V(h1)[type == FALSE & totrating > 40]$totrating))

pop_actor[order(pop_actor$Popularity, decreasing = T),]
```

>>> **결과 7.3.1 (6)**

```
> max(V(h1)$totrating, na.rm = TRUE)
[1] 60.9

> pop_actor[order(pop_actor$Popularity, decreasing = T),]
            Actor Popularity
3  Daniel Radcliffe       60.9
4    Christian Bale       55.5
1 Leonardo DiCaprio       49.6
2      Emma Watson        45
5        Brad Pitt      40.5
```

IMDBrating의 평균으로 배우의 특성을 알아본다. 출연한 영화의 개수에 대해 IMDB rating의 평균으로 산점도를 그려보고 관계를 파악한다. 결과를 보면 많이 출연할수록 평가점수가 높은 관계가 나타난다는 것을 알 수 있다.

코드 7.3.1 **(7) 배우별 IMDB rating의 평균 점수**

```
for (i in 161:1365) {
      V(h1)[i]$avgrating <- mean(V(h1)[nei(i)]$IMDBrating)
}
num <- V(h1)[type == FALSE]$deg
avgpop <- V(h1)[type == FALSE]$avgrating

summary(lm(avgpop ~ num))
```

>>> **결과 7.3.1 (7)**

```
> summary(lm(avgpop ~ num))
Call:
lm(formula = avgpop ~ num)
Residuals:
    Min      1Q  Median      3Q     Max
-3.9858 -0.4330  0.1977  0.6170  1.6142
```

```
Coefficients:
            Estimate Std. Error t value Pr(>|t|)
(Intercept)  7.33868   0.05440 134.911   <2e-16 ***
num          0.04714   0.03527   1.337    0.182

Residual standard error: 0.9605 on 1203 degrees of freedom
Multiple R-squared:  0.001483,    Adjusted R-squared:  0.0006528
F-statistic: 1.786 on 1 and 1203 DF,  p-value: 0.1816
```

코드 7.3.1 **(8) 영화 출연 횟수 vs. IMDB rating의 평균 점수 산점도**

```
scatter.smooth(num, avgpop, col = "lightblue",
          ylim = c(2,10), span = .8,
          xlab = "Number of Movies",
          ylab = "Avg. Popularity") # 그림 7.6
```

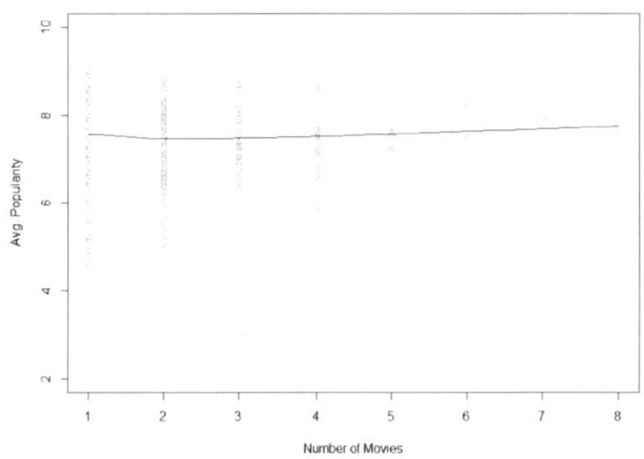

그림 7.6 영화 출연 횟수 vs. IMDB rating의 평균 점수 산점도와 스무딩선

7.3.2 배우와 영화를 투사한 분석

예제 7.3.2

UserNetR 패키지에 내장된 가장 인기 있는 영화 데이터 hwd를 사용하여 이번에는 배우와 영화를 투사한 분석(analysis of the Actor and Movie projections)을 하고자 한다. 배우와 영화를 투사한 affiliation network를 만들고자 한다.

코드 7.3.2 (1) 배우와 영화를 투사한 할리우드 제휴 네트워크

```
h1.pr <- bipartite.projection(h1)
h1.act <- h1.pr$proj1
h1.mov <- h1.pr$proj2
h1.act
h1.mov
```

>>> 결과 7.3.2 (1)

```
> h1.act
IGRAPH 74f51fa UNW- 1205 6903 —
+ attr: name (v/c), year (v/n), IMDBrating (v/n), MPAArating (v/c), shape (v/c), color (v/c),
| deg (v/n), totrating (v/n), avgrating (v/n), weight (e/n)
+ edges from 74f51fa (vertex names):
 [1] Leonardo DiCaprio—Joseph Gordon-Levitt Leonardo DiCaprio—Ellen Page
 [3] Leonardo DiCaprio—Tom Hardy Leonardo DiCaprio—Ken Watanabe :
+ ... omitted several edges
> h1.mov
IGRAPH 74f51fa UNW- 160 472 —
+ attr: name (v/c), year (v/n), IMDBrating (v/n), MPAArating (v/c), shape (v/c), color (v/c),
| deg (v/n), totrating (v/n), avgrating (v/n), weight (e/n)
+ edges from 74f51fa (vertex names):
 [1] Inception—The Wolf of Wall Street   Inception—Django Unchained
 [3] Inception—The Departed              Inception—Gangs of New York
 [5] Inception—Catch Me If You Can        Inception—The Dark Knight Rises
 [7] Inception—10 Things I Hate About You Inception—Batman Begins
 + ... omitted several edges
```

코드 7.3.2 (2) 영화(movie) 제휴 네트워크

```
op <- par(mar = rep(0,4)) # 그림 7.7
plot(h1.mov, vertex.color = "red",
    vertex.shape = "circle",
    vertex.size = (V(h1.mov)$IMDBrating)-3,
    vertex.label = NA)
par(op)
```

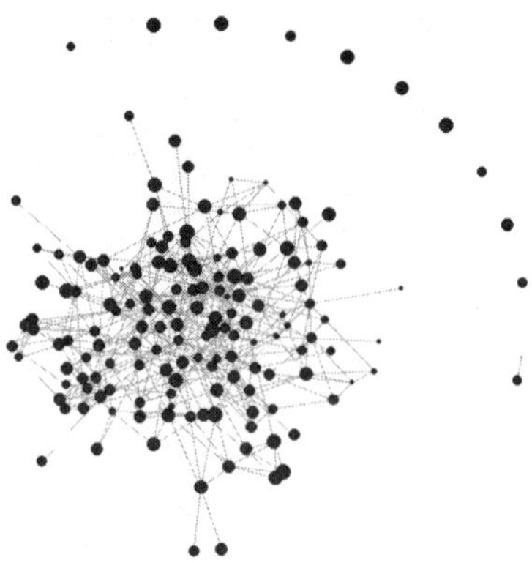

그림 7.7 노드 크기는 평가점수로 나타낸 배우 전체 네트워크

코드 7.3.2 **(3) 네트워크 기술통계량(network description)**

```
graph.density(h1.mov)
no.clusters(h1.mov)
clusters(h1.mov)$csize
table(E(h1.mov)$weight)
```

>>> 결과 7.3.2 (3)

```
> graph.density(h1.mov)
[1] 0.03710692

> no.clusters(h1.mov)
[1] 12

> clusters(h1.mov)$csize
 [1] 148  1  1  1  1  1  1  2  1  1  1  1

> table(E(h1.mov)$weight)
  1   2   3   4   5   6   7  10
411  21  12  16   6   1   2   3
```

한 개의 가장 큰 연결된 성분을 찾고자 한다.

코드 7.3.2 (4) 가장 많이 연결된 largest component만 추출

```
# the largest connected component
h2.mov <- induced.subgraph(h1.mov,
                    vids = clusters(h1.mov)$membership == 1)
plot(h2.mov, vertex.color = "red",
    edge.width = sqrt(E(h1.mov)$weight),
    vertex.shape = "circle",
    vertex.size = (V(h2.mov)$IMDBrating)-3,
    vertex.label = NA) # 그림 7.8
```

그림 7.8 한 개의 가장 큰 연결된 성분

네트워크 구조 특성을 해석하는 일은 도전적인 작업이라고 할 수 있다. 구조 파악을 위해 밀도가 높은 코어를 찾거나 연결이 긴밀한 부분네트워크를 찾아볼 수도 있다.

Harry Potter, Batman, Star Wars, The Hobbit 영화들은 같은 배우들이 포함되어 비슷한 계열로 엮임을 알 수 있다.

코드 7.3.2 (5) largest component의 coreness, edge weight

```
table(graph.coreness(h2.mov))
E(h2.mov)[weight > 4]
```

>>> 결과 7.3.2 (5)

```
> table(graph.coreness(h2.mov))
 1  2  3  4  5  6  7
11  5 23 65 29  7  8

> E(h2.mov)[weight > 4]
+ 12/471 edges from a96c238 (vertex names):
 [1] Harry Potter and the Deathly Hallows: Part 1 --Harry Potter and the Half-Blood Prince
 [2] Harry Potter and the Deathly Hallows: Part 1 --Harry Potter and the Chamber of Secrets
 [3] The Hobbit: The Battle of the Five Armies    --The Hobbit: The Desolation of Smaug
 [4] The Hobbit: The Battle of the Five Armies    --The Hobbit: An Unexpected Journey
 [5] The Hobbit: The Desolation of Smaug          --The Hobbit: An Unexpected Journey
 [6] The Hunger Games: Catching Fire              --The Hunger Games
 [7] Harry Potter and the Order of the Phoenix    --Harry Potter and the Prisoner of Azkaban
 [8] The Santa Clause 3: The Escape Clause        --The Santa Clause 2
 [9] Star Wars: Episode III - Revenge of the Sith --Star Wars: Episode II - Attack of the Clones
[10] The Lord of the Rings: The Return of the King--The Lord of the Rings: The Two Towers+
... omitted several edges
```

코드 7.3.2 (6) 5-core, … , 7-core 추출

```
h3.mov <- induced.subgraph(h2.mov, vids = graph.coreness(h2.mov) > 4)
h3.mov
```

>>> 결과 7.3.2 (6)

```
> h3.mov
IGRAPH de24011 UNW- 44 158 --
+ attr: name (v/c), year (v/n), IMDBrating (v/n), MPAArating (v/c), shape (v/c), color
| (v/c), deg (v/n), totrating (v/n), avgrating (v/n), weight (e/n)
+ edges from de24011 (vertex names):
[1] Alice in Wonderland                       --Hot Tub Time Machine
[2] Hot Tub Time Machine                      --The Interview
[3] The Hobbit: The Battle of the Five Armies --The Hobbit: The Desolation of Smaug
[4] Inception                                 --The Wolf of Wall Street
+ ... omitted several edges
```

코드 7.3.2 (7) core movie affiliation network

```
plot(h3.mov, vertex.color = "red",
    vertex.shape = "circle",
    edge.width = sqrt(E(h1.mov)$weight),
    vertex.label.cex = 0.7, vertex.label.color = "darkgreen",
    vertex.label.dist = 0.3,
    vertex.size = (V(h3.mov)$IMDBrating)-3) # 그림 7.9
```

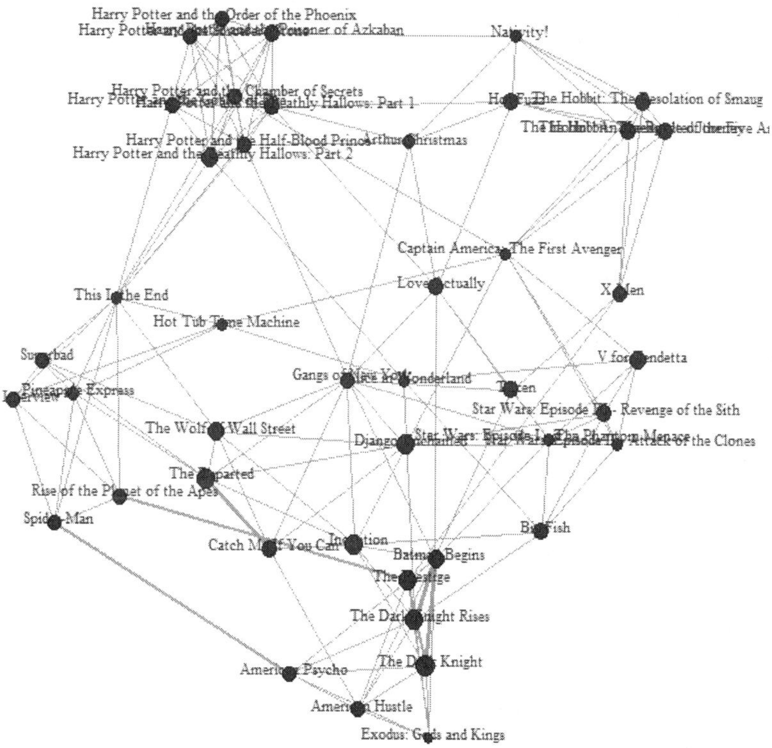

그림 7.9 density가 큰 노드를 선택하여 라벨을 같이 표시한 네트워크

연습문제

EXCERCISE

1. 다음은 2부 네트워크의 예이다. 이를 그래프로 나타내시오.

가수	발라드	랩	트로트
사람1	1	0	1
사람2	1	0	0
사람3	0	1	0
사람4	0	0	1
사람5	1	0	1
사람6	1	1	0
사람7	0	1	1

2. igraphdata 패키지에 내장된 UKfaculty 데이터(UK 대학 교수들의 친분 네트워크 데이터)에 대해 분석하고자 한다. 제휴 네트워크 분석을 하고 그래프로 나타내시오.

```
install.packages("igraphdata")
library(igraphdata)
library(igraph)
data(UKfaculty)
V(UKfaculty)
table(V(UKfaculty)$Group)
```

3. igraphdata 패키지에 내장된 USairports 데이터에 대해 분석하고자 한다. 제휴 네트워크 분석을 하고 그래프로 나타내시오.

```
library(igraphdata)
library(igraph)
data(USairports)
```

4. 제휴 네트워크로 나타나는 네트워크 데이터 예를 찾아보시오.

CHAPTER

08

랜덤 네트워크 모형

네트워크 모형으로 무작위 네트워크 또는 랜덤 네트워크(random network), 좁은 세상 네트워크(small-world network), 척도없는 네트워크(scale-free network) 모형에 대해 소개한다. 이런 네트워크 모델링이 왜 필요할까? 네트워크 데이터를 사용해 무언가를 분석하는 것이 매우 어렵기 때문이다. 예를 들어, 우리는 실제 사회연결망(social network)이 어떻게 구성되어 있는지 알지 못한다. 만약 우리가 실제 네트워크와 매우 유사한, 그러나 훨씬 간단한 형태의 네트워크 모형을 만들 수 있다면 해당 네트워크에서 발생하게 될 일들에 대해 쉽게 예측할 수 있을 것이다. 여기서 다루는 랜덤 네트워크는 그러한 네트워크 모델링 중에서 가장 간단한 모형 중 하나이다.

8.1 랜덤 네트워크 역할

모임에서 연결되는 친구들, 인터넷으로 연결된 컴퓨터, 생화학적 작용 때문에 연결된 분자들, 기업과 소비자들의 연결은 그래프로 나타낼 수 있는 예이다. 그러나 사회, 인터넷, 세포, 뇌 등 모두 그래프로 표현할 수 있으나 각각 상황은 다르다. 이처럼 서로 다른 시스템을 묘사할 수 있는 하나의 모형을 찾는 것, 수학자 Erdős와 Rényi는 여기서 무작위 네트워크 또는 랜덤 네트워크(random network)를 제안한다. 랜덤 네트워크의 성질은 노드당 오직 하나의 링크(link)만 있어도 전체가 모두 연결될 수 있다는 것이다. 무작위 네트워크에는 노드 간 링크가 완전히 랜덤이므로 서로 친밀한 서클은 존재하지 않는다.

8.2 랜덤 네트워크 구조와 생성

8.2.1 Erdős-Rényi 랜덤 그래프 모형

Erdős-Rényi가 제안한 랜덤 그래프 모형(Erdős-Rényi random graph model)은 네트워크 구조를 표현하는 매우 중요한 수학적 모형으로 1950년대 말 1960년대 초 Paul Erdős와 Alfred Rényi에 의해 제안되었다. 이 그래프에서 노드의 연결성차수 분포는 포아송 분포 또는 베르누이 분포를 따르므로 포아송 랜덤 그래프 모형(Poisson random graph model) 또는 랜덤 그래프 모형(random graph model)으로도 불린다. 여기서 랜덤 그래프(random graph)란 고정된 모수(fixed parameter)를 갖는 확률과정 모형(stochastic model)이다.

[정의 8.1] 랜덤 네트워크에 대한 Erdős-Rényi 모형은 방향성 없는 ER 랜덤 그래프 $G(n, p)$ 모형으로 n개 노드가 있으며 각 에지는 그래프에 포함될 확률 p를 갖고 에지들은 서로 독립이다. ER 랜덤 그래프 $G(n, m)$ 모형은 n개 노드와 m개 에지가 있으며, 여기서 m개 에지는 랜덤하게 선택된 노드에 대해 확률 p로 생성된다.

예를 들어, $G(3, 2)$ 모형은 3개 노드가 있으며 2개 에지를 포함한 모형이다.

이러한 네트워크는 확률 p로 에지가 생성되므로 매번 새로 에지가 발생할 때마다 그 결과가 달라지는 확률과정모형이다.

- n개 노드와 m개 에지를 갖는 그래프 발생 확률은

$$p^m (1-p)^{\binom{n}{2}-m}. \tag{8.1}$$

$p = 1/2$인 경우에는 모두 $2^{\binom{n}{2}}$개 가능한 그래프가 있으며, n개 노드 중 선택될 확률은 같다.

- $G(n, p)$ 모형은 평균적으로 $\binom{n}{2} \times p$ 개 에지를 갖는다.
- 노드 i의 연결성차수 k_i에 대한 분포는 이항분포가 된다. 즉, 다음과 같다.

$$P(k_i = k) = \binom{n-1}{k} p^k (1-p)^{n-1-k} \tag{8.2}$$

- n이 크고 $np = constant$이면 $P(k_i = k) \to \dfrac{(np)^k e^{-np}}{k!}$로 근사된다.

그래프의 랜덤 성질은 고정된 노드 개수에 대해 노드를 랜덤하게 선택하여 연결된다. 그러므로 연결성차수가 랜덤하게 결정되는 그래프가 랜덤 그래프이다. 또한, 노드 개수

n이 충분히 크면 네트워크는 포아송 분포로 근사된다.

$$\begin{aligned} P(\deg(i)=k) &= \frac{(n-1)!}{k!(n-1-k)!}p^k(1-p)^{n-1-k} \\ &= \frac{(n-1)\ldots(n-k)}{k!}\left(\frac{\lambda}{n}\right)^k\left(1-\frac{\lambda}{n}\right)^{n-1-k} \\ &= \frac{\lambda^k}{k!}\frac{(n-1)\ldots(n-k)}{n^k}\frac{\left(1-\frac{\lambda}{n}\right)^n}{\left(1-\frac{\lambda}{n}\right)^{1+k}} \\ &= \frac{\lambda^k e^{-\lambda}}{k!} \\ as\ \ n\rightarrow\infty, \quad & \lambda = np = constant \end{aligned} \tag{8.3}$$

- 그래프가 하나로 연결되려면, λ(average degree)가 최소한 1 이상이어야 한다.
- λ 값이 커질수록 연결확률이 증가한다.

8.2.2 결집과 거대요소

네트워크 측도 중 결집계수(clustering coefficient)를 C로 표기하고 계산해보기로 한다. 결집계수는 네트워크의 결집도를 정량화한 측도이다. 결집계수는 집단화계수로도 불린다.

랜덤 그래프에서 평균연결성(mean degree) c를 갖는다고 놓자. 결집계수는 내가 이웃한 노드 두 개가 서로 연결되어 있을 확률을 의미한다.

랜덤 그래프 $G(n,p)$ 모형에서 임의의 노드 쌍이 서로 연결되어 있을 확률은

$$p = \frac{c}{n-1} \tag{8.4}$$

이다. 따라서 결집계수는 $C = \frac{c}{n-1}$ 이다.

c는 고정값이므로 $n \to \infty$ 이면 $C \to 0$으로 수렴한다. 그러나 실제 네트워크에서 관찰되는 결과는 평균연결성이 고정(fixed)되어 있더라도 결집계수의 값이 여전히 크게 유지가 된다는 것이다. 이런 특성 때문에 다음 절에서 설명하게 될 작은 세상 네트워크(small world network)의 필요성이 대두된다.

결집계수만으로도 네트워크를 이해하기에 충분하지 않다고 할 수 있다. 구체적으로 네트워크에서 거대요소(giant component)가 존재할 확률과 실제 존재했을 때 어떤 형태로 존재할지를 예측해보자. 여기에서 거대요소란 네트워크상에서 존재하는 가장 큰 규모의 요소(largest component)라고 보면 된다.

$p=0$이면 모든 그래프가 분리(disjoint)되어 있고 거대요소가 존재하지 않는다. 반면 $p=1$ 이면 모든 노드가 연결되어 있고 그래프는 노드의 개수가 n인 오직 한 개의 요소를 갖게 된다.

이제 p가 0에서 1 사이의 값일 때를 고려해 보자. 이런 상황에서 거대요소가 존재한다고 가정하고, 이러한 요소에 포함되는 노드의 개수를 n_{gc}라고 하자. 이런 가정하에서 임의의 노드 비율(fraction of nodes)이 거대요소에 포함되지 않을 확률을 u라고 놓는다. 이 값이 $u=1-n_{gc}\times n$이라는 사실을 알 수 있다. 당연히 $n_{gc}=n(1-u)$이다. 그렇다면 u를 통해 거대요소에 대해 분석을 한다.

u는 GCC(Gigantic Connected Component: 거대한 연결 구성요소)에 속하지 않는 노드의 비율로 놓는다. 어떤 노드가 GCC에 속하지 않을 확률은 다음과 같다.

$$
\begin{aligned}
u &= P(k_i=0)+P(k_i=1)u+P(k_i=2)u^2+\ldots \\
&= \sum_{k=0}^{\infty} P(k_i=k)u^k \\
&= \sum_{k=0}^{\infty} \frac{\lambda^k e^{-\lambda}}{k!}u^k = e^{-\lambda}e^{\lambda u} = e^{\lambda(u-1)}.
\end{aligned} \tag{8.5}
$$

여기서 s는 GCC에 속하는 노드의 비율이다. 그러면

$$
s=1-u \Rightarrow s=1-e^{\lambda(u-1)}=1-e^{-\lambda s} \tag{8.6}
$$

$\lambda \to \infty$이면 $s \to 1$이 된다. 즉, 평균연결성이 충분히 크면 그래프가 연결될 확률이 1로

근사한다.

$\lambda \to 0$이면 $s \to 0$이 된다. 즉, 평균연결성이 0에 가까우면 그래프가 연결될 확률이 0으로 근사한다.

> $s = 1 - e^{-\lambda s}$의 해를 구하면,
>
> $\lambda < 1$ 이면 $s = 0$,
>
> $\lambda > 1$ 이면 $0 < s < 1$인 해가 존재
>
> 그래프가 연결되려면 최소한 $1 < \lambda = pn$ 이므로 $\frac{1}{n} < p$이 된다. (8.7)

먼저 임의의 노드 i가 이런 GCC에 포함된다고 가정해 보자. 그렇다면 이 노드 i는 노드 j라는 노드를 거쳐 GCC에 연결되어야 한다고 했을 때, 노드 i가 GCC에 포함이 되지 않을 확률은

(1) i와 j가 연결되어 있지 않다: $1-p$

(2) i와 j가 연결되어 있으나 j가 GCC에 연결되어 있지 않다: pu

이렇게 총 두 가지 경우임을 알 수 있다. 따라서 임의의 노드 i가 임의의 다른 노드 j를 거쳐 GCC에 포함되지 않을 확률은 $1-p+pu$이고, 다른 모든 노드에 대해 이를 확장해 보면 다른 노드가 $(n-1)$개 있으므로 이 확률은 $(1-p+pu)^{n-1}$이다. 그런데 이 값은 결국 한 노드가 GCC에 포함될 확률 u와 같다. 따라서 $u = (1-p+pu)^{n-1}$임을 알 수 있다.

$$u = (1-p+pu)^{n-1} = (1-p(1-u))^{n-1} = \left(1 - \frac{c}{n-1}(1-u)\right)^{n-1} \tag{8.8}$$

그러면 $p = \frac{c}{n-1}$이며, 위의 식에 대입해서 log를 취해 근사시키면 다음을 얻게 된다.

$$\ln u = (n-1)\ln\left(1 - \frac{c}{n-1}(1-u)\right) \approx -c(1-u) \tag{8.9}$$

이러한 식을 통해 $u=e^{-c(1-u)}$을 얻는다. 이때 GCC 안에 들어있는 노드 개수의 비율을 $S=1-u=n_{gc}n$이라고 놓으면 이 식은 다음과 같다:

$$S=1-e^{-cS}. \tag{8.10}$$

그러므로 GCC의 크기 자체가 평균연결성에 의해 유한된다(bound)는 사실을 알 수 있다. 즉, 어떤 값 c에 의해 S가 결정된다는 것이다. 그러나 이러한 방정식이 한 번에 풀릴 수 있는 간단한 형태가 아니므로 이 식에서 바로 정확한 S 값을 구할 수는 없고, 그 대안으로 그래프 해법(graphical solution)이 제시된다. 즉, x축이 S 값이고 y축이 S에 대한 함수의 값인 2차원 그래프를 그리고, $y=S$와 $y=1-e^{-cS}$의 교점을 구하는 것이다. 다음의 R 코드로 이런 두 함수를 그려보면 [그림 8.1]의 결과를 얻을 수 있다.

```
y=seq(0, 1, by=0.01)
x=y; S=y
c=0.5 ; z1=1-exp(-c*S)
c=1.0 ; z2=1-exp(-c*S)
c=1.5 ; z3=1-exp(-c*S)
c=2.0 ; z4=1-exp(-c*S)
matplot( x, cbind(y,z1,z2,z3,z4), type="l", lty=1:5, ylab="y", xlab="S")
legend(0.1, 0.8, lty=c(1,2,3,4,5), col=c(1,2,3,4,5),
      c("y=S", "c=0.5", "c=1.0", "c=1.5", "c=2.0")) # 그림 8.1
```

[그림 8.1]에서 알 수 있는 사실은 모든 함수가 원점에서부터 시작하고 계속 기울기가 감소하는 형태이기 때문에 만약 원점에서 함수의 기울기가 1보다 큰 값이 존재하는 함수가 존재한다면, 그 함수는 반드시 원점이 아닌 교점이 존재한다는 사실이다. 이런 교점을 찾아보면 $\frac{d}{dS}(1-e^{-cS})=1$ 식을 풀어야 하며 이 식을 계산해 보면 $ce^{-cS}=1$을 얻는다. $s=0$에서 기울기는 무조건 c가 되므로 c의 값이 1보다 크면 반드시 거대요소가 존재하며, 그보다 작으면 거대요소는 존재하지 않는다는 것을 알 수 있다.

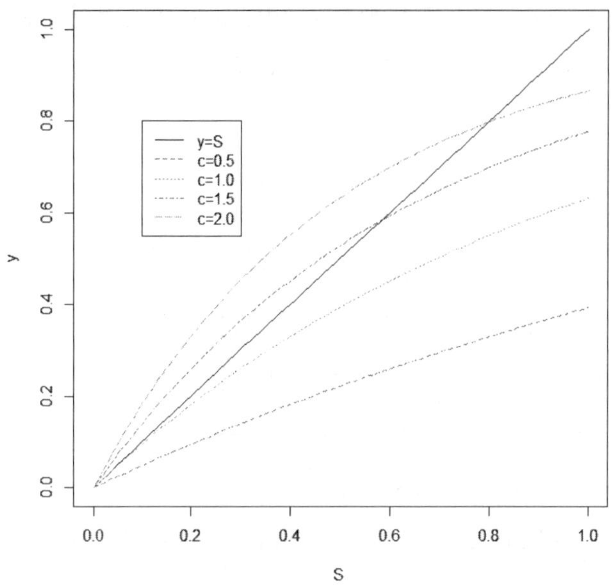

그림 8.1 S 값을 구하는 graphical solution

보통 네트워크 혹은 그래프에서 지름(diameter)이라는 것은 가장 긴 측지적 거리(longest geodesic distance)를 의미한다. 즉, 임의의 두 노드를 골랐을 때 가장 짧은 경로의 길이를 의미한다고 보면 되는데 직선의 개념을 굽은 공간으로 일반화한 것이다.

랜덤 그래프에서는 지름을 어떻게 구할 수 있을까? 먼저 간단하게 임의의 노드에서 s 번 이동할 때 방문(visit)할 수 있는 평균 노드의 개수는 진행마다 연결성차수(degree) 만큼의 노드를 추가로 더 갈 수 있으므로, 평균연결성을 s번 곱한 형태인 cs이다. 그리고 우리가 원하는 경로는 가장 짧은 경로를 찾는 것이므로 노드 이동단계(node travel step)를 이처럼 방문 가능한 노드와 전체 노드 개수가 같아지면 최단경로(shortest path)의 길이를 유추할 수 있게 된다. 정확한 경로는 예측할 수 없지만 $cs \simeq n$이 될 것이며 따라서 $s \simeq \ln n \ln c$이다. 즉, 아무리 노드 개수 n의 값이 급격하게 커지더라도 랜덤 그래프의 지름(diameter)이 증가하는 속도는 $\log n$이다. 이런 움직임이 실제 네트워크의 움직임과 매우 흡사하다는 것을 실험을 통해서 밝혀졌다.

랜덤 그래프가 가지고 있는 문제점을 살펴보도록 하자.

(1) 평균경로길이(average path length)는 $\bar{l} \simeq \log n \log c$이 되며, 이것은 곧 랜덤 그래프는 n의 값에 비례하여 경로길이(path length)가 늘어나는 것이 아니라 log scale로 증가한다는 것을 알 수 있다. 즉, n이 매우 크더라도 path는 그에 비해 매우 짧다는 것을 알

수 있다. 이것은 실제 대부분 네트워크에서도 나타나는 현상이다.

(2) 결집계수(clustering coefficient)는 cn으로 표현되며 n의 값이 증가할수록 떨어지는 것을 알 수 있는데, 실제 네트워크에서 n이 커지더라도 높은 결집계수를 유지한다는 점에서 현실과 잘 맞지 않는다는 것을 알 수 있다.

(3) 연결성차수 분포(degree distribution)를 살펴본다. 랜덤 그래프의 연결성차수 분포는

$$P(k) \simeq e^{-c}\frac{c^k}{k!} \tag{8.11}$$

로 근사되는데, 실제 네트워크에서 관측되는 연결성차수 분포는

$$P(k) \simeq k^{-\gamma} \tag{8.12}$$

와 같은 멱함수분포(power distribution)이다. 따라서 이 역시 잘 맞지 않는다는 것을 알 수 있다.

랜덤 네트워크는 가장 간단한 네트워크 모형이며 수학적으로 잘 증명되고 쉽게 이해할 수 있는 네트워크 모형이다. 그러나 실제 네트워크와 비교하여 잘 맞지 않는 점이 있으므로 새로운 네트워크 모형에 관한 연구가 계속되어야 한다. 이와 같은 문제를 일부 해결한 좁은 세상 네트워크에 대해 다루고자 한다.

예제 8.2.1

노드 개수 $n = 12$, 에지 개수 $m = 10$인 ER 랜덤 그래프를 생성하고자 한다. igraph 패키지의 erdos.renyi.game() 함수를 이용한다. type = 'gnp' 옵션은 연결확률 p인 $G(n,p)$ 그래프를 type ='gnm' 옵션은 에지 개수 m인 $G(n,m)$그래프를 생성한다. directed = FALSE 옵션으로 무방향 그래프, directed = TRUE 옵션으로 방향성있는 그래프를 생성한다.

코드 8.2.1 ER 랜덤 그래프 (n = 12, m = 10)

```
library(igraph)
g <- erdos.renyi.game(n = 12, 10, type = 'gnm') #gnm : G(n,m) graph
g
graph.density(g)
```

>>> 결과 8.2.1

```
> g
IGRAPH 5bd8a32 U--- 12 10 -- Erdos renyi (gnm) graph
+ attr: name (g/c), type (g/c), loops (g/l), m (g/n)
+ edges from 5bd8a32:
 [1] 1-- 4 2-- 4 2-- 7 6-- 7 1-- 9 4-- 9 5-- 9 4--11 5--11 5--12
> graph.density(g)
[1] 0.152
```

예제 8.2.2

노드 개수 n = 12, 에지 개수 m = 10인 ER 랜덤 그래프 두 개를 생성하고 그래프를 그리고자 한다.

코드 8.2.2 노드 12개, 에지 10개를 포함한 랜덤 그래프의 예

```
op <- par(mar = c(0,1,3,1), mfrow = c(1,2)) # 그림 8.2
plot(erdos.renyi.game(n = 12, 10, type = 'gnm'),
    vertex.color = 2, main = "First random graph")
plot(erdos.renyi.game(n = 12, 10, type = 'gnm'),
    vertex.color = 4, main = "Second random graph")
par(op)
```

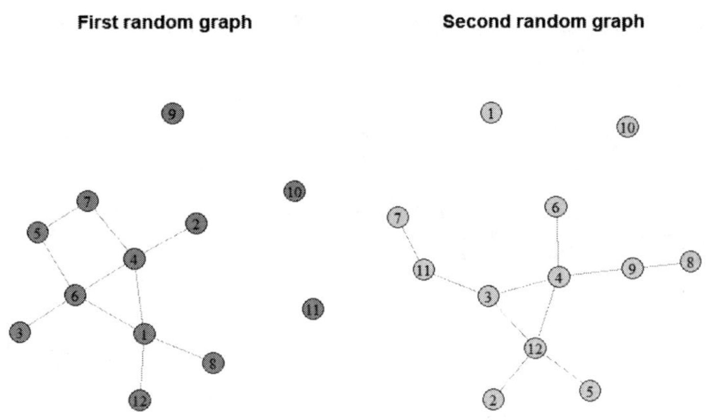

그림 8.2 랜덤 그래프(노드 12개, 에지 10개) 예

예제 8.2.3

노드 1,000개, 에지 발생확률 $p = 0.005$ 인 ER 랜덤 그래프 두 개를 생성하고 연결성 차수 분포를 그리고자 한다.

코드 8.2.3 노드 1,000개, 에지 확률 p=0.005인 ER 랜덤 그래프의 연결성차수 분포

```
g <- erdos.renyi.game(n = 1000, .005, type = 'gnp')
plot(degree.distribution(g),
   type = "b", xlab = "Degree", ylab = "Proportion")  # 그림 8.3
```

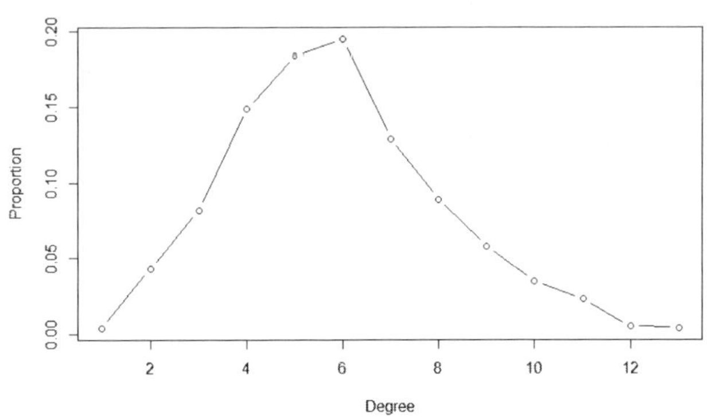

그림 8.3 ER 랜덤그래프의 연결성차수 분포

랜덤 그래프의 평균연결성 λ는 그래프의 크기와 에지 확률과 관련이 있다:

$$\lambda = (n-1)p. \tag{8.13}$$

8.2.3 랜덤그래프 모의실험

랜덤 그래프에 대한 모의실험을 하고자 한다. 평균연결성 1~8 사이 정수에 대해 500개 난수를 발생하여 1,000개 노드를 포함한 500개 랜덤 그래프를 발생한다. 에지 발생확률은 $p = \lambda/(n-1)$로 구한다. 그래프가 생성되면 가장 큰 요소의 크기를 clusters() 함수로 계산한다.

예제 8.2.4

노드 1,000개 ER 랜덤 그래프를 생성하고 연결성차수가 가장 큰 클러스터 크기를 구하고 평균연결성과 가장 큰 클러스터 크기 비율 관계를 나타내는 그림을 그리고자 한다. 1,000개 노드를 포함한 500개 랜덤 네트워크 발생 모의실험에서 보면 평균연결성이 4.5 이상이면 완전히 연결된 그래프가 된다(그림 8.4).

코드 8.2.4 ER 모형에서 평균연결성과 거대요소 관계

```
crnd <- runif(500, 1, 8)
n <- 1000
GCC <- function(x){
  comp <- clusters(erdos.renyi.game(n = 1000, p = x/999))
  gcc_size <- max(comp$csize)
  gcc_prop <- gcc_size/n
  }

cmp_prp <- sapply(crnd, function(x){GCC(x)})

smoothingSpline <- smooth.spline(crnd, cmp_prp, spar = 0.25)
```

```
plot(crnd, cmp_prp, col = "grey60",
    xlab = "Avg. Degree", ylab = "Largest Component Proportion")
lines(smoothingSpline, lwd = 1.5)  # 그림 8.4
```

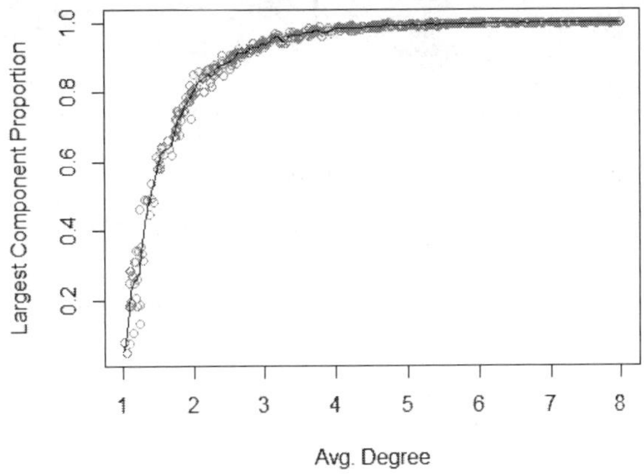

그림 8.4 1,000개 노드를 포함한 500개 랜덤 네트워크 발생 모의실험에서 평균연결성(average degree)과 최대크기요소 비율(largest component proportion)

예제 8.2.5

노드 크기 50, 100, 500, 1000, 5000인 ER 랜덤 그래프를 생성하고 네트워크 지름을 구하고 분포를 나타내는 그림을 그리고자 한다. 결과 그림에서 보면 네트워크의 크기가 증가하더라도 지름은 5~10 사이로 나타난다.

코드 8.2.5 **ER 랜덤그래프와 네트워크 지름**

```
n_vect <- rep(c(50,100,500,1000,5000), each=50)
g_diam <- sapply(n_vect, function(x) diameter(erdos.renyi.game(n=x,p=6/(x-1))))
library(lattice)
bwplot(g_diam ~ factor(n_vect), panel = panel.violin,
    xlab = "Network Size", ylab = "Diameter")  # 그림 8.5
```

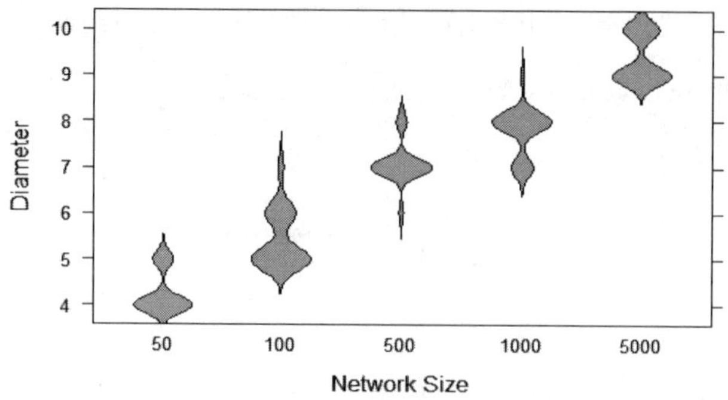

그림 8.5 ER 랜덤 네트워크 크기(network size)와 지름(diameter)

8.2.4 좁은 세상 그래프 모형

일반적으로 소셜 네트워크는 다음과 같은 특성을 갖는다.

- 국소적으로 삼각형의 연결이 많아 클러스터(cluster)가 많다.
- 노드 간 짧은 연결로 지름이 작은 성분이 많다.

Erdős-Rényi 랜덤 그래프 모형은 이와 같은 특성을 보이는 실제 소셜 네트워크를 표현하는 데 한계가 있다. 에지의 랜덤성에 충실하게 만들어진 랜덤 그래프는 평균 최단경로(shorteset path)의 길이가 작은 편이며 결집계수(clustering coefficient)도 작은 경향을 가진다.

Watts and Strogatz(1998)가 제안한 좁은 세상 그래프 모형(small-world graph model)은 클러스터링과 짧은 평균 경로길이 등의 좁은 세상 네트워크 속성을 갖는 랜덤 그래프이다.

좁은 세상 모형(small-world model)은 노드들의 원형배열로부터 시작해 각 노드가 가까운 이웃들과 연결된다. 몇 개의 에지는 제거되고 재결합(rewire, 에지를 끊고 잇기)되도록 한다. 다시 연결되는 확률이 0이면 격자배열(lattice)과 같이 되고 재결합되는 확률이 1이면 ER 랜덤 그래프가 된다. 좁은 세상 모형의 특징은 연결 중 작은 비율로만 재결합이 일어나고 네트워크의 지름 크기가 작아진다는 것이다.

소셜 네트워크와 같이 실제로 존재하는 네트워크에서는 노드들 사이의 연결이 랜덤하게 생성된 네트워크에 비해서 상대적으로 연결의 밀도가 높다고 알려져 있다. 노드들 사이 연결의 밀도가 높다는 것은, 노드들이 서로 잘 뭉친다는 것을 의미한다. 그래프 이론에서 각각의 노드들이 서로 뭉치는 경향을 알 수 있는 한 척도로 결집계수(clustering coefficient)가 사용된다.

어떤 노드에서의 결집계수는 특정 노드와 이웃한 노드들이 서로 연결되어 있을 확률이다. 그러므로 결집계수는 0부터 1 사이의 값을 갖는다.

결집계수를 측정하는 방법은 두 가지가 있다. 전체결집계수(global clustering coefficient)를 측정하는 방법과 지역결집계수(local clustering coefficient)를 측정하는 방법이다. 전체결집계수는 네트워크의 전체적인 뭉치는 성질을 보여주지만, 지역결집계수는 각 노드에 대한 것이다.

노드 i에 대한 부분 결집계수는 노드 i의 이웃이 연결될 가능도를 나타낸다. 특정 노드 i의 이웃과 이웃이 서로 이웃인 경우를, 모든 가능한 경우 $\binom{k}{2} = k(k-1)/2$로 나눈 값을 지역결집계수로 정의한다.

전체결집계수(Global clustering coefficient)는 노드 3개인 쌍(triplet)을 기본단위로 한다. 3개의 노드 사이에는 방향성이 없는 에지가 2개(open triplet) 혹은 3개(closed triplet)가 있을 수 있다. 전체결집계수는 전체 네트워크에 있는 닫힌 세 노드 쌍(closed triplet)의 개수를 네트워크에서 만들 수 있는 모든 세 노드 쌍(triplet)의 개수로 나눈 것이다.

[정의 8.2] 노드 i에 대한 부분 결집계수(local clustering coefficient) C_i

$$C_i = \frac{\text{이웃간 에지 개수}}{\text{이웃에 포함되는 쌍의 개수}} \tag{8.14}$$

[정의 8.3] 네트워크에 대한 전체 결집계수(global clustering coefficient) C

$$C = \frac{\text{실제로 연결된 삼각형 개수}}{\text{가능한 삼각형 개수}(open,\ closed)} \tag{8.15}$$

[정의 8.4] 네트워크 평균 결집계수(network average clustering coefficient) $\overline{C}$

$$\overline{C} = \frac{1}{n}\sum_{i=1}^{n} C_i \tag{8.16}$$

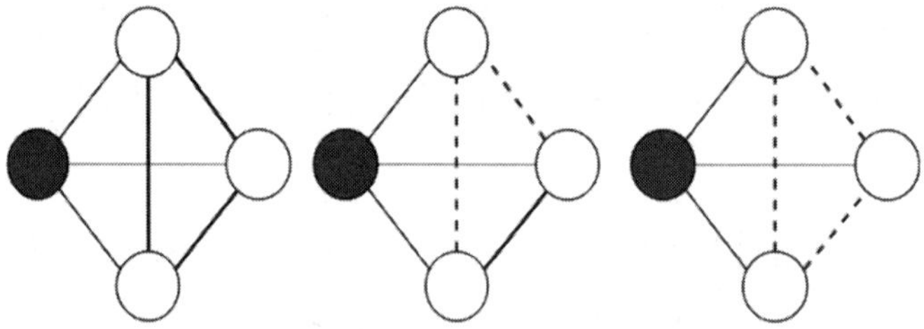

$C_{green} = 1$　　$C_{green} = 1/3$　　$C_{green} = 0$

그림 8.6 부분 결집계수

네트워크에서 전이성은 주변 노드와 연결될 확률을 의미한다. 그래프에서 가능한 닫힌 삼각형 개수에 대비 관측된 닫힌 삼각형의 개수 비율로 계산된다(표 8.1 참고). 일반적으로 좁은 세상 네트워크는 높은 전이성을 갖고 작은 지름을 갖는다. [그림 8.7]의 각 그래프에 대해 전이성 계산 예를 다음의 표에서 보여준다.

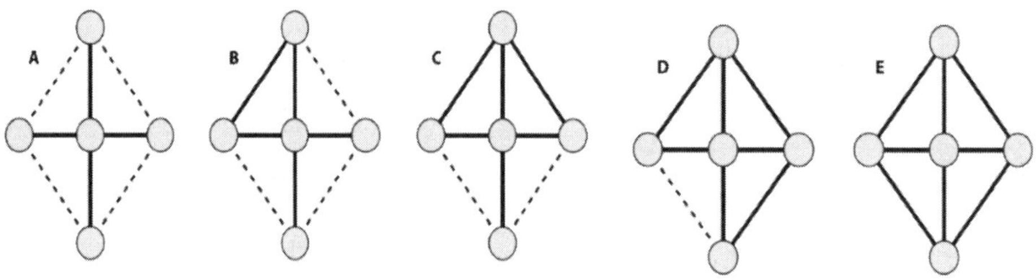

그림 8.7 관측된 삼각형과 가능한 삼각형

표 8.1 그래프 5개에 대한 전이성 계산

그래프	관측된 삼각형 개수	가능한 삼각형 개수	전이성
A	0	4	0
B	1	4	0.25
C	2	4	0.5
D	3	4	0.75
E	4	4	1

예제 8.2.6

그래프를 생성하여 그래프를 그리고 전이성(transitivity)을 구하고자 한다.

코드 8.2.6 그래프를 생성하고 전이성(transitivity) 계산

```
library(igraph)
g1 <- make_ring(10)
plot(g1) # 그림 8.8
transitivity(g1)
g2 <- sample_gnp(10, 3/10)
plot(g2)
transitivity(g2) # this is about 3/10
```

>>> 결과 8.2.6

```
> transitivity(g1)
[1] 0
> transitivity(g2)
[1] 0.3333333
```

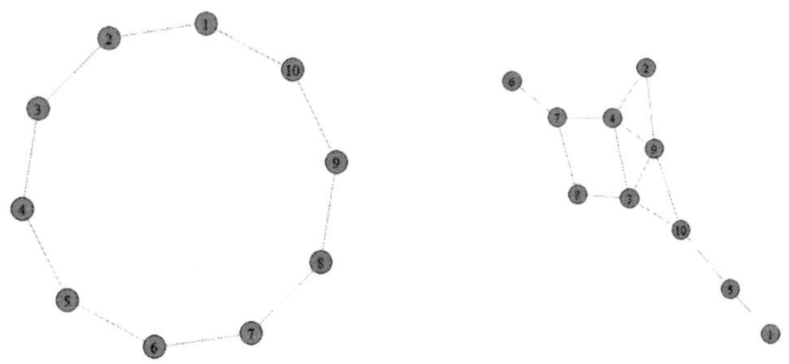

그림 8.8 그래프 g1(왼쪽)과 g2(오른쪽)

예제 8.2.7

다음의 그래프에 대해 여러 가지 결집계수(clustering coefficient)를 구하고자 한다.

코드 8.2.7 그래프 gw와 전이성

```
# Weighted version, the figure from the Barrat paper
gw <- graph_from_literal(A-B:C:D:E, B-C:D, C-D)
```

```
plot(gw) # 그림 8.9
E(gw)$weight <- 1
E(gw)[ V(gw)[name == "A"] %—% V(gw)[name == "E" ] ]$weight <- 5

# A 노드에 대한 local clustering coefficient
  transitivity(gw, vids="A", type="local")
# A 노드에 대한 weighted clustering coefficient
  transitivity(gw, vids="A", type="weighted")
# gw 네트워크에 대한 global clustering coefficient
  transitivity(gw, type="global") # gw 네트워크에 대한 global clustering coefficient
# gw 네트워크에 대한 average clustering coefficient
  transitivity(gw, type = "average")
```

>>> **결과 8.2.7**

```
> transitivity(gw, vids="A", type="local")
[1] 0.5
> transitivity(gw, vids="A", type="weighted")
[1] 0.25
> transitivity(gw, type="global")
[1] 0.8
> transitivity(gw, type = "average")
[1] 0.875
```

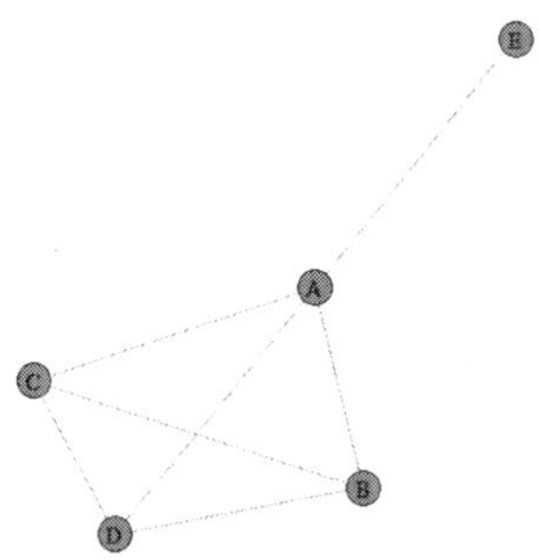

그림 8.9 그래프 gw

예제 8.2.8

노드 개수 n = 30인 좁은 세상 네트워크를 생성하는데 재연결확률(rewiring probability)을 다르게 한다. watts.strogatz.game() 함수를 이용한다. nei=2 옵션은 가장 가까운 두 개 노드를 연결하고 p=rewiring probability이다.

코드 8.2.8 재연결확률을 증가하면서 WS 네트워크 모형을 생성

```
g1 <- watts.strogatz.game(dim = 1, size = 30, nei = 2, p = 0)
g2 <- watts.strogatz.game(dim = 1, size = 30, nei = 2, p = .05)
g3 <- watts.strogatz.game(dim = 1, size = 30, nei = 2, p = .20)
g4 <- watts.strogatz.game(dim = 1, size = 30, nei = 2, p = .1)

op <- par(mar = c(2,1,3,1), mfrow = c(2,2))  # 그림 8.10
plot(g1, vertex.label = NA, layout = layout_with_kk,
    main = expression(paste(italic(p), " = 0")))
plot(g2, vertex.label = NA, layout = layout_with_kk,
    main = expression(paste(italic(p), " = .05")))
plot(g3, vertex.label = NA, layout = layout_with_kk,
    main = expression(paste(italic(p), " = .20")))
plot(g4, vertex.label = NA, layout = layout_with_kk,
    main = expression(paste(italic(p), " = 1")))
par(op)
```

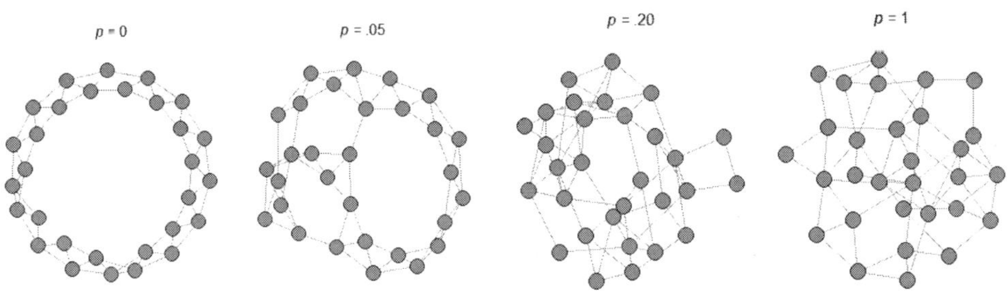

그림 8.10 재연결확률에 따른 좁은 세상 네트워크의 예(p=재연결확률)

예제 8.2.9

노드 개수 n = 10인 좁은 세상 네트워크를 생성하고 네트워크 지름을 구하고자 한다. diameter() 함수를 이용한다.

코드 8.2.9 노드 개수 n = 10인 좁은 세상 네트워크 생성과 네트워크 지름

```
g10 <- watts.strogatz.game(dim = 1, size = 10, nei = 2, p = 0)
plot(g10)  # 그림 8.11
g10
diameter(g10)
```

>>> 결과 8.2.9

```
> diameter(g10)
[1] 3
```

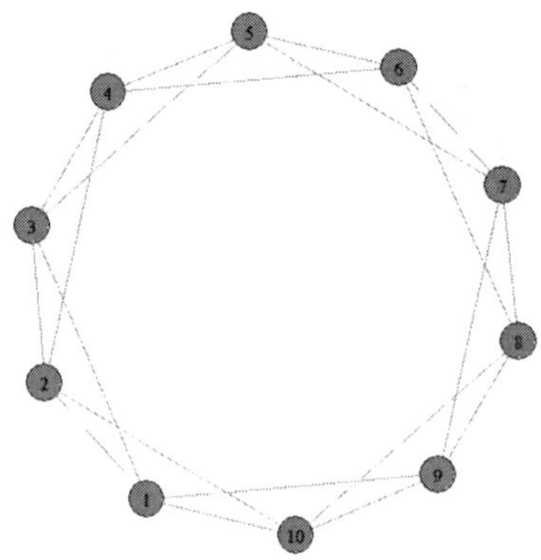

그림 8.11 노드 개수 n = 10인 좁은 세상 네트워크

예제 8.2.10

노드 개수 n = 100인 좁은 세상 네트워크를 생성하고 재연결 에지 개수와 네트워크 지름의 관계를 알아보고자 한다.

코드 8.2.10 재연결 에지 개수와 네트워크 지름

```
p_vect <- rep(1:30, each = 10)

Diam <- function(x){
  net <- watts.strogatz.game(dim = 1, size = 100, nei = 2, p = x/200)
  diam <- diameter(net)
  return(diam)
}

g_diam <- sapply(p_vect, function(x) Diam(x))

smoothingSpline = smooth.spline(p_vect, g_diam, spar = 0.35)
plot(jitter(p_vect, 1), g_diam, col = 'grey60',
    xlab = "Number of Rewired Edges", ylab = "Diameter")
lines(smoothingSpline, lwd = 1.5)  # 그림 8.12
```

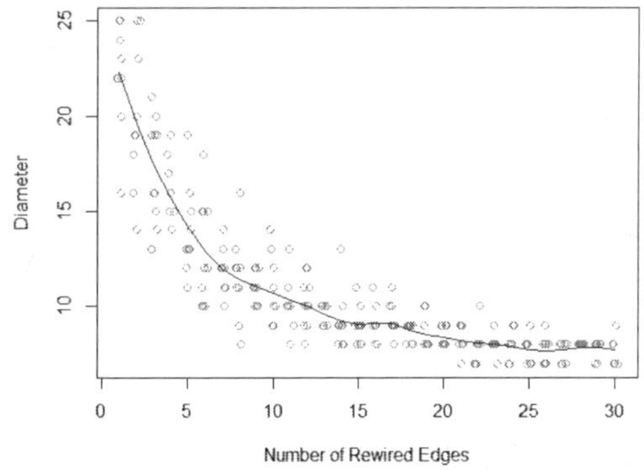

그림 8.12 재연결 에지 개수와 네트워크 지름

8.2.4 척도없는 네트워크 모형

ER 랜덤그래프 네트워크와 좁은 세상 네트워크의 연결성차수 분포가 실제 소셜 네트워크를 나타내지 못하는 한계를 갖고 있다. 여러 네트워크 연구에 의하면 네트워크 연결성차수 분포가 두꺼운 꼬리(heavy-tailed degree distributions)를 갖는 경향이 있다.

척도없는 네트워크(scale-free network)는 연결성차수 k의 분포가 다음과 같은 멱법칙

(power law) 함수 형태로 되어있는 네트워크를 뜻한다.

$$P(k) = C\frac{1}{k^{\gamma}} \tag{8.17}$$

여기서 γ는 범위 $2 < \gamma < 3$를 갖는다.

네트워크에서 스케일(scale)은 랜덤으로 한 개 노드를 골랐을 때, 평균적으로 어떤 연결성차수(degree)의 노드가 안정적으로 얻어진다면 그것을 해당 네트워크의 스케일(scale)이라고 부른다.

랜덤 네트워크는 연결성차수가 포아송 분포를 따르기 때문에 평균 근처로 유한값의 분산을 가져서 안정적인 평균을 얻을 수 있지만, 척도없는 네트워크의 경우에는 분산값이 무한대가 되기 때문에 불안정하게 진동하는 값을 갖게 된다(그림 8.14). 그래서 Power Law distribution을 따르는 네트워크는 스케일이 없게 되고, 척도없는 네트워크(scale-free network)라고 부르는 이유이다.

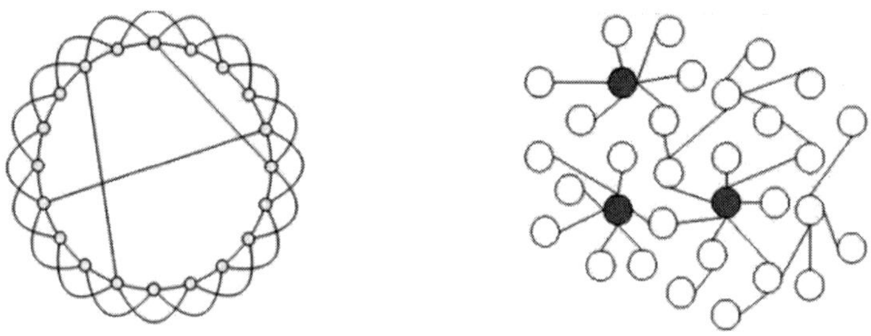

그림 8.13 좁은 세상 네트워크(왼쪽)와 척도없는 네트워크(오른쪽)

Albert-László Barabási(얼베르트 라슬로 버러바시: 헝가리 출신의 복잡계 네트워크 이론의 창시자이자 세계적 과학자)는 1999년 [네이처], [사이언스]에 연구 결과를 발표하면서 거듭제곱 법칙이 www뿐 아니라 영화배우 연결망, 전력망 등의 구조를 기술한다고 했다. 대부분의 복잡한 연결망의 거듭제곱 지수는 2와 3 사이라고 한다. 이를 설명하기 위한 단순한 메커니즘으로 '선호적 연결'이 제시되었다. 빈익빈 부익부 효과(rich-gets-richer phenomena)처럼 이웃이 많은 노드가 새 이웃을 얻을 확률이 높다는 것이다. 2002년 버러바시는 [링크: 21세기를 지배하는 네트워크 과학(Linked: The New Science of Networks)]라는 책에서 거듭제곱 법칙은 복잡한 연결망에서 보편적으로 나타난다고 주장했다. 선호적 연결이 거듭제곱 법칙을 설명하는 유일한 메커니즘이 아니라는 비판은 처음부터 있었다. 같은 거듭제곱 지수를 갖는 연결망들이 매우 다른 구조를 가질 수도 있다는 주장도 있었다. 전력망, 신진대사 연결망 등이 정말 거듭제곱 분포를 따르는지 의심하는 전문가들도 있었다. 이외에도 거듭제곱 법칙이 있다고 주장하기 위한 통계적 방법이 엄밀하지 않다는 반론도 있다. 분포를 로그-로그 규모로 그렸을 때 직선이 보이면 거듭제곱 꼴은 맞지만, 그것이 정말 직선인지 아닌지를 대충 눈으로만 판단했다는 것이다. 이에 대한 반응으로, 연결망이 거듭제곱 법칙을 따른다고 주장하는 대신 '두꺼운 꼬리'를 갖는 분포라고 하기도 한다.

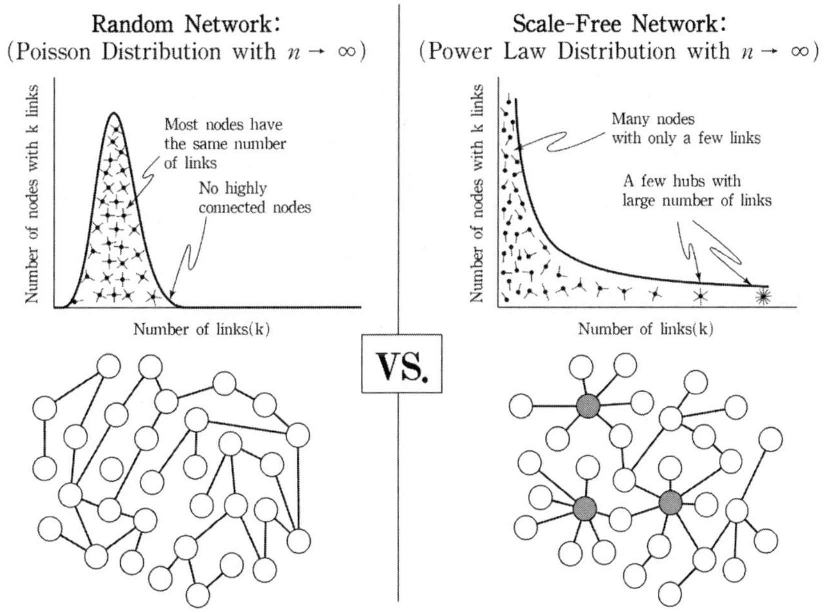

그림 8.14 랜덤 네트워크와 척도없는 네트워크 비교

예제 8.2.11

노드 개수 $n = 500$인 척도없는 네트워크를 생성하고 그래프를 그리고자 한다. igraph 패키지의 barabasi.game() 함수를 이용한다. 허브는 degree〉9인 경우로 정하고 파란색으로 표시한다. rescale() 함수를 이용하여 노드의 크기를 조절한다.

코드 8.2.11 (1) 척도없는 네트워크의 예

```
g <- barabasi.game(500, directed = FALSE)
V(g)$color <- "lightblue"
V(g)[degree(g)]
V(g)[degree(g) > 9 ]$color <- "blue"

rescale <- function(nchar, low, high) {
  min_d <- min(nchar)
  max_d <- max(nchar)
  rscl <- ((high-low)*(nchar - min_d))/(max_d - min_d) + low
  rscl
}

node_size <- rescale(nchar = degree(g), low = 2, high = 8)
plot(g, vertex.label = NA, vertex.size = node_size)  # 그림 8.15
median(degree(g))
mean(degree(g))
table(degree(g))
```

그림 8.15 척도없는 네트워크

>>> **결과 8.2.11 (1)**

```
> median(degree(g))
[1] 1
> mean(degree(g))
[1] 1.996
> table(degree(g))
  1   2  3  4  5 6 7 8 9 10 11 13 14 18 28
296 102 44 22 16 6 1 4 1  3  1  1  1  1  1
```

코드 8.2.11 (2) scale-free network의 degree distribution(linear and log-linear)

```
op <- par(mfrow = c(1,2)) # 그림 8.16
plot(degree.distribution(g), xlab = "Degree",
    ylab = "Proportion")
plot(degree.distribution(g), log = 'xy',
    xlab = "Degree", ylab = "Proportion")
# log = "xy": both axes are to be logarithmic.
par(op)
```

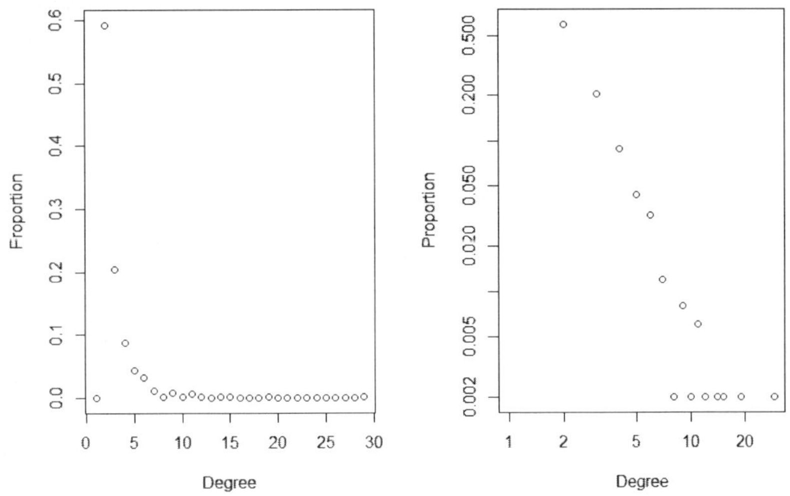

그림 8.16 척도없는 네트워크 g에 대한 연결성차수 분포(왼쪽)와 log(연결성차수) 분포(오른쪽)

예제 8.2.12

노드 개수 $n = 500$인 척도없는 네트워크를 생성하고 그래프를 그리고자 한다. 함수는 bara basi.game()을 이용한다. out.dist = c(0.25, 0.5, 0.25) 옵션으로 격리노드 25%, 한 개 연결노드 50%, 두 개 연결노드 25%로 연결확률을 조절한다. zero.appeal = 1 옵션으로 새로운 노드가 기존의 격리노드에 연결되도록 한다.

코드 8.2.12 척도없는 네트워크의 예(격리 노드 포함)

```
g <- barabasi.game(500, out.dist = c(0.25, 0.5, 0.25),
                directed = FALSE, zero.appeal = 1)
V(g)$color <- "lightblue"
V(g)[degree(g) > 9 ]$color <- "red"
node_size <- rescale(nchar = degree(g), low = 2, high = 8)
plot(g, vertex.label = NA, vertex.size = node_size)  # 그림 8.17
```

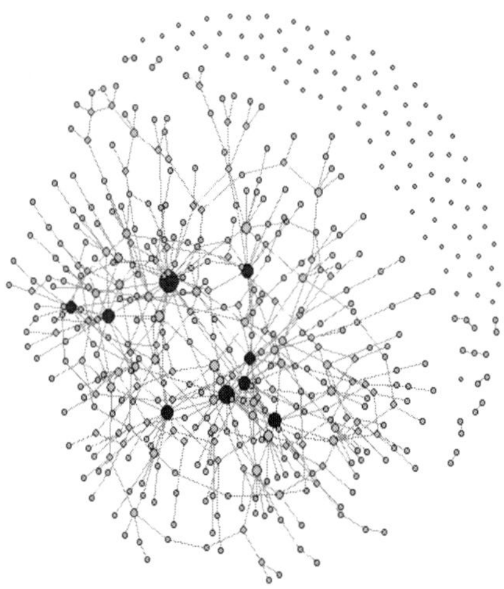

그림 8.17 척도없는 네트워크 g(격리노드 25%, 한 개 연결노드 50%, 두 개 연결노드 25%)

예제 8.2.13

선호적 연결 네트워크(preferential attachment network)의 성장을 보여주고자 한다. 버러바시의 preferential attachment model은 igraph 패키지의 barabasi.game() 함수를 활용한다. [그림 8.18]에서는 500개 노드를 가진 preferential attachment model 예를 보여준다. 디폴트 알고리즘은 새로운 노드가 추가될 확률은 해당 노드의 연결성에 비례하는 확률을 갖는다. 여기서 노드 연결성차수>9인 경우 빨간색 노드로 표시한다. rescale() 함수를 이용해 노드의 크기를 조절할 수 있다.

코드 8.2.13 preferential attachment model에서 네트워크 성장

```
g1 <- barabasi.game(10, m = 1, directed = FALSE)
g2 <- barabasi.game(25, m = 1, directed = FALSE)
g3 <- barabasi.game(50, m = 1, directed = FALSE)
g4 <- barabasi.game(100, m = 1, directed = FALSE)

op <- par(mfrow = c(2,2), mar = c(4,0,1,0))  # 그림 8.18
plot(g1, vertex.label = NA, vertex.size = 3, xlab = "n = 10")
plot(g2, vertex.label = NA, vertex.size = 3, xlab = "n = 25")
plot(g3, vertex.label = NA, vertex.size = 3, xlab = "n = 50")
plot(g4, vertex.label = NA, vertex.size = 3, xlab = "n = 100")
par(op)
```

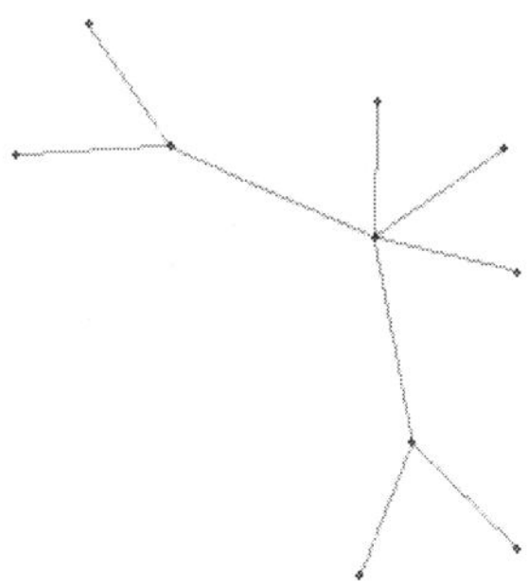

n = 10

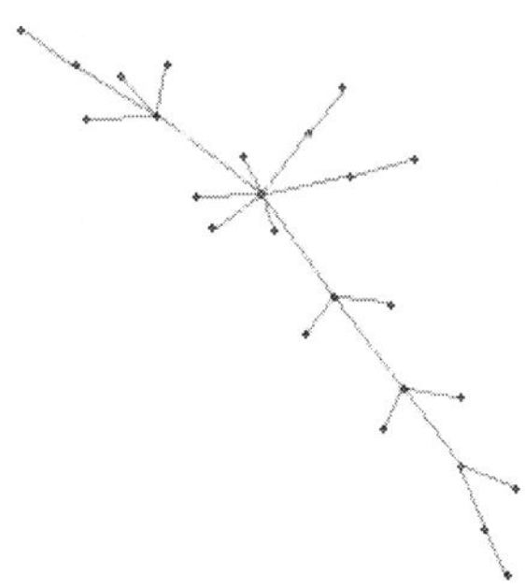

n = 25

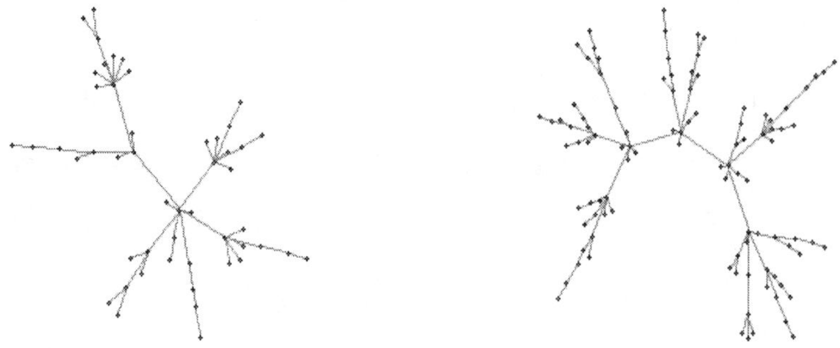

n = 50　　　　　　　　　　n = 100

그림 8.18 선호적 연결 네트워크(preferential attachment network)의 성장

Barabasi-Albert(BA) 모형에서 중요한 것은 선호적 연결(preferential attachment)과 네트워크 성장(network growth)이다. 이 규칙을 통해 신규 유입되는 노드는 연결성(degree)이 많은 노드와 연결을 맺을 확률이 높고, 이는 다른 노드와 비교할 때 아주 많은 링크를 지닌 노드, 즉 허브(hub)를 만들어낸다.

하지만 특정 네트워크에서 이러한 규칙을 조금 더 엄밀히 살펴보기 위해 실제 노드가 연결을 갖는 비율(attachment rate)을 구하는 방법이 있다. 이러한 연결 비율이 실제로 노드가 지닌 에지 개수(degree, 관용적으로 k로 표현)에 비례하는가 확인함으로써 특정 네트워크가 지닌 BA 모형의 성질을 확인할 수 있다.

8.3 실제 네트워크와 랜덤 네트워크의 비교

수학적이고 이론적인 네트워크와 실제로 얻은 네트워크를 모의실험으로 비교해 보고자 한다.

예제 8.3.1

lhds 네트워크 데이터는 공공 보건부서의 1,283명 지도자의 소통연결 데이터이다. lhds 네트워크를 기반으로 몇 가지 네트워크를 생성하고 실제 lhds 네트워크와 연결성차수 분포를 비교하고자 한다.

코드 8.3.1 ilhds 네트워크 객체 생성

```
library(UserNetR)
library(igraph)
library(intergraph)
#communication ties among 1,283 leaders of local public health departments.
data(lhds)  # UserNetR 패키지
ilhds <- asIgraph(lhds)
ilhds
graph.density(ilhds)
mean(degree(ilhds))
```

>>> 결과 8.3.1

```
> graph.density(ilhds)
[1] 0.00329
> mean(degree(ilhds))
[1] 4.22
```

코드 8.3.2 lhds 네트워크의 연결성차수 분포 비교

```
g_rnd <- erdos.renyi.game(1283, .0033, type = "gnp")
g_smwrld <- watts.strogatz.game(dim = 1, size = 1283, nei = 2, p = .25)
g_prfatt <- barabasi.game(1283, out.dist = c(.15, .6, .25),
                          directed = FALSE, zero.appeal = 2)
ilhds <- asIgraph(lhds)

op <- par(mfrow = c(2,2), mar = c(4,4,4,4))  # 그림 8.19
```

```
plot(degree.distribution(g_rnd), type = "b",
    xlab = "Degree", ylab = "Proportion",
    xlim = c(0,25),
    main = "Erdos-Renyi Random Graph")
plot(degree.distribution(g_smwrld), type = "b",
    xlab = "Degree", ylab = "Proportion",
    xlim = c(0,25),
    main = "Small World")
plot(degree.distribution(g_prfatt), type = "b",
    xlab = "Degree", ylab = "Proportion",
    xlim = c(0,25),
    main = "Preferential Attachment")
plot(degree.distribution(ilhds), type = "b",
    xlab = "Degree", ylab = "Proportion",
    xlim = c(0,25),
    main = "Empirical Network")
par(op)
```

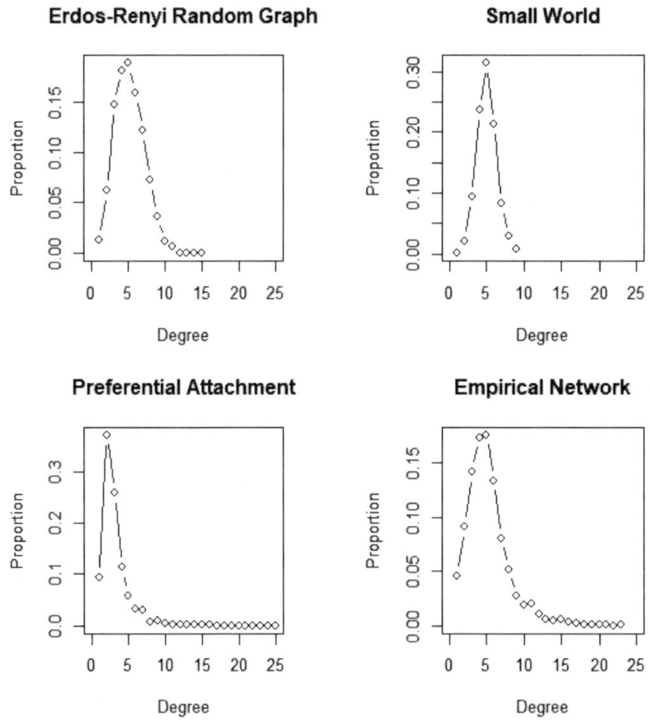

그림 8.19 Ihds 네트워크의 연결성차수 분포 비교

ER 랜덤 네트워크와 실제 네트워크 간 차이가 있으며 일반적인 비교는 [표 8.2]에서 보여준다.

표 8.2 ER 랜덤 네트워크와 실제 네트워크 일반적인 비교

특징	ER 랜덤 네트워크	실제 네트워크
density	p => sparse	sparse
degree distribution	Poisson (or Normal)	Power-law
clustering coeff.	p => low	high
average distance	small world	small world
giant component	yes	yes
community structure	no	yes
homophily	no	yes

연습문제
EXCERCISE

1. 다음의 조건을 만족하는 ER 랜덤 그래프를 생성하고 밀도, 연결성차수 분포를 구하고 생성된 네트워크 그림을 그리시오.
   (a) 노드 개수 $n = 15$, 에지 개수 $m = 30$ ER 랜덤 그래프
   (b) 노드 개수 $n = 15$, 에지 연결확률 $p = 0.1$ ER 랜덤 그래프
   (c) 노드 개수 $n = 15$, 에지 개수 $m = 30$ 방향성있는 ER 랜덤 그래프
   (d) 노드 개수 $n = 15$, 에지 연결확률 $p = 0.1$ 방향성있는 ER 랜덤 그래프

2. 다음의 조건을 만족하는 좁은 세상 네트워크를 생성하고 밀도, 연결성차수 분포를 구하고 생성된 네트워크 그림을 그리시오.
   (a) 노드 개수 $n = 50$인 좁은 세상 네트워크, 재연결확률(rewiring probability) 0.0
   (b) 노드 개수 $n = 50$인 좁은 세상 네트워크, 재연결확률(rewiring probability) 0.20
   (c) 노드 개수 $n = 50$인 좁은 세상 네트워크, 재연결확률(rewiring probability) 0.10
   (d) 노드 개수 $n = 50$인 좁은 세상 네트워크, 재연결확률(rewiring probability) 1.0

3. 다음의 조건을 만족하는 척도없는 네트워크 네트워크를 생성하고 밀도, 연결성차수 분포를 구하고 생성된 네트워크 그림을 그리시오.
   (a) 노드 개수 $n = 100$인 척도없는 네트워크, 허브는 degree〉7인 경우로 정하고 빨간색으로 표시한다.
   (b) 노드 개수 $n = 200$인 척도없는 네트워크

4. igraphdata 패키지에 내장된 UKfaculty 데이터에 대해 분석하고자 한다. 연결성차수 분포 그림을 그리시오.

```
library(igraphdata)
library(igraph)
data(UKfaculty)
V(UKfaculty)
table(V(UKfaculty)$Group)
```

5. igraphdata 패키지에 내장된 USairports 데이터에 대해 분석하고자 한다. 연결성차수 분포 그림을 그리시오.

```
library(igraphdata)
library(igraph)
data(USairports)
```

6. 랜덤 그래프에서 두 개 거대요소(giant component) S_1, S_2가 있으며, 각 크기는 $s_1 n, s_2 n$이다. $s_1, s_2 \in [0,1]$. S_1, S_2가 분리되어 있을(S_1, S_2를 연결하는 에지가 없다) 확률 q를 구하시오. 그리고 $n \to \infty$일 경우의 근사확률도 구하시오.

[참고] $q = (1-p)^{s_1 n \times s_2 n} = \left(1 - \frac{c}{n-1}\right)^{s_1 n \times s_2 n}$

$$\lim_{n \to \infty}\left(1 + \frac{x}{n}\right)^n = e^x$$

CHAPTER

09

통계적 네트워크 모형

네트워크 모형은 유용한 목적으로 활용되지만 통계적 모형으로서는 아직 많지 않다. 네트워크 모형이 통계적 모형이려면 데이터로부터 모수가 추정할 수 있고 데이터를 적절히 표현해야 하는데, 네트워크 그래프 모형에서는 이러한 기준을 만족하기가 쉽지 않다.

통계적 추론 방법에 기반을 두어 네트워크 데이터를 설명하는 모형이 통계적 네트워크 모형이다. 기본적인 모형으로 지수족 랜덤 그래프 모형(exponential random graph model, ERGM)을 다루고자 한다.

네트워크 데이터는 모집단의 노드 간 관계를 나타내는 데이터이다. 노드 개수가 n인 네트워크는 $n \times n$ 랜덤행렬 $\boldsymbol{Y}=\{Y_{ij}\}$로 표현할 수 있다. Y_{ij}는 노드 i로부터 노드 j로 연결되는 관계를 나타내는 확률변수로 볼 수 있다. 랜덤행렬 $\boldsymbol{Y}=\{Y_{ij}\}$의 원소들은 $\{1,2,\ldots,n\}$까지 고유 라벨(label)이 부여된다. 랜덤행렬 $\boldsymbol{Y}$는 원소 간 관계를 나타내며 $(i,j)\in R$는 (i,j)에 대한 관계를 고려한다는 의미이다.

9.1 이진 관계 데이터

네트워크를 나타내는 랜덤행렬 $\boldsymbol{Y}=\{Y_{ij}\}$의 원소들이 연결 여부로 이진 관계(binary relation)를 나타내는 경우를 표현하고자 한다.

이진 관계(binary relation) R과 근접행렬(adjacency matrix) $\boldsymbol{Y}=(Y_{ij})_{1\le i,j\le n}$에 대해

$$Y_{ij}=\begin{cases}1, & (i,j)\in R\\ 0, & otherwise\end{cases} \tag{9.1}$$

이다.

예제 9.1.1

100개 국가의 교역 관계를 고려한다. 두 개 국가 간 교역이 있으면 1, 없으면 0으로 값을 준다. 100×100 근접행렬로 표현할 수 있다.

9.2 양자 관계 독립 모형과 p_1 모형

네트워크의 기본단위는 두 개체와 두 개체 간 연결 관계라고 볼 수 있다. 두 개체, 즉 한 쌍이 이루는 군에 대해 양자 독립 모형(dyad independence model)을 설명하고자 한다.

두 개체군(dyad) D_{ij}는 (Y_{ij}, Y_{ji})로 이루어진 쌍이다. $1 \le i \ne j \le n$. 네트워크 랜덤 행렬 $\boldsymbol{Y}$를 그래프로 표현하면, 각 D_{ij}는 노드 i와 노드 j의 서로 연결 관계를 나타내며 다음과 같다.

$$D_{ij} = \begin{cases} (0,0), & \text{no relationship between } i \text{ and } j \\ (1,0), & \text{relationship } i \text{ to } j \text{ direction} \\ (0,1), & \text{relationship } j \text{ to } i \text{ direction} \\ (1,1), & \text{relationship } i \text{ to } j \text{ and } j \text{ to } i. \end{cases} \tag{9.2}$$

노드 첨자와 함께 연결확률로 표현하면,

$$P(D_{ij} = (z, z')) = p_{ij}(z, z'), \quad z, z' \in \{0, 1\} \tag{9.3}$$

두 개체군은 서로 독립이라고 가정한다. $\boldsymbol{p} = (p_{ij})$로 표기한다.

$\boldsymbol{Y}$에 대한 확률은

$$P(\boldsymbol{Y} = \boldsymbol{y}; \boldsymbol{p}) = \prod_{1 \le i < k \le n} p_{ij}(y_{ij}, y_{ji}), \qquad \boldsymbol{y} \in \{0, 1\}^{n \times n} \tag{9.4}$$

로 표현할 수 있다.

양자 독립 모형(dyad independence model)은 모수(parameter) ρ_{ij}와 θ_{ij}로 다시 표현하면 다음과 같다.

$$P(\boldsymbol{Y} = \boldsymbol{y}; (\rho_{ij}), (\theta_{ij})) \propto \exp\left\{ \sum_{1 \le i < j \le n} \rho_{ij} y_{ij} y_{ji} + \sum_{1 \le i \ne j \le n} \theta_{ij} y_{ij} \right\} \tag{9.5}$$

여기서

$$\rho_{ij} = \log\left(\frac{p_{ij}(0,0)p_{ij}(1,1)}{p_{ij}(0,1)p_{ij}(1,0)}\right) \text{는 상호연관성(mutuality)} \tag{9.6}$$

$$\theta_{ij} = \log\left(\frac{p_{ij}(1,0)}{p_{ij}(0,0)}\right) \tag{9.7}$$

이며, 두 개 노드 간 연결확률에 대한 표기는 다음과 같다.

$p_{ij}(0,0)$은 노드 i와 노드 j 간 에지가 없을 확률
$p_{ij}(1,0)$은 노드 i에서 노드 j로 연결 에지 확률
$p_{ij}(0,1)$은 노드 j에서 노드 i로 연결 에지 확률
$p_{ij}(1,1)$은 노드 i에서 노드 j로 연결과 노드 j에서 노드 i로 연결 에지 확률.

이러한 모수들로 표현한 p_1 모형(p_1 model with parameter $(\boldsymbol{\rho},\boldsymbol{\theta},\boldsymbol{\alpha},\boldsymbol{\beta})$ on $\{0,1\}^{n\times n}$)을 설명한다. Holland와 Leinhardt(1981)가 제안한 모수 $(\boldsymbol{\rho},\boldsymbol{\theta},\boldsymbol{\alpha},\boldsymbol{\beta})$을 포함한 p_1 모형은 다음과 같다.

$$\begin{aligned} \log p_{ij}(0,0) &= \eta_{ij} \\ \log p_{ij}(1,0) &= \eta_{ij} + \alpha_i + \beta_j + \theta \\ \log p_{ij}(0,1) &= \eta_{ij} + \alpha_j + \beta_i + \theta \\ \log p_{ij}(1,1) &= \eta_{ij} + \alpha_i + \beta_j + \alpha_j + \beta_i + 2\theta + \rho_{ij}. \end{aligned} \tag{9.8}$$

여기서

η_{ij}는 정규화 상수,
θ는 에지 전파(edge propagation)에 대한 기본 비율,
α_i는 노드 i에서 나가는 효과(outgoing effect),
β_j는 노드 j로 들어오는 효과(incoming effect).

$$\begin{aligned} \rho_{ij} &= \rho, \quad 1 \le i < j \le n \\ \theta_{ij} &= \theta + \alpha_i + \beta_j, \quad 1 \le i \ne j \le n \end{aligned} \tag{9.9}$$

로 놓는다.

p_1모형에서 $\boldsymbol{y} \in \{0,1\}^{n \times n}$에 대해 우도함수(likelihood function)는 지수족(exponential family)에 속한다. 확률식으로 표현하면 다음과 같다.

$$
\begin{aligned}
&P(\boldsymbol{Y}=\boldsymbol{y}\,;\boldsymbol{\rho},\boldsymbol{\theta},\boldsymbol{\alpha},\boldsymbol{\beta}) \\
&= \frac{\exp\left(\rho \sum_{1 \le i < j \le n} y_{ij}y_{ji} + \theta y_{..} + \sum_{i=1}^{n} \alpha_i y_{i.} + \sum_{j=1}^{n} \beta_j y_{.j}\right)}{\prod_{1 \le i < j \le n} \eta_{ij}}
\end{aligned}
\tag{9.10}
$$

여기서

$$
\begin{aligned}
y_{i.} &= \sum_{j=1}^{n} y_{ij}\text{는 노드 } i\text{의 out-degree,} \\
y_{.j} &= \sum_{i=1}^{n} y_{ij}\text{는 노드 } j\text{의 in-degree of vertex } j, \\
y_{..} &= \sum_{i,j=1} y_{ij}\text{는 } \boldsymbol{y}\text{의 연결성 총합(total degree)이다.}
\end{aligned}
$$

$\eta_{ij} = 1 + e^{\rho+\alpha_i+\beta_j} + e^{\rho+\alpha_j+\beta_i} + e^{\rho+2\theta+\alpha_i+\alpha_j+\beta_i+\beta_j}$는 정규화 상수(normalizing constant)로서 각 (i,j)에 대한 확률이 1이 되도록 한다.

p_1 모형에 대해 다음과 같이 표현하여 쓸 수 있다.

$$
\begin{aligned}
p_1(\boldsymbol{y}) &= P(\boldsymbol{Y}=\boldsymbol{y}) \\
&= c^{-1}\exp\Big\{\underbrace{\theta y_{..}}_{density} + \underbrace{\sum_i \alpha_i y_{i.}}_{outdegree} + \underbrace{\sum_j \beta_j y_{.j}}_{indegree} + \underbrace{\rho \sum y_{ij}y_{ji}}_{mutuality}\Big\}
\end{aligned}
\tag{9.11}
$$

여기서 $\theta, \alpha_i, \beta_j$는 모수이고 c는 정규화상수이다.

9.3 지수족 랜덤 그래프 모형

대표적인 통계적 네트워크 모형(statistical network model)으로 지수족 랜덤 그래프 모형(exponential random graph models, ERGM)에 대해 설명하고자 한다.

ERGM에서는 가능한 항을 통해 네트워크의 연결 관계에 대한 확률과정을 나타내고자 한다. 이러한 항은 네트워크의 공간에서 확률분포를 나타낼 수 있는 네트워크 통계량이어야 한다.

ERGM의 다음 사항을 다룬다.

(1) 사용 목적
(2) 모형 개발 및 설정
(3) 모수(parameter) 추정 방법
(4) 결과 해석 방법

이론적인 설명과 더불어 ERGM이 실제 네트워크 연구에 어떻게 활용될 수 있는지 실제 데이터 예로 설명한다.

두 개의 가능한 에지는 두 개 노드를 공유해야만 비독립이라고 가정한다. Frank and Strauss(1986)는 방향성없는 마코프 그래프의 확률분포를 다음과 같이 증명했다.

$$P(\boldsymbol{Y}=\boldsymbol{y}) = \exp\left(\sum_{k=1}^{n-1} \theta_k S_k(y) + \tau T(\boldsymbol{y}) + \psi(\boldsymbol{\theta}, \tau)\right),\ \boldsymbol{y} \in \boldsymbol{Y} \tag{9.12}$$

여기서 $\boldsymbol{\theta} = \{\theta_k\}$, τ는 모수, $\psi(\boldsymbol{\theta}, \tau)$는 정규화상수이다.

통계량 S_k와 T는 에지(edge), 삼각형(triangle), k-star의 구조(그림 9.1)에 대한 개수 통계량으로 다음과 같다.

$$\text{에지 개수: } S_1(\boldsymbol{y}) = \sum_{1 \le i \le j \le n} y_{ij} \tag{9.13}$$

$$\text{k-star (k} \ge 2\text{) 개수: } S_k(\boldsymbol{y}) = \sum_{1 \le i \le n} \binom{y_{i\cdot}}{k} \tag{9.14}$$

$$\text{삼각형 개수: } T(\boldsymbol{y}) = \sum_{1 \le i \le j \le n} y_{ij} y_{ih} y_{jh} \tag{9.15}$$

마코프 그래프에서 2-star에 포함된 에지가 삼각형 또는 3-star에 포함될 수 있으므로 모형의 모수의 비독립적이다.

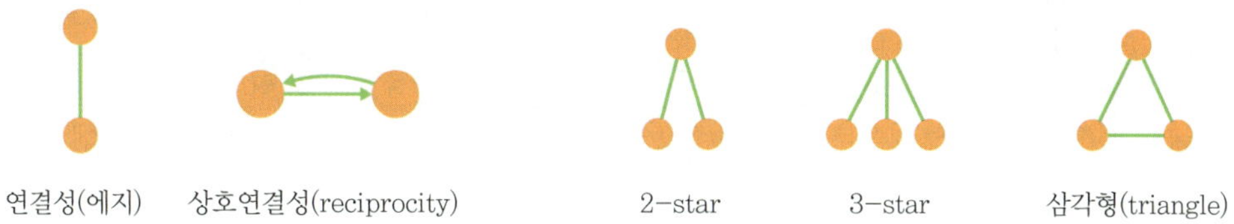

그림 9.1 연결구조

모형 (9.1)에서의 통계량은 [그림 9.1]의 연결구조를 참조하면 다음과 같다.

$$\begin{aligned} S_1(\boldsymbol{y}) &= \text{에지 개수} \\ S_2(\boldsymbol{y}) &= 2-star\ \text{개수} \\ S_3(\boldsymbol{y}) &= 3-star\ \text{개수} \\ T(\boldsymbol{y}) &= \text{삼각형 개수} \end{aligned} \tag{9.16}$$

$\theta_3 = \cdots = \theta_{n-1} = 0$이면 다음의 pseudo-likelihood

$$l(\boldsymbol{\theta}) = \sum_{i<j} \log(P\{Y_{ij} = y_{ij} | Y_{uv} = y_{uv}, \text{ for all } u < v, (u,v) \neq (i,j)\}) \tag{9.17}$$

를 최대화하도록 모수를 추정하면 된다.

Wasserman and Pattison(1996)은 이러한 모형으로 지수족 랜덤 그래프 모형을 제안하였다. 지수족 랜덤 그래프 모형은 p^* 모형으로 불리기도 한다.

S_k와 T가 $g(\boldsymbol{y})$로 대체되어 표현하면 우도함수는

$$P(\boldsymbol{Y} = \boldsymbol{y}) = \exp(\boldsymbol{\theta}^\top g(\boldsymbol{y}) - \psi(\boldsymbol{\theta})) \tag{9.18}$$

으로 쓸 수 있다.

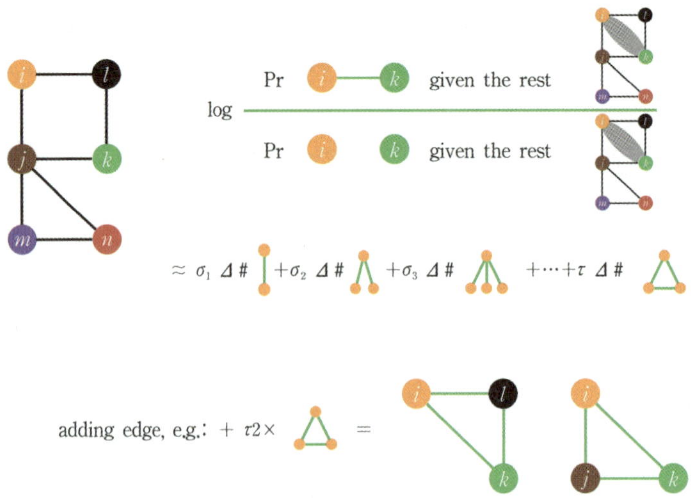

그림 9.2 노드 i,k에 대한 연결 가능성

[정의 9.1] $\boldsymbol{Y}$에 대한 지수족 랜덤 그래프 모형 ERGM은 다음의 확률질량함수(probability mass function)를 갖는다.

$$P(\boldsymbol{Y}=\boldsymbol{y})=\frac{\exp(\boldsymbol{\theta}^{\top}g(\boldsymbol{y}))}{k(\boldsymbol{\theta})} \tag{9.19}$$

여기서

$\boldsymbol{Y}$는 네트워크 상황에 대한 확률변수로 실현값 $\boldsymbol{y}$를 갖고,

$g(\boldsymbol{y})$는 네트워크 $\boldsymbol{y}$에 대한 모형 통계량 벡터로 “ERGM term”,

$\boldsymbol{\theta}$는 이러한 통계량에 대한 계수 벡터,

$k(\boldsymbol{\theta})$는 정규화 상수(normalizing constant)이다.

근접행렬 $\boldsymbol{Y}$에 대한 모형은 연결성 유형에 대한 가중합으로 볼 수 있다.

$$\log P(\boldsymbol{Y}=\boldsymbol{y})=\theta S(\boldsymbol{y})+\tau T(\boldsymbol{y})+\psi(\theta) \tag{9.20}$$

여기서 $S(\boldsymbol{y})=\#$, $T(\boldsymbol{y})=\#$, $\psi(\theta)$는 정규화상수이다. 모수 θ_1, τ는 연결성(tie)과 삼각형(triangle)에 대한 상대적 중요성을 나타내는 가중값이다.

ERGM은 네트워크 구조와 특성에 대한 통계적 모형으로 통계적 추론을 포함한다. 에지의 존재 여부가 반응변수가 되고 설명변수로는 노드 특성, 에지 특성, 그리고 네트워크 요약통계량이 되는 회귀모형에 해당되는 네트워크 모형이라고 할 수 있다.

모형에서의 모수 추정에 대해 간단히 설명하고자 한다. 모수에 대한 최대우도추정량은 다음의 등식

$$E_{\hat{\theta}_{MLE}}[S(\boldsymbol{Y})] = S(\boldsymbol{y}_{obs}) \tag{9.21}$$

을 풀어 구한다. 식 (9.21)을 풀기 위해서는 Cumulant generation function(Corander et al., 1998), Stochastic approximation(Snijders, 2002), importance sampling(Handcock, 2003)을 활용한다.

Snijders(2002)가 제안한 모수 추정 알고리즘은 다음과 같다.

(1) 초기값 $\theta^{(0)}$과 스케일행렬(scaling matrix) $\boldsymbol{D}_0$를 정한다.

(2) 주요 계산으로

$$\theta^{(m+1)} = \theta^{(m)} - a_r \boldsymbol{D}_0^{-1}\left\{S(\boldsymbol{Y}_{\theta^{(m)}}^{(m)}) - S(\boldsymbol{Y}_{obs})\right\} \tag{9.22}$$

을 반복적으로 구한다. 여기서 a_r은 단계크기(step size)로, 0으로 수렴하는 수열이다. $S(\boldsymbol{Y}_{\theta^{(m)}}^{(m)})$를 구할 때는 MCMC 기법을 이용한다.

(3) 추정량에 대한 수렴성(convergence) 검토와 표준오차(standard error) 계산

$$E_{\hat{\theta}_{MLE}}[S(\boldsymbol{Y})] \approx \overline{\hat{E}_{\hat{\theta}_{MLE}}}[S(\boldsymbol{Y})] \approx S(\boldsymbol{y}_{obs}) \tag{9.23}$$

이므로 수렴성 통계량은

$$\left| \frac{\overline{\hat{E}_{\hat{\theta}_{MLE}}}[S(\boldsymbol{Y})] - S(\boldsymbol{y}_{obs})}{\widehat{sd}_{\hat{\theta}}[S(\boldsymbol{Y})]} \right| < .1 \tag{9.24}$$

으로 할 수 있다.

예제 9.3.1

다음의 Florentine 가족 네트워크(노드 16개)에서 연결성에 대한 확률을 구하고자 한다. 르네상스 시대 Cosimo de' Medici가의 데이터이다.

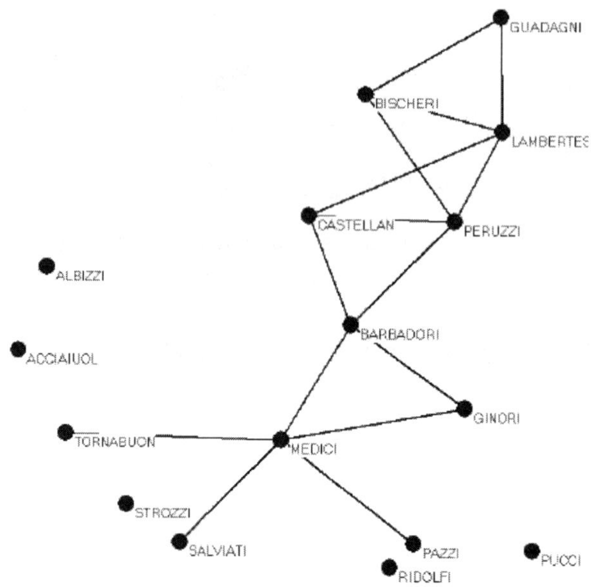

그림 9.3 Florentine 가족 네트워크(Padgett and Ansell, 1993)

$$
\begin{aligned}
L(\boldsymbol{y}) &= \#\,\overset{\bullet}{\underset{\bullet}{|}} = 15 \\
M &= \binom{16}{2} = 120 \\
\text{density } d(\boldsymbol{y}) &= \frac{L(\boldsymbol{y})}{M} = \frac{15}{120} = \frac{1}{8} = 0.125
\end{aligned}
$$

이다.

기본적인 모형으로 에지만을 고려한 모형은 다음과 같다.

$$\log P(\boldsymbol{Y} = \boldsymbol{y}) = \theta_1 L(\boldsymbol{y}) + \psi(\theta_1)$$

즉, 각 쌍에 대해 동전던지기 확률과 마찬가지로 연결 여부에 대한 확률을 표현할 수 있다.

그림 9.4 각 쌍에 대한 연결가능성을 동전던지기로 표현

연결에 대한 확률은

$$p = P(\boldsymbol{Y} = \boldsymbol{y}) = \frac{e^{\theta_1 L(\boldsymbol{y})}}{1 + e^{\theta_1 L(\boldsymbol{y})}} \tag{9.25}$$

이다.

[정의 9.2] 전체 그래프에 대한 ERGM 표현은 두 개 노드 간 조건부 로그 오즈로 다시 표현할 수 있다.

$$\begin{aligned} \mathrm{logit}(Y_{ij} = 1 \mid y_{ij}^{C}) &= \log\left(\frac{P(Y_{ij} = 1 \mid y_{ij}^{C})}{P(Y_{ij} = 0 \mid y_{ij}^{C})}\right) \\ &= \boldsymbol{\theta}^{\top} \delta(y_{ij}) \end{aligned} \tag{9.26}$$

여기서
actor(노드) i, j의 상황을 나타내는 확률변수,
Y_{ij} actor(노드) i, j의 상황을 나타내는 확률변수,
y_{ij}^{C}는 y_{ij}의 여집합(complement of y_{ij})으로 y_{ij}를 제외한 양자관계(dyad),
$\delta(y_{ij})$는 변화통계량(change statistics) 벡터이다.

ERGM은 다음의 네 종류로 나뉜다. (1) node-level predictors (2) dyadic predictors (3) relational predictors (4) local structural predictors.

(1) 노드 또는 행위자 수준 특성(node or actor-level characteristics)

노드 또는 행위자 수준의 특별한 특성이 연결 관측에 대한 우도함수에 영향을 주는 경

우이다. 예를 들어, 여중생이 남중생보다 친구를 만드는 경향이 강하다고 가정한다. 그렇다면 노드 수준 행위자 예측변수(predictor)로 성별을 고려해야 한다.

(2) 양자 수준 특성(Dyad-level predictor)

두 행위자의 특성이 양자 간 연결에 영향을 미친다고 가정한다. 예를 들어, 중학교에서 중학생들 간 우정(friendship)은 같은 학년 내에서 더욱 형성된다. 그렇다면 학년을 양자 수준 특성(dyad-level predictor)으로 고려해야 한다.

(3) 관계형 예측변수(relational predictor)

네트워크에서 두 노드 간 연결을 예측할 때 다른 관계에 대한 정보가 영향을 미친다고 가정한다. 그렇다면 같은 네트워크에서 관계형 예측변수(relational predictor)를 사용하여 다른 유형의 연결성을 예측할 수 있다. 같은 노드들이 구성하는 네트워크의 노드에 대해 다른 정보를 활용해야 한다.

(4) 지역 구조적 특성(local structural property)

관측된 네트워크의 지역 구조적 특성(local structural property)을 모형에 대한 공변량으로 사용하는 경우이다. 예를 들어, 관측된 연결성 분포(degree distribution), 전이성(transivity: closed triangle)에 대한 조건부 네트워크 모형을 설계한다.

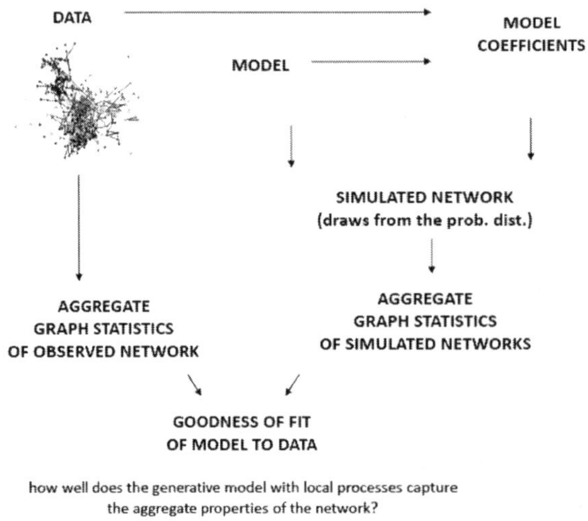

그림 9.5 네트워크 모형 적합도 검증 과정

9.4 R에서 ERGM 적합

ERGM의 각 항은 전통적인 통계 모형에서의 항과는 다르다. 전통적인 통계 모형에서는 각 관측값이 측정되는 변수들로 모형에서의 설명변수와 반응변수가 된다. 설명변수 간 상관성이 존재하기도 한다.

네트워크 모형에서는 반응변수에 대한 관측이 dyad, 노드 쌍, 연결 존재 여부, 방향성 네트워크에서의 연결상태 등이며 각 노드에 대해 속성으로 측정된 변수들이 있다. ERGM에서 연결에 대한 함수로 추정량(predictor)을 얻고자 하며 이러한 추정량을 네트워크 통계량(network statistics)이라고 한다. 각 추정량은 연결 형태(link configuration)를 설명하고자 한다.

ERGM에서 각 추정량은 네트워크 통계량을 계산하기 위한 알고리즘이 필요하며 관련한 변화통계량(change statistic)을 계산한다.

두 개의 네트워크에 대해 네트워크 통계량의 차이는 고려하는 에지의 존재 여부에 있다.

R에서 ergm() 함수는 ERGM 모수추정 시 최대우도추정법에 대한 알고리즘을 적용하여 계산한다. ergm 함수에서 디폴트로 Newton–Raphson 방법이 사용된다.

```
[control = control.ergm(style = "Newton–Raphson")]
```

Robbins–Monro 근사 알고리즘을 선택할 수도 있다.

```
[control = control.ergm(style = "Robbins–Monro")]
```

양자 독립 모형에 대해서는 MPLE(maximum pseudo–likelihood estimation)를 사용하고 stochastic MCMC 추정을 한다.

ERGM 적합을 위해서는 statnet 패키지의 ergm() 함수를 사용한다. 일반적인 설명변수 유형과 항을 [표 9.1]에서 보여준다.

```
ergm(y ~ <term1> + <term2> + ...)
```

여기서 y는 네트워크 객체 또는 네트워크 행렬, 〈term1〉은 포함할 수 있는 여러 종류의 항이 있으며 [표 9.2]~[표 9.9]에 나열되어 있다.

표 9.1 공통으로 많이 사용되는 ERGM에서 설명변수 유형과 해당 항

predictor type	term
Node	nodefactor nodecov
Dyad	nodemix nodematch absdiff
Relation	edgecov
Structure	gwdegree gwdsp gwesp

표 9.2 ergm 함수에 포함할 수 있는 기본항

항 이름	의미	설명
edges	Edges	네트워크에서 에지 개수만큼 포함. undirected network: kstar(1) directed network: ostar(1), istar(1)
density	Density	네트워크의 density를 포함. undirected network: kstar(1)/(n(n−1)/2) directed network: ostar(1), istar(1)/(n(n−1))
mutual	Mutuality	노드 쌍 (i,j) 개수. mutual(attrname, diff=FALSE, keep=NULL)
asymmetric	Asymmetric dyads	$(i \to j)$ 또는 $(j \to i)$ 관계가 있는 쌍의 개수. asymmetric(attrname, diff=FALSE, keep=NULL) directed network에만 사용.

표 9.3 ergm 함수에 포함할 수 있는 노드 속성 효과 항

항 이름	의미	설명
nodecov(attrname)	Main effect of a covariate	attrname: 노드에 관한 양적 변수(연속형 변수)로 (i,j)간 에지를 포함. directed network: nodecov=nodeicov+nodeocov
nodefactor(attrname, base=1)	Main effect of a factor attribute	attrname: 노드에 관한 질적 변수(범주형 변수)로 (i,j)간 에지를 포함.

항 이름	의미	설명
nodemix(attrname, base=Null)	Nodal Attribute Mixing	attrname: 노드에 관한 범주형 변수로 변수의 노드 쌍에 대해 네트워크 통계량을 추가.
nodematch(attrname, diff = FALSE, keep = NULL)	Uniform homophily and differential homophily	diff = FALSE: 한 개 네트워크 통계량 추가. attrname(i) == attrname(j) 에지 개수. diff = TRUE: p 네트워크 통계량이 추가. 여기서 p는 attrname 의 수준 수. attrname(i) ==attrname(j) ==value (k) 에지 개수. keep = c(2,4): 2번째와 4번째 변수가 match하는 경우를 세어 추가.
absdiff(attrname)	Absolute difference	attrname: 노드에 관한 연속형 변수. abs(attrname[i] − attrname[j]) 같은 경우를 합한 통계량 추가.
absdiffcat(attrname, base=Null)	Categorical absolute difference	attrname: 노드에 관한 범주형 변수.
smalldiff(attrname, cutoff)	Small difference	attrname: 노드에 관한 연속형 변수. cutoff 이상인 경우를 고려.

표 9.4 ergm 함수에 포함할 수 있는 관계 속성 효과 항

항 이름	의미	설명
dyadcov(x, attrname)	Dyadic covariate	undirected network directed network: x는 dyad (i,j)에 대한 공변량 행렬.
edgecov(x, attrname = NULL)	Main effect of a factor attribute	undirected network attrname: 노드에 관한 연속형 변수.

표 9.5 ergm 함수에 포함할 수 있는 연결성 분포 항

항 이름	의미	설명
degree(d, attrname)	degree	d: 연결성 정수. attrname: 노드 속성 변수. directed networks: idegree, odegree. bipartite networks: b1degree, b2degree.
kstar(k, attrname)	k−Stars	k: 정수 벡터. directed networks: istar, ostar. bipartite networks: b1star, b2star.
gwdegree(decay, fixed = FALSE)	Geometrically weighted degree distribution	가중 모수 decay 갖는 가중 연결성 분포(weighted degree distribution). fixed = TRUE: scale parameter가 curved exponential−family (CEF) model로 추정. fixed = FALSE: undirected network (default) directed networks: gwidegree, gwodegree. bipartite networks: gwb1degree, gwb2degree.

항 이름	의미	설명
altkstar(lambda, fixed = FALSE)	alternating k-stars	가중 모수 lambda 갖는 weighted alternating sequence of k-start statistics. fixed = TRUE:CEF 모형으로 모수 추정. fixed = FALSE: undirected (default)
meandeg	Mean vertex degree	노드의 평균연결성.
isolates	Isolates	고립(isolate)노드의 개수. 여기서 고립노드는 연결성 0 갖는 노드.
twopath	2-Paths	2-path 개수. directed networks: 길이 2인 directed path. $(i \to j)$, $(j \to k)$를 이루는 에지 쌍. undirected networks: (i,j), (j,k) 이루는 에지 쌍.
m2star	Mixed 2-stars,	mixed 2-stars
concurrent(attrname)	Concurrent node count	연결성 2 이상인 노드 개수 bipartite networks: b1concurrent, b2concurrent.

표 9.6 ergm 함수에 포함할 수 있는 삼각형과 그 이상의 차수 연결 항

항 이름	의미	설명
triangle(attrname)	Triangles	undirected networks: 3개 에지 $\{(i,j), (j,k), (k,i)\}$로 구성하는 삼각형 개수. directed networks: 3개 에지 $\{(i \to j), (j \to k), (k \to i)\}$ 또는 $\{(i \to j), (j \to k), (i \to k)\}$로 구성하는 삼각형 개수.
tripercent(attrname)	Triangle percentage	triangle의 비율(%).
cycle(k)	Cycles	k: 정수 벡터.
ctriple(attrname)	Cyclic triples	$\{(i \to j), (j \to k), (k \to i)\}$ 에지집합 개수.
ttriple(attrname)	Transitive triples	$\{(i \to j), (j \to k), (i \to k)\}$ 에지집합 개수.
intransitive	Intransitive triads	intransitive triad 개수.
transitive	Transitive triads	transitive triad 개수.
triadcensus(d)	Triad census:	16개 가능한 유형의 triad 집합에 대한 통계량.
balance	Balanced triads	balanced triads 개수
localtriangle (attrname)	Triangles within neighborhoods	undirected networks: 3개 에지 $\{(i,j), (j,k), (k,i)\}$로 구성하는 에지집합 개수. directed networks: 3개 에지 $\{(i \to j), (j \to k), (k \to i)\}$ 또는 $\{(i \to j), (j \to k), (i \to k)\}$로 구성하는 에지집합 개수.
simmelian	Simmelian triads	Simmelian triad (complete sub-graph of size three) 개수.

항 이름	의미	설명
simmelianties	Ties in Simmelian triads	Simmelian triads에서 tie 개수.
nearsimmelian	Near Simmelian triads:	near Simmelian triad 개수.

표 9.7 ergm 함수에 포함할 수 있는 파트너 분포 항

항 이름	의미	설명
dsp(d)	Dyadwise shared partners	d: 정수 벡터. d[i] shared partner 갖는 dyad 개수.
esp(d)	Edgewise shared partners	d[i] shared partner 갖는 에지 개수.
gwdsp(alpha, fixed = FALSE)	Geometrically weighted dyadwise shared partner distribution	geometrically weighted dyadwise shared partner distribution with weight parameter. alpha.
gwesp(alpha, fixed = FALSE)	Geometrically weighted edgewise shared partner distribution	edgewise shared partner distribution with. weight parameter alpha. fixed = TRUE: scalel parameter lambda는 CEF 모형으로 추정. fixed = FALSE: (default)

표 9.8 ergm 함수에 포함할 수 있는 노드 특성 항(Actor-specific effects)

항 이름	의미	설명
receiver(base = 1	Receiver effect	노드의 popularity 측도, in-tie 개수.
sender(base = 1)	Sender effect	out-tie 개수.
sociality(attrname, base = 1)	Undirected degree	노드의 tie 개수와 같은 노드에 대한 통계량.

표 9.9 ergm 함수에 포함할 수 있는 전체 네트워크 항(whole network operator)

항 이름	의미	설명
hamming(x, cov, attrname)	Hamming distance	weighted or unweighted Hamming distance of the network. from the network specified by x.
hammingmix(attrname, x, base = 0, contrast = FALSE)	Hamming distance for a mixing matrix	Hamming distance between the appropriate subset of dyads in the network. and the corresponding subset in x.

R에서 help 함수를 이용하여 각 항을 알아볼 수 있으며, 각 ergm 항에 대한 도움말을 얻을 수 있다.

```
> library(statnet)
> library(ergm)
> help("ergm.terms")
```

9.4.1 ERGM 분석 예

예제 9.4.1

Indiana state tobacco control program에 속한 25개 기관 간 네트워크 데이터는 서로 다른 연결 관계를 갖는데 연결 종류는 다음과 같다.

연락회수(frequency of contact),
지침(가이드라인, guideline)에 따른 협업수준(level of collaboration).

statnet 패키지에 내장된 TCnetworks 데이터에 대해 보급 연결(dissemination tie) 효과에 대해 분석하고자 ERGM을 적합하고자 한다. 사회행렬은 TCdist 객체에 있으며 지리적인 거리가 담겨있다.

코드 9.4.1 (1) tie 종류별 network 데이터 저장

```
library(UserNetR)
library(statnet)
data(TCnetworks)
libary(igraph)
gplot(TCnetworks, usearrows = FALSE, displaylabels = TRUE)  # total edge=175

# frequency of contact
```

```
TCcnt <- TCnetworks$TCcnt
TCcnt
# level of collaboration
TCcoll <- TCnetworks$TCcoll
# dissemination
TCdiss <- TCnetworks$TCdiss
gplot(TCdiss, usearrows = FALSE, displaylabels = TRUE)
# distance between agencies
TCdist <- TCnetworks$TCdist   #sociomatrix
```

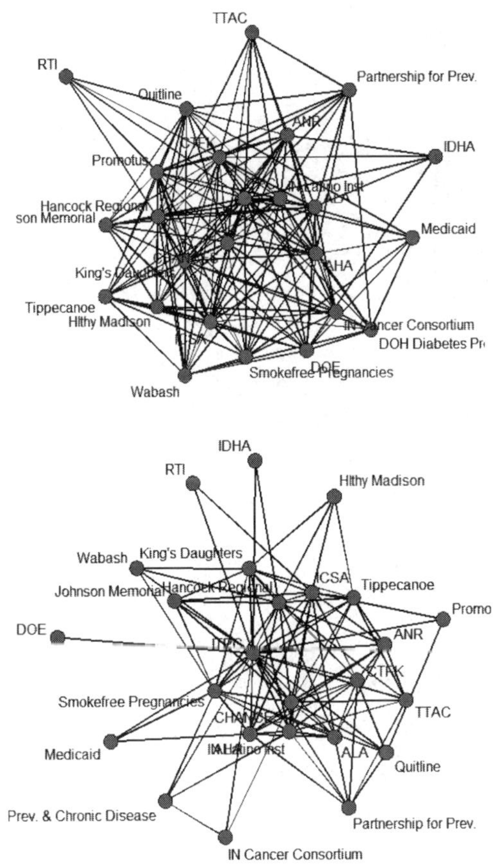

그림 9.6 TCnetworks 데이터(왼쪽)와 TCdiss로 표현한 네트워크(오른쪽)

TCdiss 네트워크는 세 종류의 기관 유형(local, state, national)을 가지며 노드 중심성은 변동성을 갖는다.

코드 9.4.1 (2) TCdiss network에 대한 descriptive statistics

```
summary(TCdiss, print.adj = FALSE)
components(TCdiss)
gden(TCdiss)  #graph density
centralization(TCdiss, betweenness, mode = 'graph')
```

>>> 결과 9.4.1 (2)

```
> summary(TCdiss, print.adj = FALSE)
Network attributes:
  vertices = 25
  directed = FALSE
  hyper = FALSE
  loops = FALSE
  multiple = FALSE
  bipartite = FALSE
  title = IN_Diffusion
 total edges = 103
   missing edges = 0
   non-missing edges = 103
 density = 0.343

Vertex attributes:
 agency_cat:
   numeric valued attribute
   attribute summary:
   Min. 1st Qu. Median   Mean 3rd Qu.   Max.
   1.00   2.00   2.00   3.24   5.00   6.00

 agency_lvl:
   numeric valued attribute
   attribute summary:
   Min. 1st Qu. Median   Mean 3rd Qu.   Max.
   1.00   1.00   2.00   2.04   3.00   3.00
```

```
lead_agency:
  numeric valued attribute
  attribute summary:
  Min. 1st Qu.  Median    Mean 3rd Qu.    Max.
  0.00    0.00    0.00    0.04    0.00    1.00

tob_yrs:
  numeric valued attribute
  attribute summary:
  Min. 1st Qu.  Median    Mean 3rd Qu.    Max.
  1.00    3.00    4.50    6.76    9.00   21.00
 vertex.names:
  character valued attribute
  25 valid vertex names
No edge attributes
> components(TCdiss)
[1] 1
> gden(TCdiss)
[1] 0.343
> centralization(TCdiss, betweenness, mode = "graph")
[1] 0.381
```

코드 9.4.1 (3) degree distribution

```
deg <- degree(TCdiss, gmode = "graph")
lvl <- TCdiss %v% 'agency_lvl'

plot(TCdiss, usearrows = FALSE, displaylabels = TRUE,
     vertex.cex = log(deg),
     vertex.col = lvl + 1,
     label.pos = 3, label.cex = .7,
     edge.lwd = 0.5, edge.col = "grey75") # 그림 9.7
legend("bottomleft", legend = c("Local", "State", "National"),
       col = 2:4, pch = 19, pt.cex = 1.5)
```

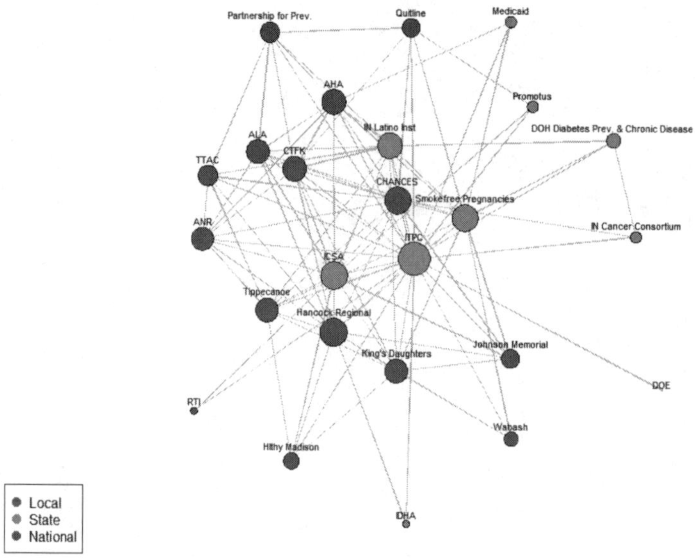

그림 9.7 노드 속성을 표시한 TCdiss 네트워크

[그림 9.7]의 TCdiss 네트워크 구조를 보면 무방향 네트워크로 25개 노드와 103개 에지를 포함한다. 노드 속성은 local/state/national로 구분된다. 그래프 밀도는 0.343이다.

9.4.2 영 모형 생성

기저 모형으로 영 모형(null model)을 만들고 이후 모형을 개선해 간다. 네트워크 영 모형은 관측된 네트워크와 에지 개수가 같아지도록 만든다. ergm() 함수에서 control 옵션에서 조절한다.

코드 9.4.2 **에지 개수만을 포함한 영 모형**

```
library(ergm)
DSmod0 <- ergm(TCdiss ~ edges, control = control.ergm(seed = 40)) # random seed
class(DSmod0)
summary(DSmod0)
plogis(coef(DSmod0))  # logistic cumulative distribution function
```

>>> **결과 9.4.2**

```
> class(DSmod0)
[1] "ergm"
> summary(DSmod0)
Call:
ergm(formula = TCdiss ~ edges, control = control.ergm(seed = 40))

Maximum Likelihood Results:

      Estimate Std. Error MCMC % z value Pr(>|z|)
edges   -0.648      0.122      0   -5.33   <1e-04 ***
---
Signif. codes: 0 '***' 0.001 '**' 0.01 '*' 0.05 '.' 0.1 ' ' 1

     Null Deviance: 416  on 300  degrees of freedom
 Residual Deviance: 386  on 299  degrees of freedom
 AIC: 388  BIC: 392  (Smaller is better. MC Std. Err. = 0)

> plogis(coef(DSmod0)) #baseline prob of a tie
edges
0.343
```

edges에 대한 모수 −0.648은 모형에서 절편(intercept) 역할을 한다. 에지에 대한 연결 가능성은 0.343으로 추정되었다. 추정된 계수는 예측변수가 한 단위 변화할 때의 연결에 대한 log-odds의 변화량이다. ergm에서 에지 항목은 log-odds로 표현한 네트워크에 대한 밀도이며 모수추정값으로부터 에지에 대한 확률을 추정할 수 있는데 에지에 대한 로짓의 역함수(inverse-logit) 값으로 다음과 같이 계산한다.

$\log\left(\frac{p}{1-p}\right) = a$로부터 inverse-logit은 $p = \frac{1}{1+e^{-a}}$이다. 그러므로 에지에 대한 확률은 다음과 같다.

$$\text{logit}^{-1} = \text{logistic}(coef_{edges}) = \frac{1}{1+\exp(-coef_{edges})} = \frac{\exp(coef_{edges})}{1+\exp(coef_{edges})} \quad (9.27)$$

모형추정 결과에서 에지에 대한 확률은 $1/(1+\exp(0.648))=0.343$으로 얻는다. 다음의 R 코드를 참고하여 inverse-logit 값을 구한다.

```
# inverse-logit
inv.logit <- function(logit){
  odds <- exp(logit)
  prob <- odds / (1 + odds)
  return(prob)
}
theta <- coef(coef(DSmod0))
inv.logit(theta)
```

9.4.3 노드 속성을 포함

담배 규제(tobacco control) 경험이 많은 기관일수록 다른 기관을 이끌 수 있으므로 다른 기관과 연결성이 높을 수 있다. 변수 tob_yrs는 기관의 업무경험년수이다. [그림 9.8]을 보면 기관 업무경험년수와 기관 간 연결성이 관련 있어 보인다.

코드 9.4.3 **(1) 연결성과 tobacco control 시행 연수 그림**

```
scatter.smooth(TCdiss %v% 'tob_yrs', cex = 1.5,
        degree(TCdiss, gmode = 'graph'),
        xlab = "Years of Tabacco Experience",
        ylab = 'Degree')  # 그림 9.8
```

ergm 모형에서 노드 주효과를 검정하고자 한다. 모형 DSmod1에는 두 개 주효과 ergm 항으로 nodefactor와 nodecov를 포함한다. 여기서 nodefactor는 범주형 속성(categorical attribute), nodecov는 양적 특성(quantitative characteristic)에 사용된다.

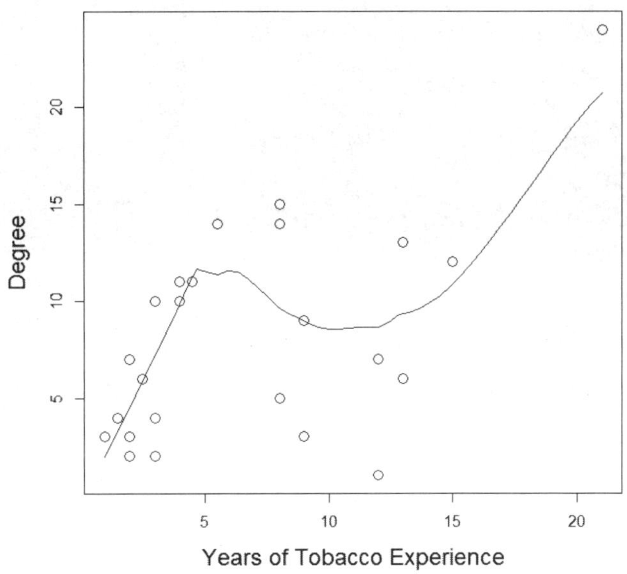

그림 9.8 tobacco experience에 따른 노드 연결성차수

코드 9.4.3 (2) years of tobacco experience, lead agency 여부의 effect

```
DSmod1 <- ergm(TCdiss ~ edges +
          nodefactor("lead_agency") +
          nodecov("tob_yrs"),
        control = control.ergm(seed = 40))
summary(DSmod1)
```

\>>> **결과 9.4.3 (2)**

```
> summary(DSmod1)
Call:
ergm(formula = TCdiss ~ edges + nodefactor("lead_agency") + nodecov("tob_yrs"),
  control = control.ergm(seed = 40))
Maximum Likelihood Results:
                          Estimate Std. Error   MCMC %  z value  Pr(>|z|)
edges                     -1.6783    0.3293     0       -5.10    <1e-04 ***
nodefactor.lead_agency.1  17.9366    933.5551   0       0.02     0.9847
nodecov.tob_yrs           0.0599     0.0228     0       2.62     0.0087 **
---
```

```
Signif. codes: 0 '***' 0.001 '**' 0.01 '*' 0.05 '.' 0.1 ' ' 1
    Null Deviance: 416 on 300 degrees of freedom
 Residual Deviance: 323 on 297 degrees of freedom

AIC: 329 BIC: 341 (Smaller is better. MC Std. Err. = 0)
```

기관 경험년수인 tobacco control yrs는 두 개 기관 간 연결 가능성에 양의 관계로 유의하다. 노드로서 lead agency 역할은 추정된 모수값은 크지만 유의하지 않다. 추정값의 표준편차가 크기 때문이다. 두 개 설명변수를 포함한 모형의 AIC는 329로 영 모형(null model)의 AIC 388보다 작으므로 DSmod1 모형은 영 모형보다 모형설명력 측면에서 개선되었다고 볼 수 있다.

로지스틱 회귀분석과 마찬가지로 적합된 모형 모수를 사용하여 연결에 대한 확률을 추정하고자 한다. DSmod1 모형에서 두 개 기관으로 5년 경험 기관과 10년 경험 기관에 대한 보급연결(dissemination tie)의 확률을 구하기 위해 다음의 코드를 이용한다. 이러한 에지에 대한 확률은 0.314로 추정된다. 이러한 확률은 전체 밀도(global density) 0.343보다 약간 작다.

코드 9.4.3 (3) 연결이 관측될 확률(probability of observing a tie)

```
p_edg <- coef(DSmod1)[1]
p_yrs <- coef(DSmod1)[3]
plogis(p_edg + 5*p_yrs + 10*p_yrs)
```

\>>> **결과 9.4.3 (3)**

```
> plogis(p_edg + 5*p_yrs + 10*p_yrs)
edges
0.314
```

9.4.4 양자 추정량 포함

네트워크 구조에 대한 가설로 동질성(homophily)과 이질성(heterophily)의 문제를 생각

한다. 동질성은 서로 비슷한 행위자들끼리 연결성향이 강한 경우이고 이질성은 서로 다른 행위자들끼리 연결성향이 강한 경우를 의미한다. 양자 간 관계를 위한 양자 추정량(dyadic predictor)을 포함한다.

모형 1에서 다른 유형의 노드에 대한 인접행렬을 구하고자 한다. 두 개 기관 간 연결에 대한 확률을 기관으로 5년 경험 기관과 10년 경험 기관에 대한 보급연결(dissemination tie)의 확률을 구하기 위해 다음의 코드를 이용한다. 이러한 에지에 대한 확률은 0.314로 추정된다.

코드 9.4.4 (1) different types of actors 간 연결 빈도

```
mixingmatrix(TCdiss,'agency_lvl')
mixingmatrix(TCdiss,'agency_cat')
```

>>> 결과 9.4.4 (1)

```
> mixingmatrix(TCdiss,'agency_lvl')
  1 2 3
1 13 24 14
2 24 16 23
3 14 23 13

> mixingmatrix(TCdiss,'agency_cat')
  1 2 3 4 5 6
1 0 12 3 2 3 4
2 12 19 18 6 1 14
3 3 18 0 4 3 2
4 2 6 4 1 1 6
5 3 1 3 1 0 0
6 4 14 2 6 0 4
```

lead_agency 효과는 유의하지 않으므로 모형에서 제외하기로 한다. 모형 DSmod2a에서는 공변량의 여러 상황을 다르게 고려하기로 한다.

모형 DSmod2a는 기관 간 동질성을 공변량으로 포함한 네트워크 모형이다. 결과를 보

면 tob_yrs(기관의 업무경험년수)와 agency_lvl 변수가 양의 관계이며 모두 유의하다. agency_lvl 변수는 동질성효과로 nodematch() 옵션을 이용해 모형에 포함하였으므로 동질성효과가 유의함을 알 수 있다. 그러므로 두 개 기관이 기관 수준에서 동질성을 가질수록 연결확률이 커진다.

코드 9.4.4 (2) "agency level"의 homophily effect

```
DSmod2a <- ergm(TCdiss ~ edges +
                    nodecov('tob_yrs') +
                    nodematch('agency_lvl'),
              control = control.ergm(seed = 40))
summary(DSmod2a)
```

>>> 결과 9.4.4 (2)

```
> summary(DSmod2a)
Call:
ergm(formula = TCdiss ~ edges + nodecov("tob_yrs") + nodematch("agency_lvl"),
   control = control.ergm(seed = 40))
Maximum Likelihood Results:
                         Estimate Std. Error  MCMC %  z value  Pr(>|z|)
edges                    -2.4808    0.3413    0       -7.27    <1e-04 ***
nodecov.tob_yrs          0.1133     0.0201    0       5.65     <1e-04 ***
nodematch.agency_lvl     0.6875     0.2770    0       2.48     0.013 *
---
Signif. codes: 0 '***' 0.001 '**' 0.01 '*' 0.05 '.' 0.1 ' ' 1
    Null Deviance: 416 on 300 degrees of freedom
 Residual Deviance: 342 on 297 degrees of freedom
 AIC: 348 BIC: 359 (Smaller is better. MC Std. Err. = 0)
```

모형 DSmod2b에서는 동질성에 대해 검정을 한다. 양자 연결 대신 세 개 연결을 고려한다. 지역 기관 한 개, 주기관 한 개, 그리고 국가 기관 한 개가 연결된 것을 고려한다. 결과를 보면 지역과 국가 수준에서 동질성효과가 유의하다(lvl=1 local, lvl=2 state, lvl=3 national).

코드 9.4.4 (3) agency level별 homophily effect

```
DSmod2b <- ergm(TCdiss ~ edges +
                    nodecov('tob_yrs') +
                    nodematch('agency_lvl', diff = TRUE),
                control = control.ergm(seed = 40))
summary(DSmod2b)
```

>>> 결과 9.4.4 (3)

```
> summary(DSmod2b)
Call:
ergm(formula = TCdiss ~ edges + nodecov("tob_yrs") + nodematch("agency_lvl",
   diff = TRUE), control = control.ergm(seed = 40))
Maximum Likelihood Results:
                        Estimate   Std. Error   MCMC %   z value   Pr(>|z|)
edges                   -2.7792    0.3685       0        -7.54     <1e-04 ***
nodecov.tob_yrs         0.1331     0.0217       0        6.12      <1e-04 ***
nodematch.agency_lvl.1  1.6145     0.4983       0        3.24      0.0012 **
nodematch.agency_lvl.2  -0.2148    0.3974       0        -0.54     0.5887
nodematch.agency_lvl.3  1.3016     0.4422       0        2.94      0.0032 **
---
Signif. codes: 0 '***' 0.001 '**' 0.01 '*' 0.05 '.' 0.1 ' ' 1
    Null Deviance: 416 on 300 degrees of freedom
 Residual Deviance: 330 on 295 degrees of freedom
 AIC: 340 BIC: 358 (Smaller is better. MC Std. Err. = 0)
```

모형 DSmod2c에서는 가능한 조합에서 동질성과 이질에 대한 검정을 한다. nodemix () 항은 양자 연결뿐만 아니라 가능한 개수의 연결 조합을 고려한다. base 옵션으로 참고로 하는 범주를 정한다. base = 1 옵션은 참고 범주값=1로 local 수준에서의 기관 간 연결이다.

코드 9.4.4 (4) 모든 가능한 agency level 조합의 homophily와 heterophily effect

```
DSmod2c <- ergm(TCdiss ~ edges +
                  nodecov('tob_yrs') +
                  nodemix('agency_lvl', base = 1),
              control = control.ergm(seed=40))
summary(DSmod2c)
```

>>> 결과 9.4.4 (4)

```
> summary(DSmod2c)
Call:
ergm(formula = TCdiss ~ edges + nodecov("tob_yrs") +
      nodemix("agency_lvl",base = 1), control = control.ergm(seed = 40) )
Maximum Likelihood Results:
                    Estimate Std. Error  MCMC %  z value  Pr(>|z|)
edges               -1.1757   0.5372     0       -2.19    0.0286 *
nodecov.tob_yrs      0.1340   0.0222     0        6.03    <1e-04 ***
mix.agency_lvl.1.2  -1.5805   0.5501     0       -2.87    0.0041 **
mix.agency_lvl.2.2  -1.8354   0.6028     0       -3.04    0.0023 **
mix.agency_lvl.1.3  -1.5363   0.5659     0       -2.71    0.0066 **
mix.agency_lvl.2.3  -1.7073   0.5445     0       -3.14    0.0017 **
mix.agency_lvl.3.3  -0.3110   0.6119     0       -0.51    0.6112
---
Signif. codes: 0 '***' 0.001 '**' 0.01 '*' 0.05 '.' 0.1 ' ' 1

    Null Deviance: 416 on 300 degrees of freedom
 Residual Deviance: 330 on 293 degrees of freedom
 AIC: 344 BIC: 370 (Smaller is better. MC Std. Err. = 0)
```

9.4.5 관계항을 포함

ERGM에 관계 예측변수(relational predictor)를 포함할 수 있다. 즉, 네트워크 구성원 간의 연결 정보로 종속변수의 연결 가능성을 예측하고자 한다.

예를 들어, 빈번히 연결되는 기관일수록 정보를 더 나눌 수 있고 거리가 먼 기관일수록 정보를 덜 나눌 수 있다고 볼 수 있다고 하자. 결과를 보면 빈번한 접촉은 정보 보급과 양의 연관성이 있으며 유의하다. 물리적 거리는 음의 연관성이며 유의하지 않다.

코드 9.4.4 **관계형 변수(relational predictors)로 거리, contact 횟수 사용**

```
as.sociomatrix(TCdist,attrname = 'distance')[1:5,1:5]
as.sociomatrix(TCcnt,attrname = 'contact')[1:5,1:5]

DSmod3 <- ergm(TCdiss ~ edges +
                nodecov('tob_yrs') +
                nodematch('agency_lvl', diff=TRUE) +
                edgecov(TCdist, attr = 'distance') +
                edgecov(TCcnt, attr = 'contact'),
            control = control.ergm(seed = 40))
summary(DSmod3)
```

>>> 결과 9.4.4

```
> as.sociomatrix(TCdist,attrname = 'distance')[1:5,1:5]
         1        2        3      4      5
1        0.00     1.94     492    1870   1.27
2        1.94     0.00     492    1869   1.91
3        491.87   491.97   0      2325   493.08
4        1869.88  1868.98  2325   0      1868.61
5        1.27     1.91     493    1869   0.00

> as.sociomatrix(TCcnt,attrname = 'contact')[1:5,1:5]
          ITPC    Promotus RTI    Quitline  IDHA
ITPC      0       5        4      4         3
Promotus  5       0        3      4         0
RTI       4       3        0      2         0
Quitline  4       4        2      0         0
IDHA      3       0        0      0         0
```

```
> summary(DSmod3)
Call:
ergm(formula = TCdiss ~ edges + nodecov("tob_yrs") + nodematch("agency_lvl",
    diff = TRUE) + edgecov(TCdist, attr = "distance") + edgecov(TCcnt,
    attr = "contact"), control = control.ergm(seed = 40))

Maximum Likelihood Results:
                        Estimate    Std. Error   MCMC %   z value   Pr(>|z|)
edges                   -4.850619   0.629666     0        -7.70     <1e-04 ***
nodecov.tob_yrs         0.128750    0.028270     0        4.55      <1e-04 ***
nodematch.agency_lvl.1  1.795102    0.625698     0        2.87      0.0041 **
nodematch.agency_lvl.2  -0.646015   0.508164     0        -1.27     0.2036
nodematch.agency_lvl.3  1.721850    0.546870     0        3.15      0.0016 **
edgecov.distance        -0.000184   0.000253     0         -0.73    0.4678
edgecov.contact         1.124253    0.146957     0        7.65      <1e-04 ***
---
Signif. codes: 0 '***' 0.001 '**' 0.01 '*' 0.05 '.' 0.1 ' ' 1
    Null Deviance: 416  on 300  degrees of freedom
 Residual Deviance: 237  on 293  degrees of freedom
 AIC: 251  BIC: 277  (Smaller is better. MC Std. Err. = 0)
```

각 효과에 대한 유의성검정 결과를 보여주는데, contact 회수는 유의수준 $\alpha = 0.05$에서 유의하고 distance는 유의하지 않음을 알 수 있다.

9.4.6 지역적인 구조 예측변수 포함

에지 개수, 삼각형 개수, k-star 개수, 연결성 분포 등은 네트워크의 지역적인 구조를 알려주는 기술통계량이다. 그러나 이러한 통계량은 확률모형에서 보면 전체 그래프 또는 빈 그래프에 집중될 수 있어(degeneracy) 적절한 모수 추정에 문제를 일으켜 적절한 ERGM 적합에 방해가 될 수 있다. 이러한 degeneracy 현상은 ERGM 모형 자체의 문제가 아니라 모형에 포함되는 네트워크 통계량 때문에 발생한다.

이에 Hunter(2007)는 새로운 네트워크 통계량을 제안했다. GWD(geometrically weighted degree), GWESP(geometrically weighted edgewise shared partnerships), GWD SP (geometrically weighted dyadwise shared partnerships). 이러한 통계량은 degeneracy 문제를 피하고 네트워크 구조에 대한 다른 시각에서의 정보를 제공한다. Snijders et al.(2006)은 이러한 기하적 가중값을 포함한 통계량을 모형에 포함하면 degeneracy를 피하고 고차적 의존 구조도 밝힐 수 있다고 한다.

ERGM 적합으로 모수 추정은 최대우도추정량으로 구한다. 그런데 ERGM에서의 MLE는 계산상으로 쉽게 구할 수 없으므로 Markov chain Monte Carlo 기법으로 MLE를 구해 MCMC-MLE로 추정한다. 또는 maximum pseudo-likelihood estimation (MPLE)로 구한다.

- GWD 통계량

$$w = e^{\alpha}\sum_{i=1}^{n-2}\{1-(1-e^{\alpha})^{i}\}D_i \qquad (9.28)$$

여기서 α는 GWD 감쇠모수(decay parameter),
D_i는 정확히 i개 에지를 가진 개수,
n은 네트워크의 노드 개수이다.

- GWESP 통계량

$$w = e^{\alpha}\sum_{i=1}^{n-2}\{1-(1-e^{-\alpha})^{i}\}p_i \qquad (9.29)$$

여기서 α는 GWESP decay parameter,
p_i는 정확히 i개 파트너에 공통으로 연결된 행위자 개수이다(그림 9.9 참조).

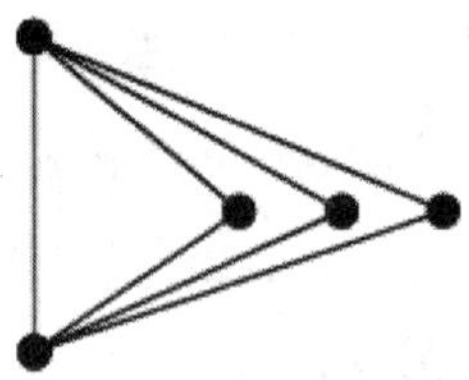

그림 9.9 GWESP, 에지를 형성한 두 개 노드에 공통으로 연결되어 3-cycle을 형성한 예

- GWDSP 통계량

$$w = e^{\alpha}\sum_{i=1}^{n-2}\{1-(1-e^{-\alpha})^{i}\}dp_{i} \tag{9.30}$$

여기서 α는 GWDSP decay parameter,

dp_i는 정확히 i개 파트너를 공통으로 가진 dyad(k,l) 개수이다.

예제 9.4.2

$\alpha = 0.25$일 때 연결이 추가되어 삼각형을 형성할 때 GWESP 통계량을 계산해보고자 한다. 다음의 네트워크에서 연결이 추가되어 변화되는 변화통계량을 구해보자.

만약, 한 개의 연결(i와 j)이 추가되어 삼각형이 형성된다면 (i와 j는 파트너 k를 공통, i와 k는 파트너 j를 공통, j와 k는 파트너 i를 공통으로 한다) i와 k 연결과 j와 k 연결에 대한 공통파트너가 0인 경우를 제외해야 한다. 그러므로 변화량은 다음과 같다.

$$\delta w = e^{\alpha}\{1-(1-e^{-\alpha})^{1}\}\times 3 - e^{\alpha}\{1-(1-e^{-\alpha})^{0}\}\times 2 = 3$$

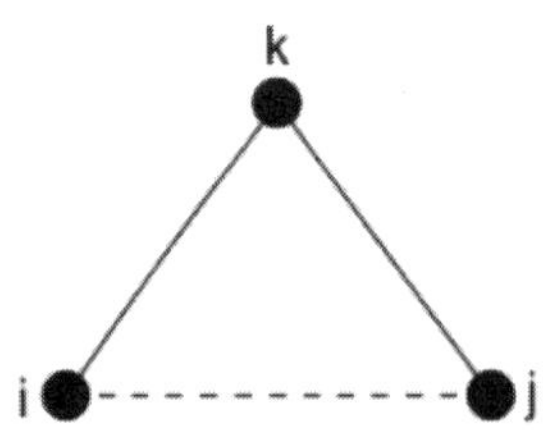

그림 9.10 $\alpha = 0.25$, 연결이 추가되어 삼각형을 형성할 때 GWDSP 변화량

예제 9.4.3

$\alpha = 0.25$일 때 에지를 공유한 네트워크의 경우 GWESP 통계량을 계산해보자.

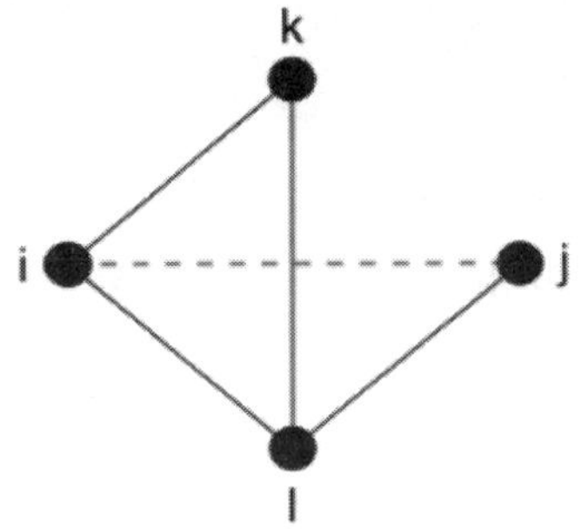

그림 9.11 $\alpha = 0.25$, 에지를 공유한 네트워크의 경우 연결이 추가되어 삼각형을 형성

에지를 공유한 네트워크의 경우 연결이 추가되어 삼각형을 형성할 때 GWDSP 변화량을 계산해보자. ik, il, kl은 한 개 파트너를 공유한다. 만약, ij 에지를 추가한다면 변화 통계량은 ij, jl은 한 개 공유 파트너가 생기게 되어 ESP(edge shared partner) 1개인 경우와 ESP 2개인 경우가 추가된다. 1개 파트너를 갖는 것은 jl, 2개 파트너를 갖는 것은 il이다. 따라서 다음과 같이 계산된다.

$$
\begin{aligned}
\delta w &= e^{\alpha}\{1-(1-e^{-\alpha})^{1}\}\times 1 + e^{\alpha}\{1-(1-e^{-\alpha})^{2}\}\times 1 \\
&= 1 + (2-e^{-\alpha}) \\
&= 3-e^{-0.25} = 2.221
\end{aligned}
$$

예의 그림에서 볼 수 있듯이 삼각형을 이루고 있어 파트너를 포함한 경우 에지를 추가하고 삼각형을 추가하여 만드는 확률이 삼각형을 이루고 있지 않은 경우보다 작다. 파트너를 공유하는 에지가 증가하여 삼각형이 증가할수록 이러한 삼각형으로 연결하는 변화 통계량은 감소한다. GWESP의 특성은 삼각형이 줄어드는 문제없이 전이성(transitivity)이 유지된다.

예제 9.4.4

$\alpha = 0.25$일 때 ij 에지를 추가하는 경우 GWESP 변화통계량을 계산해 보자.

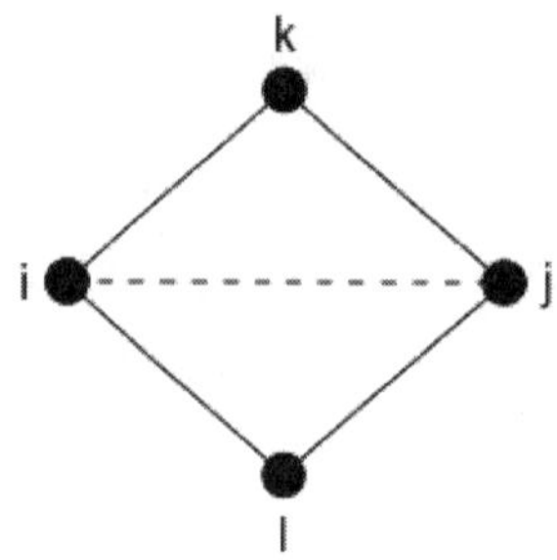

그림 9.12 ij 에지를 추가하는 경우의 네트워크

표 9.10 노드 쌍에 대해 에지 추가 전후 ESP(edge shared partner) 개수

쌍	ij 에지 추가 전 ESP	ij 에지 추가 후 ESP
ij	0	2
ik	0	1
il	0	1
jk	0	1
jl	0	1
kl	0	0

GWESP 변화통계량은 다음과 같다.

$$\delta w = e^{\alpha}\{1-(1-e^{-\alpha})^1\}\times 4 + e^{\alpha}\{1-(1-e^{-\alpha})^2\}\times 1 = 5.22$$

코드 9.4.5 local structural (local clustering) predictor

```
DSmod4 <- ergm(TCdiss ~ edges +
                nodecov('tob_yrs') +
                nodematch('agency_lvl', diff = TRUE) +
                edgecov(TCdist, attr = 'distance') +
```

```
            edgecov(TCcnt, attr = "contact") +
            gwesp(0.7, fixed = TRUE),
        control=control.ergm(seed = 40))
summary(DSmod4)
```

>>> 결과 9.4.5

```
> summary(DSmod4)
Call:
ergm(formula = TCdiss ~ edges + nodecov("tob_yrs") + nodematch("agency_lvl",
    diff = TRUE) + edgecov(TCdist, attr = "distance") + edgecov(TCcnt,
    attr = "contact") + gwesp(0.7, fixed = TRUE), control = control.ergm(seed = 40))

Monte Carlo Maximum Likelihood Results:

                        Estimate   Std. Error  MCMC %  z value  Pr(>|z|)
edges                   -6.396311  0.929018    0       -6.89    < 1e-04 ***
nodecov.tob_yrs         0.100271   0.028604    0       3.51     0.00046 ***
nodematch.agency_lvl.1  1.567532   0.587546    0       2.67     0.00763 **
nodematch.agency_lvl.2  -0.251856  0.491134    0       -0.51    0.60809
nodematch.agency_lvl.3  1.574989   0.527592    0       2.99     0.00283 **
edgecov.distance        -0.000165  0.000236    0       -0.70    0.48456
edgecov.contact         1.052332   0.153092    0       6.87     < 1e-04 ***
gwesp.fixed.0.7         0.874729   0.358829    0       2.44     0.01478 *
---
Signif. codes: 0 '***' 0.001 '**' 0.01 '*' 0.05 '.' 0.1 ' ' 1

    Null Deviance: 416 on 300 degrees of freedom
 Residual Deviance: 231 on 292 degrees of freedom
 AIC: 247 BIC: 276 (Smaller is better. MC Std. Err. = 0.205)
```

결과를 보면 gwesp 효과가 양이며 유의하므로 네트워크 내 보급연결에 대해 전이성 효과가 있다고 할 수 있다.

9.5 ERGM 검토

9.5.1 모형에 대한 해석

최종 모형을 기반으로 두 기관 간 지식보급 연결에 대한 가능도를 예측할 수 있다. 1년간 조절업무 경험이 있으며 국가 수준 기관 두 개에 대해 연결가능성을 예측할 때 거리효과는 제외한 모형으로 예측한 확률은 40.8%이다. 5년간 조절업무 경험이 있으며 지역 수준 기관과 국가 수준 기관 두 개에 대해 연결가능성은 1.4%로 예측된다.

코드 9.5.1 모형의 모수에 대한 해석

```
prd_prob1 <- plogis(-6.31 + 2*1*.099 + 1.52 + 4*1.042 + .858*(.50^4))
prd_prob1

prd_prob2 <- plogis(-6.31 + 2*5*.099 + 1*1.042 + .858*(.50^4))
prd_prob2
```

>>> 결과 9.5.1

```
> prd_prob1
[1] 0.408
> prd_prob2
[1] 0.0144
```

9.5.2 모형 적합

MCMC 알고리즘 기반 모의실험으로 모형 적합을 판단하는 유용한 정보를 준다. 다음의 과정은 최종 모형 기반 모의실험으로 얻은 네트워크와 관측된 네트워크 특성을 비교한다. 특히 geodesic distances, the distribution of edgewise shared partners, the degree distribution, the triad census 통계량을 비교한다.

코드 9.5.2 (1) graph statistic에 기반한 적합도

```
DSmod.fit <- gof(DSmod4,
            GOF = ~ degree + distance + espartners + triadcensus,
            burnin = 1e+5, interval = 1e+5)
DSmod.fit
```

>>> 결과 9.5.2 (1)

```
> DSmod.fit
Goodness-of-fit for degree
          obs  min  mean  max  MC p-value
degree0   0    0    0.86  3    0.68
degree1   1    0    0.61  2    0.96
degree2   2    0    0.95  3    0.48
degree3   3    0    1.18  4    0.22
degree4   2    0    1.10  4    0.56
degree5   1    0    1.59  5    1.00
degree6   2    0    1.92  5    1.00
degree7   2    0    2.53  6    1.00
degree8   0    0    2.50  6    0.12
degree9   1    0    2.62  6    0.44
degree10  3    0    2.69  6    1.00
degree11  2    0    1.93  5    1.00
degree12  1    0    1.66  5    0.92
degree13  1    0    1.07  5    1.00
degree14  2    0    0.48  2    0.08
degree15  1    0    0.19  1    0.38
degree16  0    0    0.11  1    1.00
degree17  0    0    0.01  1    1.00
degree18  0    0    0.04  1    1.00
degree19  0    0    0.10  1    1.00
degree20  0    0    0.19  1    1.00
degree21  0    0    0.30  1    1.00
degree22  0    0    0.24  1    1.00
degree23  0    0    0.11  1    1.00
```

```
degree24    1      0       0.02     1       0.04
Goodness-of-fit for minimum geodesic distance

     obs  min  mean max MC p-value
1   103   103 103  103    1
2   197   197 197  197    1

Goodness-of-fit for edgewise shared partner
        obs      min      mean     max      MC p-value
esp0    1        0        0.86     3        1.00
esp1    8        0        4.64     12       0.26
esp2    10       3        10.78    21       1.00
esp3    7        6        17.09    30       0.02
esp4    15       7        20.10    35       0.34
esp5    11       6        17.01    28       0.18
esp6    9        5        12.50    24       0.48
esp7    14       1        8.02     17       0.12
esp8    14       0        4.90     13       0.00
esp9    5        0        2.87     11       0.28
esp10   4        0        1.94     6        0.24
esp11   1        0        1.23     5        1.00
esp12   1        0        0.50     3        0.82
esp13   2        0        0.29     2        0.06
esp14   1        0        0.07     1        0.14
esp15   0        0        0.03     1        1.00
esp17   0        0        0.01     1        1.00

Goodness-of-fit for triad census
                 obs      min      mean     max      MC p-value
triadcensus.0    832      608      756      948      0.36
triadcensus.1    759      789      883      999      0.00
triadcensus.2    517      402      499      609      0.70
triadcensus.3    192      112      161      223      0.16
```

```
Goodness-of-fit for model statistics
                          obs    min    mean     max    MC p-value
edges                     103    86     102.8    118    1.00
nodecov.tob_yrs           1744   1468   1740.0   1965   0.90
nodematch.agency_lvl.1    13     7      13.0     17     1.00
nodematch.agency_lvl.2    16     9      16.0     23     1.00
nodematch.agency_lvl.3    13     9      13.3     20     1.00
edgecov.distance          42304  29885  42466.1  63248  0.96
edgecov.contact           281    239    281.0    316    1.00
gwesp.fixed.0.7           187    148    186.5    221    0.92
```

각 네트워크 통계량 값에 대해 최솟값(minimum), 평균(mean), 최댓값(maximum)을 보여주는데 임의로 모의발생된 100개 (디폴트) 네트워크에 대해 계산한 결과이다. 또한 몬테칼로 경험적 p-값(Monte Carlo empirical p-value)도 보여준다. p-값이 작을수록 해당 네트워크 특성을 나타내지 못함을 의미한다(poor fit).

코드 9.5.2 **(2) 최종 모형에 대한 적합도(goodness-of-fit) 그림**

```
op <- par(mfrow = c(2,2), cex.lab = 1.4)
plot(DSmod.fit, which = 1)
plot(DSmod.fit, which = 2)
plot(DSmod.fit, which = 3)
plot(DSmod.fit, which = 4)
par(op) # 그림 9.13
```

[그림 9.13]은 모의실험에서 얻은 네트워크 통계량을 보여준다. 연결성분포에 대한 통계량으로 95% 경험적 신뢰구간도 같이 보여준다. 위에서 왼쪽, 오른쪽, 아래에서 왼쪽, 오른쪽 순으로 보면 노드 개수 비율 상자그림, 에지 개수 비율 상자그림, 삼각형 연결 비율, 그리고 양자연결 비율을 보여준다. 두꺼운 검은 선은 관측된 네트워크에서의 실측값을 나타낸다. 잘 적합된 모형은 신뢰구간 안에 놓이기를 기대한다.

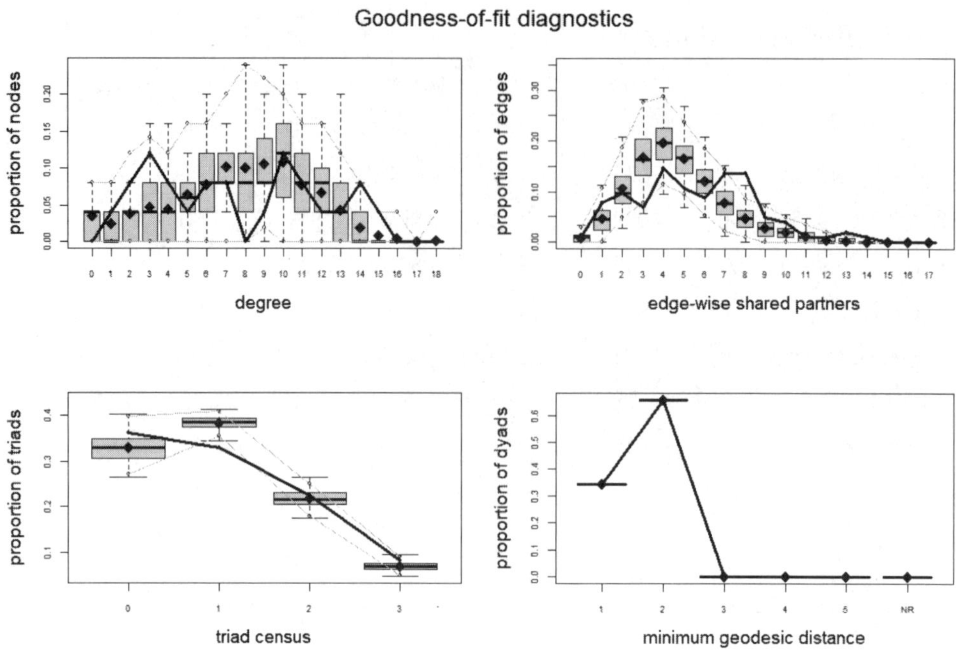

그림 9.13 네트워크 모형 적합도 통계량

9.5.3 모형 진단

적합한 모형에 대한 진단(model diagnostics) 정보를 얻고자 하면 mcmc.diagnostics() 함수를 사용한다. MCMC 추정 과정을 볼 수 있으며 수렴 문제가 발생할 경우 더욱 관심 있게 봐야 한다.

[그림 9.14]에서는 각 공변량에 대해 시간에 따른 MCMC chain 변화와 분포를 보여준다. 분포의 중심은 0이다.

코드 9.5.3 MCMC diagnostics

```
mcmc.diagnostics(DSmod4, vars.per.page = 8) # 그림 9.14
```

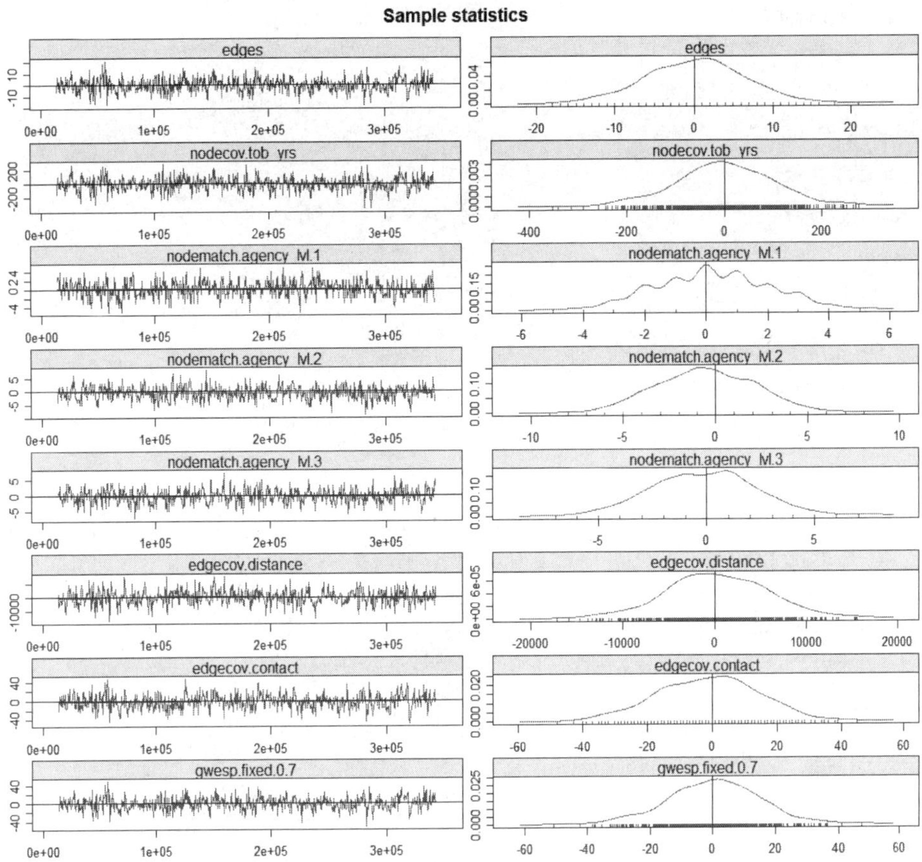

그림 9.14 적합한 모형 진단 정보를 위해 각 공변량에 대한 MCMC chain과 분포

9.5.4 적합된 모형 기반 모의발생 네트워크

네트워크 모형을 적합한 후 적합된 모형을 기반으로 네트워크를 모의발생한다.

코드 9.5.4 (1) 모의발생 네트워크(simulated network)에 대한 요약통계량

```
sim4 <- simulate(DSmod4, nsim = 1, seed = 569)
summary(sim4, print.adj = FALSE)
```

>>> 결과 9.5.4 (1)

```
> summary(sim4, print.adj = FALSE)
Network attributes:
  vertices = 25
  directed = FALSE
  hyper = FALSE
  loops = FALSE
  multiple = FALSE
  bipartite = FALSE
  title = IN_Diffusion
 total edges = 107
   missing edges = 0
   non-missing edges = 107
 density = 0.357

Vertex attributes:

 agency_cat:
   numeric valued attribute
   attribute summary:
   Min. 1st Qu.  Median    Mean 3rd Qu.    Max.
   1.00    2.00    2.00    3.24    5.00    6.00

 agency_lvl:
   numeric valued attribute
   attribute summary:
   Min. 1st Qu.  Median    Mean 3rd Qu.    Max.
   1.00    1.00    2.00    2.04    3.00    3.00

 lead_agency:
   numeric valued attribute
   attribute summary:
   Min. 1st Qu.  Median    Mean 3rd Qu.    Max.
   0.00    0.00    0.00    0.04    0.00    1.00
```

```
tob_yrs:
  numeric valued attribute
  attribute summary:
  Min. 1st Qu. Median    Mean 3rd Qu.    Max.
  1.00    3.00    4.50   6.76    9.00   21.00
 vertex.names:
  character valued attribute
  25 valid vertex names
No edge attributes
```

코드 9.5.4 (2) 모의발생 네트워크와 관측된 네트워크와 비교

```
op <- par(mfrow = c(1,2),mar = c(1,1,2,1))  # 그림 9.15
lvlobs <- TCdiss %v% 'agency_lvl'
plot(TCdiss,usearrows = FALSE,
    vertex.col = lvl + 1,
    edge.lwd = 0.5, edge.col = "grey75",
    main = "Observed TC network")
lvl4 <- sim4 %v% 'agency_lvl'
plot(sim4,usearrows = FALSE,
    vertex.col = lvl4 + 1,
    edge.lwd = 0.5,edge.col = "grey75",
    main = "Simulated network - Model 4")
par(op)
```

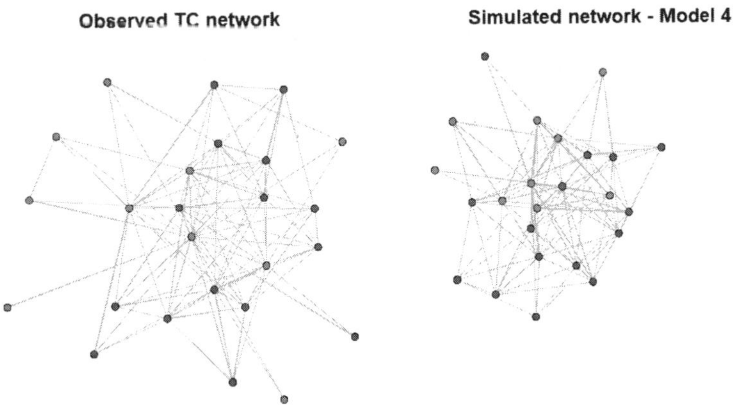

그림 9.15 관측된 네트워크와 모의실험으로 발생한 네트워크 비교

9.6 ERGM 적합 사례

9.6.1 법률회사 변호사 데이터

예제 9.6.1

3개 도시에 소재한 70명 이상 변호사들을 보유한 법률회사(law firm) 관련한 데이터이다. 각 변호사에 대해 전문분야, 성별, 선임순위 등에 대한 정보를 포함한다. 기관에서 자원을 서로 교류하고 사회적 행위자(social actor)로서의 협조(cooperation)에 대한 연구를 하고자 한다.

코드 9.6.1 lazega(변호사들의 협업) data

```
library(sand)
data(lazega)
A <- get.adjacency(lazega)
A
v.attrs <- get.data.frame(lazega, what="vertices")
plot(lazega)  # 그림 9.16
```

>>> **결과 9.6.1**

```
> A
36 x 36 sparse Matrix of class "dgCMatrix"
V1   . . . . . . . . . . . . . . . . 1 . . . . . . . . . . . . . . . . . . .
V2   . . . . . . 1 . . . . . . . . 1 1 . . . . 1 . . . 1 . . 1 . . . . . . .
V3   . . . . . . . . . . . . . . . . . 1 . . . . . . 1 . . 1 . . . . . . . .
V4   . . . . . . . . . . . 1 . . . . 1 . 1 1 . 1 . . . 1 . 1 1 . 1 . . . . .
V5   . . . . . . . . . . . . . . . . . 1 . . . . . 1 . . . 1 . . 1 1 1 . . .
V6   . . . . . . . . . . . . . . . . . . . . . . . 1 . . . 1 . 1 1 1 . . . .
V7   . 1 . . . . . . . . . . . . . . . 1 . . . . . . . . . . . . . . . . . .
V8   . . . . . . . . . . . . . . . . . . . . . . . . . . . . . . . . . . . .
                                      .
                                      .
                                      .
V36  . . . . . . . . . . . . . . 1 1 . . . . . . . 1 . . . . . . . . . . . .
```

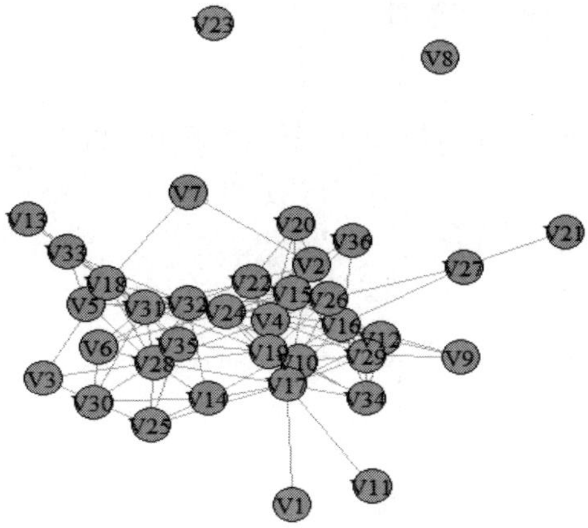

그림 9.16 lazega 네트워크 그래프

코드 9.6.2 lazega data 표현

```
library(ergm)
lazega.s <- network::as.network(as.matrix(A), directed=FALSE)
network::set.vertex.attribute(lazega.s, "Office", v.attrs$Office)
network::set.vertex.attribute(lazega.s, "Practice", v.attrs$Practice)
network::set.vertex.attribute(lazega.s, "Gender", v.attrs$Gender)
network::set.vertex.attribute(lazega.s, "Seniority", v.attrs$Seniority)
```

>>> 결과 9.6.2

```
> lazega.s
 Network attributes:
  vertices = 36
  directed = FALSE
       .
       .
       .
```

9.6.2 네트워크의 동질성 가정하에서의 모형 특정화

노드 쌍 간 에지의 존재 여부가 독립인 경우 지수족 랜덤 그래프 모형은 다음과 같다.

$$P_{\theta}(\boldsymbol{Y}=y)=\left(\frac{1}{\kappa}\right)\exp\left\{\sum_{i,j}\theta_{ij}y_{ij}\right\}. \tag{9.31}$$

만약, $\theta_{ij} = \theta$(네트워크의 동질성 가정),

$$P_\theta(\boldsymbol{Y}=\boldsymbol{y}) = \left(\frac{1}{\kappa}\right)\exp\{\theta L(\mathbf{y})\}, \tag{9.32}$$

여기서 $L(y) = \sum_{i,j} y_{ij} = N_e$ 는 그래프의 에지 개수이다.

이와 같은 상황은 베르누이 랜덤 그래프 모형으로 확률 $p = \frac{\exp(\theta)}{1+\exp(\theta)}$이다.

코드 9.6.3 lazega 네트워크에 베르누이 랜덤 그래프 모형적합

```
my.ergm.bern <- formula(lazega.s ~ edges)
summary(my.ergm.bern)
```

>>> 결과 9.6.3

```
> summary(my.ergm.bern)
edges
  115
```

베르누이 랜덤 그래프 모형은 에지 개수에 비례한 단순한 모형이다. 좀 더 관심 있는 구조를 포함한 모형이 필요하다. 네트워크 구조에 대해 higher-order global network structure에 대한 통계량을 포함하고자 한다. 예를 들어, k-stars $S_k(y)$에 대한 개수 $T(y)$를 포함한 구조를 고려한다. $S_1(y) = N_v$로 에지 개수가 된다.

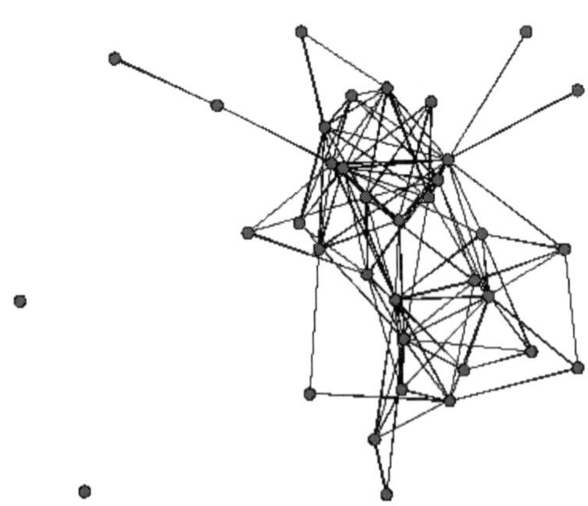

그림 9.17 lazega 네트워크에 대해 베르누이 랜덤 그래프 모형 그래프

Frank와 Strauss(1986)는 에지 y_{ij} 간 의존성을 포함하여 다음의 모형

$$P_\theta(\boldsymbol{Y}=y)=\left(\frac{1}{k}\right)\exp\left\{\sum_{k=1}^{N_v-1}\theta_k S_k(y)+\theta_\tau T(y)\right\} \tag{9.33}$$

을 제안했다.

lazega 네트워크에 Frank와 Strauss 모형을 적합하고자 한다.

$k=2,3$까지만 고려하여 $\theta_4=\cdots=\theta_{N_v-1}=0$으로 놓는다.

코드 9.6.4 **lazega 네트워크에 Frank와 Strauss 모형 지정**

```
my.ergm <- formula(lazega.s ~ edges + kstar(2)+ kstar(3) + triangle)
summary(my.ergm)
```

>>> 결과 9.6.4

```
> summary(my.ergm)
  edges   kstar2   kstar3 triangle
    115      926     2681      120
```

고차 연결성을 포함한 Frank와 Strauss 모형적합 시 고차항이 많을수록 모형적합에 문제가 발생한다. Snijders et al.(2006)은 모수에 제한조건을 두어 이러한 상황에서의 모형적합 문제를 해결하고자 한다.

star 모수에 $\theta_k \propto (-1)^k \lambda^{2-k}$의 제한조건을 준다($k \geq 2$, $\lambda \geq 1$). k-star $S_k(y)$ 통계량을 결합하는 효과를 주며 다음의 통계량을 제안한다.

(1) 교대 k-star 통계량(alternating k-star statistic, AKS)

$$AKS_\lambda(y)=\sum_{k=2}^{N_v-1}(-1)^k\frac{S_k(y)}{\lambda^{k-2}} \tag{9.34}$$

(2) 기하학적 가중 연결성 계수(geometrically weighted degree count, GWDC)

$$GWD_{\gamma}(\mathbf{y}) = \sum_{d=0}^{N_v - 1} e^{-\gamma d} N_d(\mathbf{y}), \tag{9.35}$$

여기서 $N_d(y)$는 d차의 노드 개수, $\gamma = \log[\lambda/(\lambda - 1)]$ 이다. 연결성분포(degree distribution)에 대한 모형이며 γ에 대한 선택은 그래프에서 어느 정도의 차수까지 확장하는 데 영향을 준다. 모형 (9.34)의 단점을 보완하기 위해 제약조건으로 가중치를 부과한 모형으로의 변형이다.

(3) 교대 k-triangle 통계량(alternating k-triangle, AKT)

$$AKT_{\lambda}(y) = 3T_1 + \sum_{k=2}^{N_v - 2} (-1)^{k+1} \frac{T_k(y)}{\lambda^{k-1}}. \tag{9.36}$$

Snijders et al.(2006)이 제시한 모형으로 T_k는 k-triangle의 수, k-triangle은 공통 밑변을 공유하는 k개의 개별 삼각형 집합으로 정의된다.

이러한 세 가지 통계량은 altkstar, gwdegree, gwesp를 각각 지정하여 egrm() 함수에서 사용할 수 있다.

코드 9.6.5 egrm에서 gwesp 사용의 예

```
my.ergm <- formula(lazega.s ~ edges + gwesp(1, fixed=TRUE))
```

>>> **결과 9.6.5**

```
> summary(my.ergm)
      edges gwesp.fixed.1
   112.0000      213.1753
```

네트워크 표현 통계량을 기반으로 정규화상수(normalizing constant)를 포함한 ERGM 유형을 다음과 같이 함수를 이용해 표현할 수 있다.

$$g(y, x) = \sum_{1 \le i < j \le N_v} y_{ij} h(x_i, x_j), \tag{9.37}$$

여기서 h는 $\boldsymbol{x}_i, \boldsymbol{x}_j$의 대칭함수로 $\boldsymbol{x}_i$는 i번째 노드에 해당하는 관측속성 벡터이다.

가법효과를 고려하면, 특정 속성 x에 대한 주효과

$$h(x_i, x_j) = x_i + x_j \ . \tag{9.38}$$

2차 효과

$$h(x_i, x_j) = I\{x_i = x_j\} \ . \tag{9.39}$$

Hunter et al.(2006) 모형을 고려하여 lazega 데이터에 대해 다음의 모형을 적합하고자 한다.

$$P_{\theta,\beta}(\boldsymbol{Y} = \boldsymbol{y} | \boldsymbol{X} = \boldsymbol{x}) = \left(\frac{1}{k(\theta,\beta)}\right) \exp\{\theta_1 S_1(y) + \theta_2 AKT_\lambda(y) + \beta^T \boldsymbol{g}(\boldsymbol{y}, \boldsymbol{x}) \tag{9.40}$$

여기서 $\boldsymbol{g}$는 5개의 속성 통계량으로 구성된 벡터이고 β는 해당하는 모수벡터이다.

5개 변수는 다음의 형태

$$g(\boldsymbol{y}, \boldsymbol{x}) = \sum_{1 \le i < j \le N_v} y_{ij} h(\boldsymbol{x}_i, \boldsymbol{x}_j) \tag{9.41}$$

여기서 h는 $\boldsymbol{x}_i, \boldsymbol{x}_j$의 대칭함수, $\boldsymbol{x}_i, \boldsymbol{x}_j$는 i번째, j번째 노드의 관측속성 벡터이다.

seniority에 대한 주효과(main effect)는 다음과 같다.

$$h(\boldsymbol{x}_i, \boldsymbol{x}_j) = seniority_i + seniority_j$$

마찬가지로 practice에 대해서도 적용한다. 2차 효과는 practice, gender, office location에 적용한다. ergm() 함수에서 주효과를 위한 변수는 nodemain()을 사용한다. 2차 효과를 위한 변수는 nodematch()을 사용한다.

코드 9.6.6 R에서 `formula` 활용

```
lazega.ergm <- formula(lazega.s ~ edges + gwesp(log(3), fixed=TRUE)
              + nodemain("Seniority") + nodemain("Practice")
              + match("Practice") + match("Gender") + match("Office") )
summary(lazega.ergm)
```

>>> **결과 9.6.6**

```
> summary(lazega.ergm)
                    edges gwesp.fixed.1.09861228866811
               115.0000                    222.9108
         nodecov.Seniority            nodecov.Practice
              4687.0000                    359.0000
        nodematch.Practice            nodematch.Gender
                72.0000                     99.0000
          nodematch.Office
                85.0000
```

이 모형으로 네트워크의 밀도와 일부 전이 효과를 조절할 수 있다. 또한 선임, 업무 유형(기업 또는 소송), 업무의 공통성, 성별 및 사무실 위치에 따라 변호사 간의 협력 관계 형성에 미치는 영향을 평가할 수 있다.

9.6.3 모형적합

ERGM의 일반적인 정의를 고려한다. 벡터 $\theta = \theta_H$에 대한 MLE는 $\hat{\theta} = \arg max_{\theta} \ell(\theta)$로 정의된다. $\ell(\theta)$는 로그 우도로

$$\ell(\theta) = \theta^{\top} \boldsymbol{g}(\boldsymbol{y}) - \psi(\boldsymbol{\theta}) \tag{9.42}$$

이다. 여기서 $\boldsymbol{g}$는 함수 g_H 와 $\psi(\theta) = \log\kappa(\theta)$의 벡터를 나타낸다.

$$E_{\hat{\theta}}[\boldsymbol{g}(\boldsymbol{Y})] = \boldsymbol{g}(\boldsymbol{y}). \tag{9.43}$$

각 변에 미분을 취하고 $E_{\hat{\theta}}[\boldsymbol{g}(\boldsymbol{Y})] = \partial\psi(\theta)/\partial\theta$ 임을 이용하여 방정식의 해로도 표현한다. Markov chain Monte Carlo maximum likelihood estimation으로 ergm() 함수로 모수를 추정한다.

코드 9.6.7 lazega 네트워크에 ERGM 적합

```
set.seed(42)
lazega.ergm.fit <- ergm(lazega.ergm)
anova(lazega.ergm.fit)
anova.ergm(lazega.ergm.fit)
summary(lazega.ergm.fit)  # 개별 변수의 상대적 기여도 확인
```

>>> 결과 9.6.7

```
> anova(lazega.ergm.fit)
Analysis of Variance Table
1: lazega.s ~ edges + gwesp(log(3), fixed = TRUE)  + nodemain("Seniority")
+ nodemain("Practice") + match("Practice") + match("Gender") + match("Office")
        Df Deviance Resid. Df Resid. Dev Pr(>|Chisq|)
NULL                      630     873.37
Model 1:  7   414.12      623     459.24    < 2.2e-16 ***

> summary(lazega.ergm.fit)
Call:
ergm(formula = lazega.ergm)
Iterations:  2 out of 20

Monte Carlo MLE Results:
                               Estimate   Std. Error MCMC %  z value   Pr(>|z|)
edges                          -6.987355  0.700106   0       -9.980    < 1e-04 ***
gwesp.fixed.1.09861228866811   0.591977   0.087538   0       6.763     < 1e-04 ***
nodecov.Seniority              0.024494   0.006341   0       3.863      0.000112 ***
nodecov.Practice               0.393430   0.109698   0       3.586     0.000335 ***
nodematch.Practice             0.769245   0.198709   0       3.871     0.000108 ***
nodematch.Gender               0.723422   0.243732   0       2.968     0.002996 **
nodematch.Office               1.159815   0.195846   0       5.922     < 1e-04 ***
```

```
      Null Deviance: 873.4  on 630  degrees of freedom
 Residual Deviance: 459.2  on 623  degrees of freedom

AIC: 473.2    BIC: 504.4    (Smaller is better.)
```

관련한 노드와 에지에 대해 제외한 모든 쌍에 대한 조건부확률 개념으로 모형에서의 계수를 해석한다.

$$\log\left[\frac{P_\theta(Y_{ij}=1\,|\,\boldsymbol{Y}_{(-ij)}=\boldsymbol{y}_{(-ij)})}{P_\theta(Y_{ij}=0\,|\,\boldsymbol{Y}_{(-ij)}=\boldsymbol{y}_{(-ij)})}\right]=\boldsymbol{\theta}^\top\Delta_{ij}(\boldsymbol{y}), \tag{9.44}$$

$\mathrm{Y}_{(-ij)}$를 제외한 Y의 모든 요소라 할 때, $\mathrm{Y}_{(-ij)}$에 대한 조건부 Y_{ij}는 베르누이 분포이다. $\Delta_{ij}(\boldsymbol{y})$는 $y_{ij}=1$일 때와 $y_{ij}=0$일 때, $\boldsymbol{g}(\boldsymbol{y})$ 간의 차이를 나타내는 변화통계량(change statistic)이다.

각 계수는 조건부 로그 오즈비로 해석한다. litigation에 비해 practicing corporate law의 오즈비는 exp(0.393430)= 1.482이므로 약 50% 정도 증가한다.

alternating k-triangle statistic $\widehat{\theta_2}=0.591977$로 매우 유의하므로 transitivity effect가 있다.

9.6.4 적합도

현재 ERGM에서 적합도(goodness-of-fit, gof)를 평가하는 방법은 적합된 모형에서 수많은 무작위 그래프를 시뮬레이션한 다음 이 시뮬레이션한 그래프의 특성 중 상위 수준을 관찰된 그래프의 특성과 비교하는 것이다. 관측된 네트워크 그래프의 특성이 적합된 랜덤 그래프 모형의 일반적인 값과 일치하지 않는 경우 적합도가 부족하다. [그림 9.18]에서는 degree 분포, 에지별 파트너 개수 분포, geodesic distance 분포 그림으로 굵은 검은 선은 lazega 네트워크 자체로부터의 값이다. [그림 9.18]의 적합도 그림을 보면 모의실험 신뢰구간 내에서 실제 데이터 기반 모형이 위치하므로 적합이 좋아 보인다.

코드 9.6.8 egrm에서 gof 함수 적합도

```
gof.lazega.ergm <- gof(lazega.ergm.fit)
par(mfrow=c(1, 3)) # 그림 9.18
plot(gof.lazega.ergm)
```

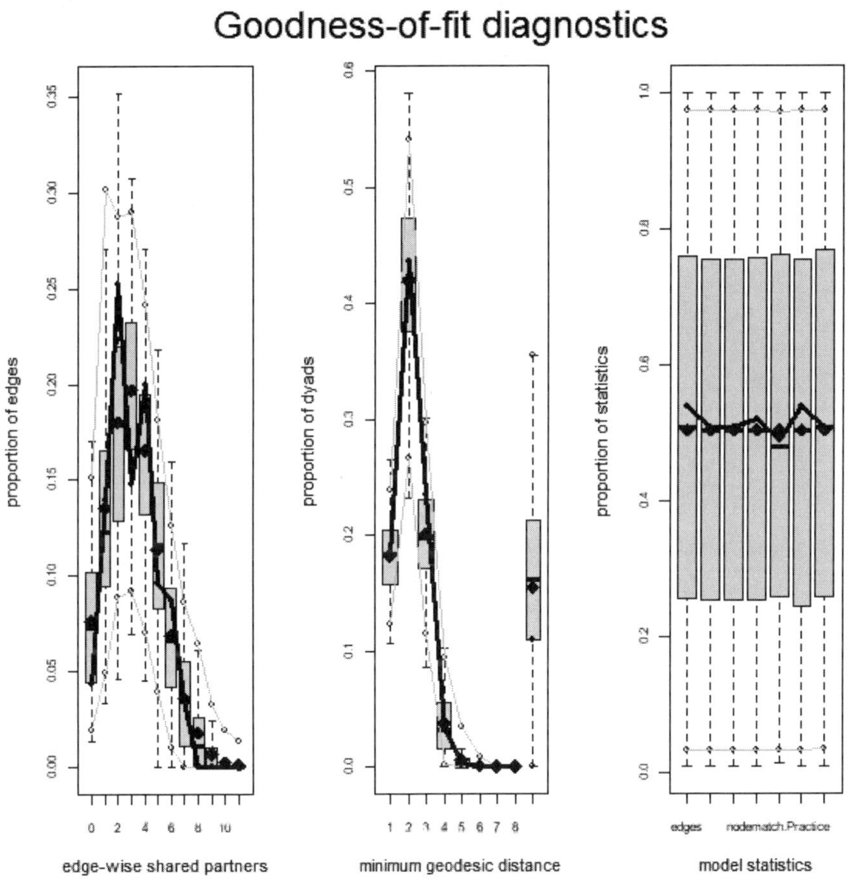

그림 9.18 lazega 네트워크에 대해 ERGM 모형에 대한 적합도 그림(Monte Carlo 기법)

9.7 네트워크 블록모형

ERGM 네트워크 모형은 통계학에서 회귀모형과 비슷한 구조이다. 네트워크 에지의 존재 여부가 반응변수이며 설명변수는 노드와 에지의 함수로 네트워크 요약통계량이다. 이번에는 클래스에 대한 혼합모형(classical mixture model) 구조인 네트워크 블록모형(network block model)을 설명한다.

일반적으로 노드(node, 정점:vertex)가 어떤 클래스에 속할 때 그리고 노드 쌍 간 연결성이 클래스 소속과 관련 경향이 있다면 이러한 경향을 반영한 모형이 필요하며 네트워크 블록모형으로 설명한다.

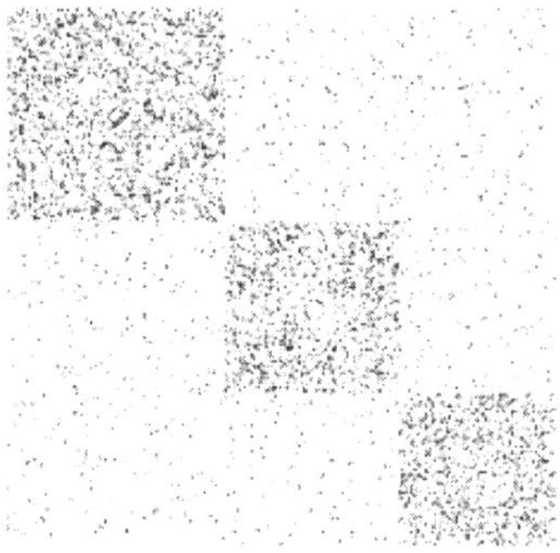

그림 9.19 300개 노드와 3개 블록 있는 네트워크에 대한 히트맵

예제 9.7.1

노드와 블록 개수를 지정한 네트워크를 생성하고자 한다.

코드 9.7.1 100개 노드와 2개 블록 있는 네트워크 발생

```
library(igraph)
pm <- cbind( c(.1, .001), c(.001, .05) )
pm
g <- sample_sbm(100, pref.matrix=pm, block.sizes=c(30,70))
g
plot(g) # 그림 9.20
```

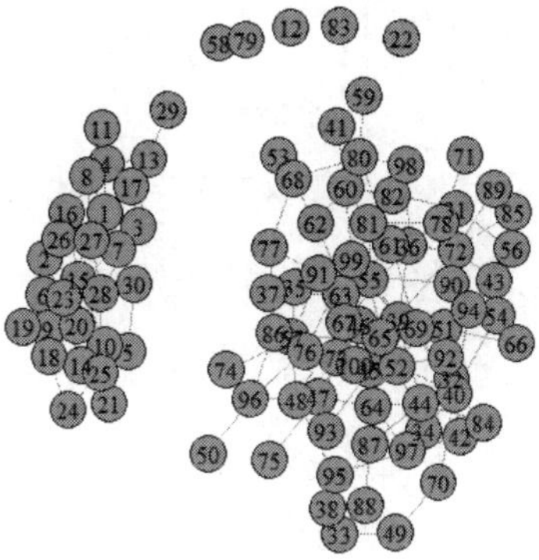

그림 9.20 100개 노드와 2개 블록 있는 네트워크

9.7.1 통계적 모형

그래프 $G=(V,E)$의 노드 $i \in V$는 Q개 클래스 $C_1,\cdots,C_Q$ 중 한 개에 속하며 클래스 라벨 $q=q(i)$로 표기한다.

$G=(V,E)$에 대한 블록모형에서는 인접행렬 $\boldsymbol{Y}$의 각 요소 Y_{ij}가, 노드 i의 클래스 라벨 q와 노드 j의 클래스 라벨 r에 조건부로, 성공확률 π_{qr}을 갖는 베르누이 확률변수이다.

방향성 없는 그래프에서는 $\pi_{qr}=\pi_{rq}$가 된다. 블록모형은 베르누이 랜덤 그래프 모형의 변형으로 볼 수 있는데, 여기서 에지의 확률이 Q^2개 가능한 확률값 중 하나인 π_{qr}로 제한한다.

네트워크 블록모형은 다음과 같다.

$$P_{\theta,\beta}(\boldsymbol{Y}=\boldsymbol{y})=\left(\frac{1}{\kappa}\right)\exp\left\{\sum_{q,r}\theta_{qr}L_{qr}(\boldsymbol{y})\right\} \tag{9.45}$$

여기서 $L_{qr}(\boldsymbol{y})$는 클래스 q 와 r의 노드 쌍을 연결하는 y의 에지 개수이다. κ는 정규화상수이다.

노드가 속한 클래스를 모두 알거나 정확히 분류되었다고 보기는 어려운 경우가 많다. 이러한 경우 확률블록모형(stochastic block model, SBM)을 고려한다.

SBM에서는 Q개 클래스가 있고 각 노드가 속한 클래스는 특정하지 않는다. 각 노드 i가 속한 클래스는 $\{1,\ldots,Q\}$ 공통분포에 따라 독립적으로 결정된다. 노드 i가 클래스 q에 속하면 $Z_{iq}=1$, 그렇지 않으면 0이다.

SBM에서 $\boldsymbol{Z}_i=(Z_{i1},\ldots,Z_{iQ})^\top$는 독립적으로 결정되며, $P(Z_{iq}=1)=\alpha_q$, $\sum_{q=1}^{Q}\alpha_q=1$이다. $\{\boldsymbol{Z}_i\}$값 조건하에 Y_{ij}는 다시 독립적인 베르누이 확률변수로 확률 π_{qr}을 갖는데, 이 확률은 non-stochastic 블록모형에서 발생 확률로 본다. SBM은 랜덤 그래프 모형의 혼합모형이며 모형의 모수에 의해 랜덤 그래프 모형에 대해 추론한다. 네트워크 특성에 따라 SBM의 여러 가지 확장이 가능하다. 예를 들어, 연결성이 포아송 분포를 갖는 SBM을 생각해 볼 수 있다.

9.7.2 모형적합

인접행렬 $\boldsymbol{Y}$와 클래스 멤버십 벡터 $\{\boldsymbol{Z}_i\}$ 에 대한 결합분포를 고려하자. 완전 데이터(complete data)의 가능도(likelihood)는 다음과 같다.

$$\ell(y;\{z_i\})=\sum_i\sum_q z_{iq}\log\alpha_q+\frac{1}{2}\sum_{i\neq j}\sum_{q\neq r}z_{iq}z_{jr}\log b(y_{ij};\pi_{qr}) \tag{9.46}$$

여기서 $b(y;\pi)=\pi^y(1-\pi)^{1-y}$이다.

완전 데이터의 가능도를 계산하기 위해서는 EM(expectation-maximization) 알고리즘을 활용한다. π_{qr} 추정값이 주어지면 $\boldsymbol{Y}=\boldsymbol{y}$ 하에서 $\boldsymbol{Z}_i$의 기대값이 계산되고 우도함수를 최대화하는 값으로 다시 새로운 π_{qr} 추정값을 구한다. 이러한 과정을 반복하여 추정값이 수렴할 때 멈춘다.

예제 9.7.2

sand 패키지에 내장된 fblog 데이터에 대해 확률블록모형을 적합하고자 한다.

French political blog(fblog) 데이터로 무방향 그래프이며 192개 노드와 1,431개 에지로 구성된다. 다음의 속성을 포함한다.

name: URL of the blog

PolParty: political party

코드 9.7.2 French blogs 네트워크의 클래스

```
library(blockmodels)
library(sand)
set.seed(42)
data(fblog)
str(fblog)
plot(fblog, vertex.label=NA, vertex.size=2) # 그림 9.21
set.seed(42)
A.fblog <- as.matrix(as_adjacency_matrix(fblog))
fblog.sbm <- BM_bernoulli("SBM_sym", A.fblog, verbosity=0, plotting='')
fblog.sbm$estimate()
ICLs <- fblog.sbm$ICL # French blogs 네트워크의 클래스
Q <- which.max(ICLs)

# 클래스 예상 비율
Z <- fblog.sbm$memberships[[Q]]$Z
cl.labs <- apply(Z,1,which.max)
nv <- vcount(fblog)
cl.cnts <- as.vector(table(cl.labs))
alpha <- cl.cnts/nv
Pi.mat <- fblog.sbm$model_parameters[[Q]]$pi # 처음 세 개의 노드에 대한 추정치
```

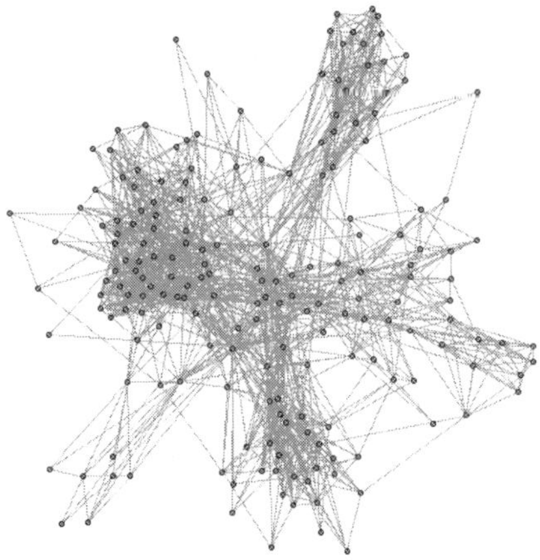

그림 9.21 fblog 네트워크

>>> **결과 9.7.2**

```
> Q
[1] 10
> alpha
[1] 0.18229167 0.14062500 0.05729167 0.10937500 0.12500000 0.13020833 0.03125000
0.03645833 0.06770833 0.11979167
> Pi.mat[,1:3]
                [,1]          [,2]          [,3]
 [1,] 0.083611401 0.0026475735 0.0030340287
 [2,] 0.002647574 0.2124783425 0.0073657690
 [3,] 0.003034029 0.0073657690 0.9102251927
 [4,] 0.015354070 0.0005307515 0.0009221811
                        .
                        .
                        .
[10,] 0.031302358 0.0006517433 0.0012495852
```

코드 9.7.3 세 개의 노드에 대한 사후 확률 벡터

```
my.ent <- function(x) { -sum(x*log(x, 2)) }
apply(Pi.mat[, 1:3], 2, my.ent)
log(Q, 2)   #entropy value
summary(apply(Pi.mat, 2, my.ent))  # parameter
```

>>> **결과 9.7.3**

```
> apply(Pi.mat[, 1:3], 2, my.ent)
[1] 1.5673198 1.3016278 0.7264919
> log(Q, 2)
[1] 3.321928
> summary(apply(Pi.mat, 2, my.ent))
   Min. 1st Qu.  Median    Mean 3rd Qu.    Max.
 0.7265  1.3681  1.7893  1.9283  2.4655  3.4928
```

9.7.3 모형적합

fblog 데이터에 대해 확률블록모형을 적합한 후 요약통계량을 그림으로 나타내고자 한다.

코드 9.7.4 French blogs 네트워크의 그림 요약

```
plot(fblog.sbm$ICL,xlab="Q",ylab="ICL",type="b")
lines(c(Q,Q),c(min(ICLs),max(ICLs)),col="red",lty=2)

edges <- as_edge#
neworder<-order(cl.labs)
m<-t(matrix(order(neworder)[as.numeric(edges)],2))
plot(1, 1, xlim = c(0, nv + 1), ylim = c(nv + 1, 0),
     type = "n", axes= FALSE, xlab="Classes",
     ylab="Classes",
     main="Reorganized Adjacency matrix")
rect(m[,2]-0.5,m[,1]-0.5,m[,2]+0.5,m[,1]+0.5,col=1)
rect(m[,1]-0.5,m[,2]-0.5,m[,1]+0.5,m[,2]+0.5,col=1)
cl.lim <- cl.cnts
cl.lim <- cumsum(cl.lim)[1:(length(cl.lim)-1)]+0.5
clip(0,nv+1,nv+1,0)
abline(v=c(0.5,cl.lim,nv+0.5),
       h=c(0.5,cl.lim,nv+0.5),col="red")
g.cl <- graph_from_adjacency_matrix(Pi.mat,
             mode="undirected", weighted=TRUE)
# Set necessary parameters
vsize <- 100*sqrt(alpha)
ewidth <- 10*E(g.cl)$weight
PolP <- V(fblog)$PolParty
class.by.PolP <- as.matrix(table(cl.labs,PolP))
pie.vals <- lapply(1:Q, function(i)
                as.vector(class.by.PolP[i,]))
my.cols <- topo.colors(length(unique(PolP)))
```

```
# Plot 그림 9.22
plot(g.cl, edge.width=ewidth,
     vertex.shape="pie", vertex.pie=pie.vals,
     vertex.pie.color=list(my.cols),
     vertex.size=vsize, vertex.label.dist=0.1*vsize,
     vertex.label.degree=pi)
# Add a legend
my.names <- names(table(PolP))
my.names[2] <- "Comm. Anal."
my.names[5] <- "PR de G"
legend(x="topleft", my.names, fill=my.cols, bty="n")
```

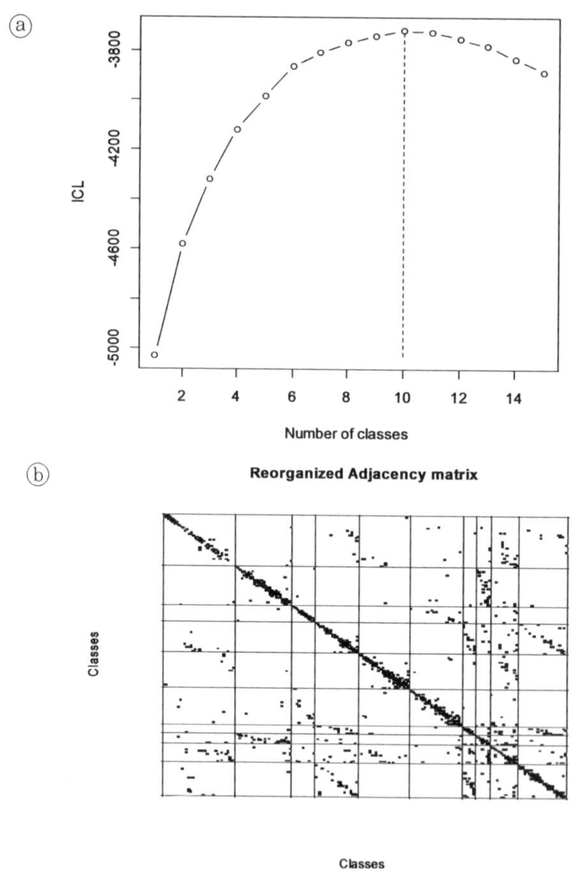

그림 9.22 French blogs 네트워크 데이터에 대해 stochastic block model 적합도 그림 (계속)

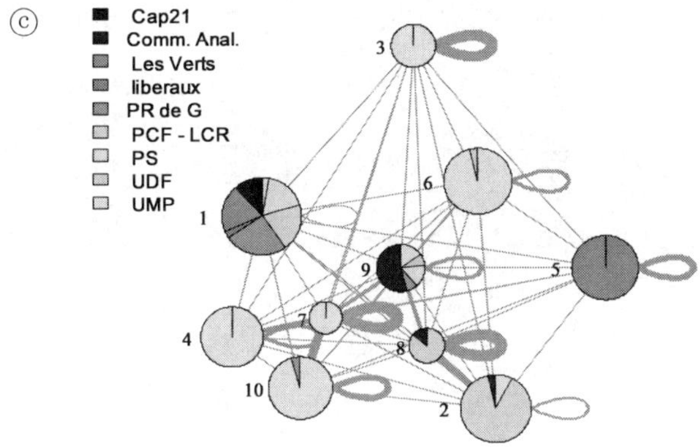

그림 9.22 French blogs 네트워크 데이터에 대해 stochastic block model 적합도 그림

적합도 통계량 [그림 9.22]를 보면 ICL(integrated complete-data likelihood)이 최대값을 갖는 10개 블록이 추정된다. 그림 ⓑ를 보면 블록별 인접행렬을 보여주고 그림 ⓒ에서는 블록별 구성 특성을 보여준다.

9.8 잠재 네트워크 모형

통계적 모형 관점에서 보면 확률 블록 모형(stochastic block model)에서 노드가 속한 클래스 문제는 latent variable들의 결합으로 볼 수 있다. 잠재변수는 관측되지 않지만(unobserved), 노드 쌍이 서로 연결되는 확률을 결정하는 데 역할을 한다. 잠재변수의 원칙은 잠재 네트워크 모형(latent network model)에서 다룬다.

9.8.1 잠재 네트워크 모형 생성

인접행렬 $\boldsymbol{Y}$의 각 요소 Y_{ij}를 다음과 같이 표현할 수 있다.

$$Y_{ij} = h(\mu, u_i, u_j, \varepsilon_{ij}) \tag{9.47}$$

여기서 μ는 상수, u_i는 독립적이고 동일하게 분포된 잠재변수, ε_{ij}는 독립적이고 동일하게 분포된 특정 쌍의 효과(pair-specific effect), h는 대칭함수이다.

랜덤 인접행렬 $\boldsymbol{Y}$는 잠재변수들의 함수로 볼 수 있다. 이러한 표현을 기반으로 다양한 잠재 네트워크 모형을 생성할 수 있다.

(1) ε_{ij}는 표준 정규확률분포를 따른다.

(2) 잠재변수 u_i, u_j는 대칭함수 $\alpha(u_i, u_j)$를 통해서만 h에 들어간다.

(3) 함수 h는 인수가 양수인지 아닌지(즉, 1 또는 0)에 대한 지표

pair-specific covariate $\boldsymbol{x}_{ij}^{\top}\beta$ 포함한다면, probit model의 network version이 된다.

$$P(Y_{ij}=1 \mid \boldsymbol{X}_{ij}=\boldsymbol{x}_{ij}) = \Phi(\mu + \boldsymbol{x}_{ij}^{\top}\beta + \alpha(u_i, u_j)) \tag{9.48}$$

여기서 Φ는 표준정규확률변수에 대한 누적분포함수이다.

이러한 확률을 p_{ij}로 표시하면 $\boldsymbol{Y}$ 전체에 대한 조건부 모형은 다음 형식을 취한다.

$$P(\boldsymbol{Y}=\boldsymbol{y} \mid \boldsymbol{X}, u_i, \ldots, u_{N_v}) = \prod_{i<j} P_{ij}^{y_{ij}}(1-p_{ij})^{1-y_{ij}}. \tag{9.49}$$

공변량 $\boldsymbol{X}$와 잠재변수 $u_1, \ldots, u_{N_v}$에 조건부로 랜덤 그래프 G에 대한 모형은 노드 쌍 i, j에 대한 확률 p_{ij}를 갖는 베르누이 랜덤 그래프 모형이 된다.

9.8.2 잠재효과 지정

Hoff(2008)가 제안한 고유 분석의 원리를 기반으로 한 기존 두 가지 방법을 결합하여 잠재효과를 지정하는(Specifying the Latent Effects) 방법에 대해 알아보자.

노드 쌍 사이의 에지 존재에 대한 확률에 영향을 미치는 잠재변수 u에 대한 효과는 함수 $\alpha(\cdot, \cdot)$로 표현한다.

(1) latent class model

확률블록모형과 유사한 형태로 잠재 클래스 모형은 u_i가 $\{1, \cdots, Q\}$ 중 값을 가지며 $\alpha(u_i, u_j) = m_{u_i, u_j}$, 대칭행렬 $\boldsymbol{M} = [m_{q,r}]$을 형성한다.

(2) latent distance model

대안적으로 동류성(homophily) 원칙에 따라 latent space에서의 거리 개념에 기반하여 잠재변수 $\boldsymbol{u}_i$는 벡터 $(u_{i1}, \ldots, u_{iQ})^\top$를 형성하며, 이는 에지 형성에 영향을 주는 중요하지만 알려지지 않은 노드 특성으로 해석된다.

비슷한 특성을 가진 노드들이 에지를 구성하기를 기대한다. 잠재효과함수로 거리함수 $|\cdot|$ 기반으로 다음과 같이

$$\alpha(\boldsymbol{u}_i, \boldsymbol{u}_j) = -|\boldsymbol{u}_i - \boldsymbol{u}_j| \tag{9.50}$$

고려하면 잠재거리모형(latent distance model)이라고 한다.

(3) eigenmodel

Hoff(2008)는 잠재효과에 대해 모형 (1)과 (2)를 결합한 잠재 네트워크 모형을 제안하는데, eigen-analysis 원리에 기반한다.

잠재변수 $\boldsymbol{u}_i$는 $Q-length$ 랜덤벡터이고 잠재효과는 다음과 같다.

$$\alpha(\boldsymbol{u}_i, \boldsymbol{u}_j) = \boldsymbol{u}_i^\top \Lambda \boldsymbol{u}_j \tag{9.51}$$

여기서 Λ는 $Q \times Q$ 대각행렬이다.

잠재변수 $\boldsymbol{u}$는 서로 독립이며 동일한 분포를 따르는 확률변수로 놓는다. 각 쌍 $\boldsymbol{u}_i$와 $\boldsymbol{u}_j$의 상관성은 0이다. 즉, 선형독립성과 같지는 않지만 $\boldsymbol{u}_i$들이 직교(orthogonal)하다는 것을 나타낸다.

$\boldsymbol{u}_i$들로 행렬 $\boldsymbol{U} = [\boldsymbol{u}_1, \ldots, \boldsymbol{u}_Q]$를 만들고 $\boldsymbol{U}\Lambda\boldsymbol{U}^\top$는 잠재효과 $\alpha(\boldsymbol{u}_i, \boldsymbol{u}_j)$를 나타내는 행렬에 대한 eigen-decomposition으로 본다(eigenmodel).

9.8.3 잠재 네트워크 모형적합

잠재 네트워크는 계층적(hierarchical)으로 모수를 정해야 하며 베이지안 추론이 자연스럽다. R 패키지 eignemodel에서는 hierarchical specification과 Bayesian approach로 MCMC 기법을 사용한다.

예제 9.8.1

3개 도시에 소재한 70명 이상 변호사들을 보유한 법률회사(law firm) 관련한 데이터로 lazega 데이터에 대해 잠재 네트워크 모형을 적합하고자 한다.

코드 9.8.1 lazega 데이터에 대해 쌍별 공변량이 없고 Q=2차원의 잠재 고유 공간 적합

```
library(eigenmodel) #hierarchical and Bayesian
set.seed(42)
summary(lazega)
A <- get.adjacency(lazega, sparse=FALSE)
lazega.leig.fit1 <- eigenmodel_mcmc(A, R=2, S=11000, burn=10000)
summary(lazega.leig.fit1)
```

\>>> **결과 9.8.1**

```
> summary(lazega)
IGRAPH 3e8b2bf UN— 36 115 —
+ attr: name (v/c), Seniority (v/n), Status (v/n), Gender (v/n), Office (v/n), Years
| (v/n), Age (v/n), Practice (v/n), School (v/n)
```

코드 9.8.2 (1) 일반 관행 효과에 대한 배열 생성

```
same.prac.op <- v.attr.lazega$Practice %o% v.attr.lazega$Practice
same.prac <- matrix(as.numeric(same.prac.op %in% c(1, 4, 9)), 36, 36)
same.prac <- array(same.prac,dim=c(36, 36, 1))

# 일반 공변량 모형적합
lazega.leig.fit2 <- eigenmodel_mcmc(A, same.prac, R=2, S=11000, burn=10000)
```

코드 9.8.2 (2) 공유 사무실 위치에 대한 배열 생성

```
same.off.op <- v.attr.lazega$Office %o% v.attr.lazega$Office
same.off <- matrix(as.numeric(same.off.op %in% c(1, 4, 9)), 36, 36)
same.off <- array(same.off,dim=c(36, 36, 1))
```

코드 9.8.3 공유 사무실 위치 공변량 모델 적합

```
lazega.leig.fit3 <- eigenmodel_mcmc(A, same.off, R=2, S=11000, burn=10000)
```

코드 9.8.4 적합된 모형 비교

```
lat.sp.1 <- eigen(lazega.leig.fit1$ULU_postmean)$vec[, 1:2]
lat.sp.2 <- eigen(lazega.leig.fit2$ULU_postmean)$vec[, 1:2]
lat.sp.3 <- eigen(lazega.leig.fit3$ULU_postmean)$vec[, 1:2]

colbar <- c("red", "dodgerblue", "goldenrod")
v.colors <- colbar[V(lazega)$Office]
v.shapes <- c("circle", "square")[V(lazega)$Practice]
v.size <- 3.5*sqrt(V(lazega)$Years)
v.label <- V(lazega)$Seniority
par(mfrow=c(1,3))  # 그림 9.23
plot(lazega, layout=lat.sp.1, vertex.color=v.colors,
  vertex.shape=v.shapes, vertex.size=v.size, vertex.label=v.label)
plot(lazega, layout=lat.sp.2, vertex.color=v.colors,
  vertex.shape=v.shapes, vertex.size=v.size, vertex.label=v.label)
plot(lazega, layout=lat.sp.3, vertex.color=v.colors,
  vertex.shape=v.shapes, vertex.size=v.size, vertex.label=v.label)

apply(lazega.leig.fit1$L_postsamp, 2, mean)
apply(lazega.leig.fit2$L_postsamp, 2, mean)
apply(lazega.leig.fit3$L_postsamp, 2, mean)
```

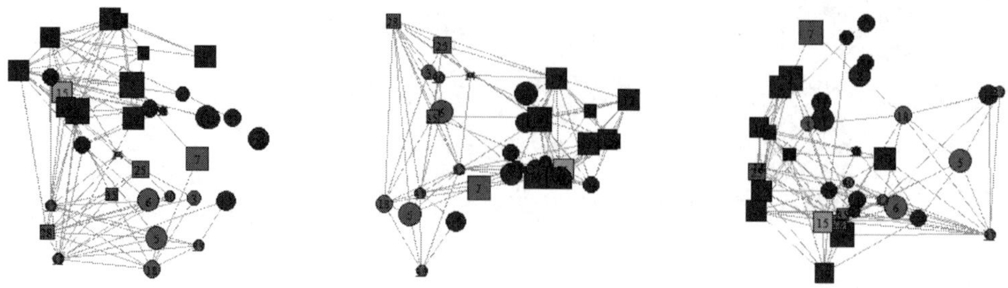

그림 9.23 Lazega 변호사 네트워크의 시각화. 쌍별 공변량이 없는 모형(왼쪽), 일반 관행에 대한 공변량 모형(가운데), 공유 사무실 위치에 대한 공변량 모형(오른쪽)

처음 두 시각화의 변호사는 주로 공통 사무실 위치(즉, 색상)로 구분되는 두 개의 주요 그룹으로 군집화된 것으로 보이지만 세 번째 그림은 주 군집이 하나인 것으로 보인다.

>>> 결과 9.8.4 각 적합된 모형의 사후 평균 비교

```
> apply(lazega.leig.fit1$L_postsamp, 2, mean)
[1] 0.7582598 0.5253324
> apply(lazega.leig.fit2$L_postsamp, 2, mean)
[1]  0.8706554 -0.2211593
> apply(lazega.leig.fit3$L_postsamp, 2, mean)
[1] -0.1240265  0.3637222
```

9.8.4 적합도

잠재 네트워크 모형에 대한 적합도를 평가는 ERGM에서와 마찬가지로 모의실험을 기반으로 한다. 대안적으로 교차타당성(cross-validation) 원칙으로 한다.

네트워크 모형에 대한 네트워크에 대한 부분집합에 모형을 적합하고 나머지 부분에 대해서는 예측이 진행된다.

코드 9.8.5 k-겹 교차 검증을 위한 행렬 설정

```
perm.index <- sample(1:630)
nmiss <- 630/nfolds
Avec <- A[lower.tri(A)]
Avec.pred1 <- numeric(length(Avec))
```

코드 9.8.6 k-겹 교차 검증 프로세스

```
for(i in seq(1,nfolds)){
# Index of missing values.
miss.index <- seq(((i-1) * nmiss + 1),(i*nmiss), 1)
A.miss.index <- perm.index[miss.index]

# Fill a new Atemp appropriately with NA's.
Avec.temp <- Avec
Avec.temp[A.miss.index] <-
rep("NA", length(A.miss.index))
Avec.temp <- as.numeric(Avec.temp)
Atemp <- matrix(0, 36, 36)
Atemp[lower.tri(Atemp)] <- Avec.temp
Atemp <- Atemp + t(Atemp)

# Now fit model and predict.
Y <- Atemp
model1.fit <- eigenmodel_mcmc(Y, R=2,S=11000, burn=10000)
```

```
model1.pred <- model1.fit$Y_postmean
model1.pred.vec <-model1.pred[lower.tri(model1.pred)]
Avec.pred1[A.miss.index] <-model1.pred.vec[A.miss.index]
}
```

코드 9.8.7 ROC curve

```
library(ROCR)
pred1 <- prediction(Avec.pred1, Avec)
perf1 <- performance(pred1, "tpr", "fpr")
plot(perf1, col="blue", lwd=3)  # 그림 9.24

perf1.auc <- performance(pred1, "auc")  # 모형에 대한 AUC
slot(perf1.auc, "y.values")
```

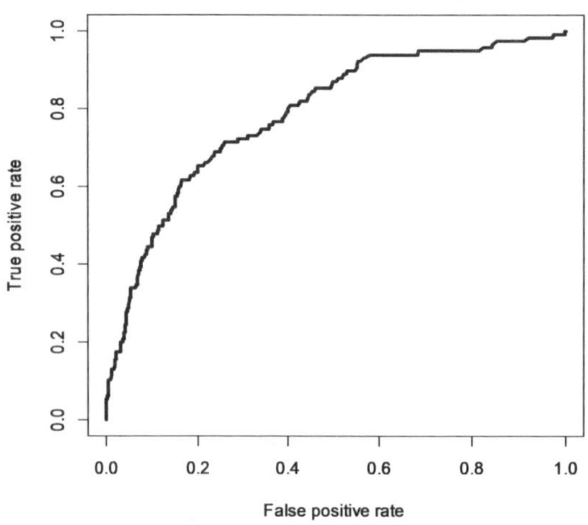

그림 9.24 ROC curve

>>> 결과 9.8.6 모형에 대한 AUC

```
> slot(perf1.auc, "y.values")
[[1]]
[1] 0.8191811
```

모형에 대한 AUC는 0.82이다.

ROC(Receiving Operating Characteristic) 곡선은 x축은 FPR(False Positive Rate), y축은 TPR(True Positive Rate)로 구성된다. 이항을 구분하는 cutoff 값에 따라 곡선을 형성한다. TPR은 실제 참(True)인데 참(Positive)이라 예측한 경우이다(진양성). FPR(False Positive Rate)은 실제 거짓(False)인데 참(Positive)이라 잘못 예측한 경우이다(제1종 오류). 모형에 대한 판단을 위해 ROC 곡선으로 생성된 면적으로 AUC(Area Under the Curve)를 계산한다.

일반적인 AUC의 기준은 다음과 같다.

0.90–1 = excellent

0.80–0.90 = good

0.70–0.80 = fair

0.60–0.70 = poor

0.50–0.60 = fail

이항 반응에 대해 잠재 네트워크 적합한 모형에 대한 ROC 곡선은 [그림 9.24]에서 보여준다. ROC 곡선의 AUC는 0.819로 높은 편이다.

9.9 병코돌고래 네트워크 분석 사례

1994년부터 2001년까지 62마리의 병코돌고래(bottlenose dolphins)에 대한 데이터에 대해 네트워크 분석을 하고자 한다. 이 돌고래는 Doubtful Sound, New Zealand에서 서식하는 돌고래로 자신의 위치, 상태, 신원 파악과 관련해서 의사소통을 위해 휘파람을 부는 특유의 신호체계를 가지고 있다는 면에서 지능이 우수한 동물이다. 일반적으로 소규모 그룹으로 무리 지어 거주하고 사냥할 때도 그룹 행동을 한다. 노드는 돌고래이고 성별이 표시되며 연결은 같이 출현한 경우로 한다.

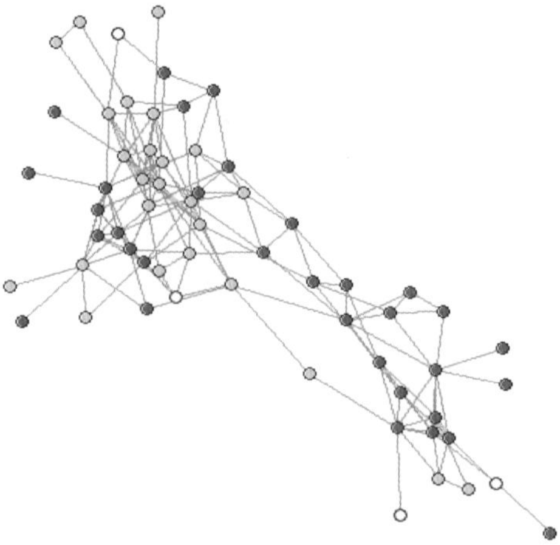

그림 9.25 돌고래 네트워크 데이터(암: 분홍색, 수: 파란색 노드)

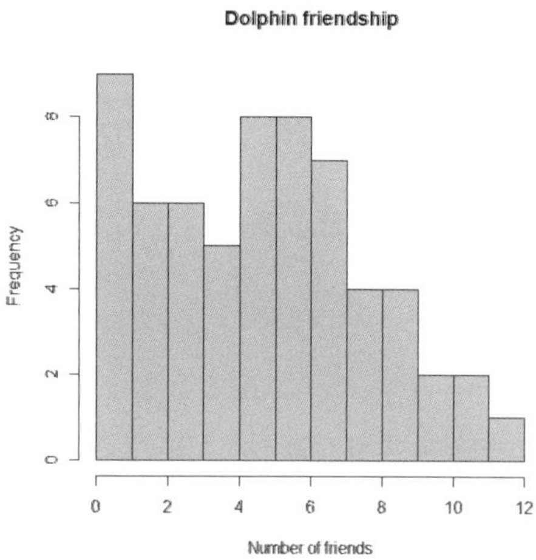

그림 9.26 돌고래 네트워크의 연결성 분포(degree distribution)

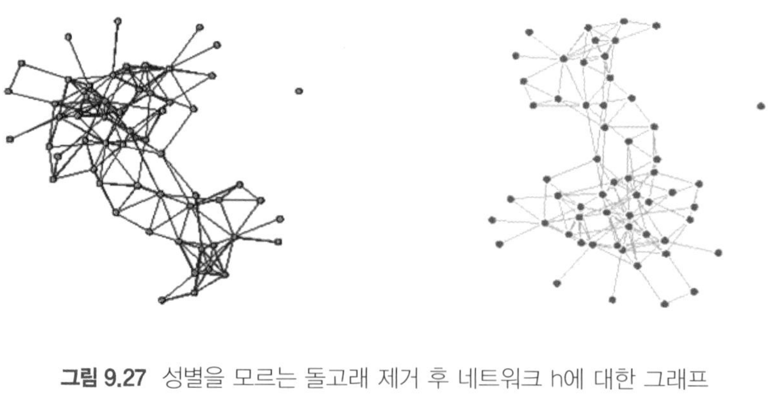

그림 9.27 성별을 모르는 돌고래 제거 후 네트워크 h에 대한 그래프

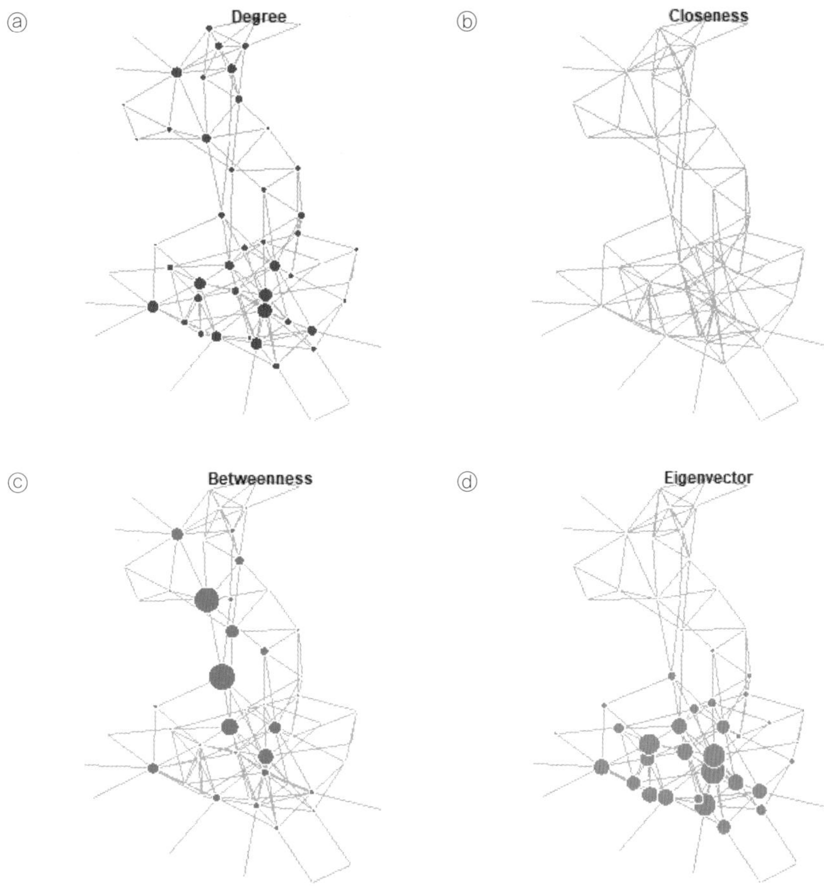

그림 9.28 ⓐ degree ⓑ closeness ⓒ betweenness ⓓ eigenvector의 크기에 따라 노드 크기에 반영해 그린 돌고래 그래프

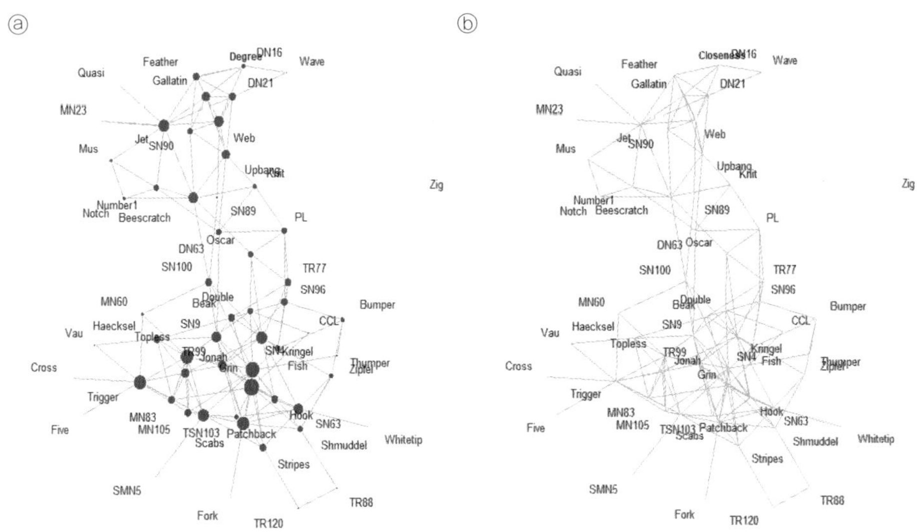

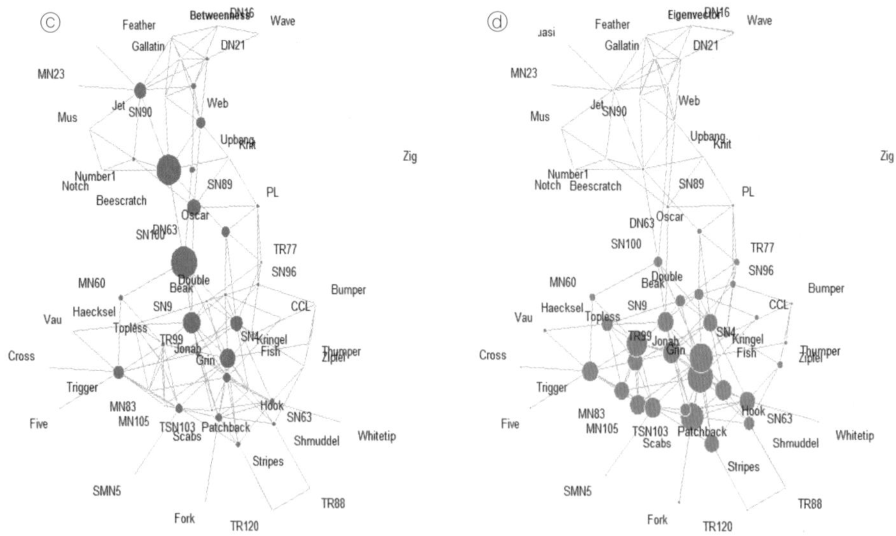

그림 9.29 ⓐ degree ⓑ closeness ⓒ betweenness ⓓ eigenvector의 크기에 따라 노드 크기를 반영하고 노드 라벨을 같이 그린 돌고래 그래프

코드 9.9.1 **돌고래 네트워크 데이터와 객체 만들기**

```
library(tidyverse)
library(igraph)          # to load the data
library(intergraph)      # to convert an igraph object to a network object
library(network)         # for visualization
library(sna)             # to calculate network centrality measures
library(viridis)         # for nice colors
library(scales)          # for palette displays
library(help="igraph")   # function list
library(ggplot2)
library(statnet)
library(UserNetR)

setwd("C:/Ndata/")
edges = read_csv("dolphin_edges.csv")
nodes= read_csv("dolphin_nodes.csv")

nodes = mutate(nodes, id = row_number()) %>% select(id, everything())
g = graph_from_data_frame(edges, directed = FALSE, vertices = nodes)
```

```
summary(g)
class(g)
male = V(g)$sex == "M"
female= V(g)$sex == "F"

names(male) = V(g)$name

# absolute modularity
modularity(g, membership = male + 1)  #male=T =>1, female =>2

plot(g, rightarrow=F, directed=F)  #
vcount(g)
ecount(g)
V(g)

coords = layout.fruchterman.reingold(g)
plot(g, layout=coords, vertex.label=NA, vertex.size=5)
V(g)
V(g)$name
V(g)$sex

V(g)$color = "white"
V(g)[male]$color = "blue"
V(g)[female]$color = "pink"
plot(g, layout=coords, vertex.label=NA, vertex.size=5)  # 그림 9.25

sum(V(g)$sex=="F")
sum(V(g)$sex=="M")

# 그림 9.26
d<-degree(g)
hist(d, xlab="Number of friends", main="Dolphin friendship", breaks=0:max(d))
names(d) = V(g)$name
sort(d, decreasing=TRUE)[1:10]

## subgraph with unknown sex (unknown is removed)
```

```
h = induced.subgraph(g, V(g)[male | female])
class(h)   # "igraph"

h_net=asNetwork(h)  #network object
class(h_net)

coords = layout.fruchterman.reingold(g)
plot(h, layout=coords, vertex.label=NA, vertex.size=5)
V(h)
V(h)$name
V(h)$sex

# males and females of the new graph
male.h = V(h)$sex == "M"
female.h = V(h)$sex == "F"

# edges as a matrix
edge = get.edgelist(h)

# some edges
edge[1:10,]
```

>>> **결과 9.9.1**

```
> V(h)$name
 [1] "Beak"        "Beescratch" "Bumper"      "CCL"         "Cross"       "DN16"
:
[55] "Web"          "Whitetip"   "Zig"          "Zipfel"

> V(h)$sex
 [1] "M" "M" "M" "F" "M" "F" "M" "M" "F" "M" "F" "F" "M" "M" "F" "M" "F" "M" "M"
:
[58] "M"

> edge[1:10,]
      [,1]     [,2]
```

```
 [1,] "CCL"    "Double"
 [2,] "DN16"   "Feather"
          .
          .
          .
[10,] "CCL"    "Grin"
```

코드 9.9.2 돌고래 관련 비율 계산

```
# assortativity by sex
edge = as_edgelist(h)
l = c(edge[,1], edge[,2])
r = c(edge[,2], edge[,1])
sx = male[l]
sy = male[r]
cor(sx, sy)

# number and percentage of male to male edges
m2m = sum(sx & sy) / 2
m2m
m2m / ecount(h)

# number and percentage of female to female edges
f2f = sum(!(sx | sy)) / 2
f2f
f2f / ecount(h)

# number and percentage of different sex edges
m2f = sum(xor(sx, sy)) / 2
m2f
m2f / ecount(h)

# percentage of same sex edges
(m2m + f2f) / ecount(h)
```

>>> **결과 9.9.2**

```
> cor(sx, sy)
[1] 0.4014706
> # number and percentage of male to male edges
> m2m
[1] 58
> m2m / ecount(h)
[1] 0.3918919
> # number and percentage of female to female edgeㄴ
> f2f
[1] 46
> f2f / ecount(h)
[1] 0.3108108
> # number and percentage of different sex edges
> m2f
[1] 44
> m2f / ecount(h)
[1] 0.2972973
> # percentage of same sex edges
> (m2m + f2f) / ecount(h)
[1] 0.7027027
```

코드 9.9.3 돌고래 네트워크 기초통계량과 시각화

```
par(mfrow=c(1,2)) # 그림 9.27
plot(h_net)
title(main="default network")
set.seed(0)
plot(h_net, vertex.cex = 1.5,
    vertex.col = "#39558C", vertex.border = "white",
    edge.col = "gray75", edge.lwd = 0.01)
title(main = "Adjusted network plot", line = -2, cex.main = 0.9)
```

```
# Degree centrality
deg_cent <- degree(h_net, gmode = "graph") %>%
        as_tibble() %>% rename(deg_cent = value)
# Closeness centrality
close_cent <- closeness(h_net, gmode = "graph", cmode = "undirected") %>%
        as_tibble() %>% rename(close_cent = value)
# Betweenness centrality
btwnnes_cent <- betweenness(h_net, gmode = "graph", cmode = "undirected") %>%
                as_tibble() %>% rename(btwnnes_cent = value)
# Eigenvector centrality
eign_cent <- evcent(h_net, gmode = "graph") %>%
        as_tibble() %>% rename(eign_cent = value)
set.vertex.attribute(h_net, c("deg_cent", "close_cent", "btwnnes_cent", "eign_cent"),
        c(deg_cent, close_cent, btwnnes_cent, eign_cent))
```

코드 9.9.4 돌고래 네트워크 기초통계량 기반 시각화

```
par(mfrow = c(2, 2), mar = c(0, 0, 1, 0)) # 그림 9.28
set.seed(0)
plot(h_net,
    vertex.cex = get.vertex.attribute(h_net, "deg_cent")/6,
    vertex.col = "#3F4788", vertex.border = "white", label = V(h)$name,
    edge.lwd = 0.01, edge.col = "gray75")
title("Degree", line = - 1, cex.main = 0.9)

set.seed(0)
plot(h_net,
    vertex.cex = get.vertex.attribute(h_net, "close_cent")*5,
    vertex.col = "#32648E", vertex.border = "white", label = V(h)$name,
    edge.lwd = 0.01, edge.col = "gray75")
title("Closeness", line = - 1, cex.main = 0.9)

set.seed(0)
```

```
plot(h_net,
    vertex.cex = get.vertex.attribute(h_net, "btwnnes_cent")/100,
    vertex.col = "#287D8E", vertex.border = "white", label = V(h)$name,
    edge.lwd = 0.01, edge.col = "gray75")
title("Betweenness", line = - 1, cex.main = 0.9)

set.seed(0)
plot(h_net,
    vertex.cex = get.vertex.attribute(h_net, "eign_cent")*10,
    vertex.col = "#1F968B", vertex.border = "white",label = V(h)$name,
    edge.lwd = 0.01, edge.col = "gray75")
title("Eigenvector", line = - 1, cex.main = 0.9)
```

코드 9.9.5 돌고래 네트워크 군집화

```
install.packages("linkcomm")
library(linkcomm)
head(edge)
lc <- getLinkCommunities(edge, hcmethod = "single") #link community distribution
print(lc)
plot(lc, type = "dend") # 그림 9.30
plot(lc, type = "summary") # 그림 9.31
plot(lc, type = "members") # 그림 9.32
plot(lc, type = "graph", clusterids = c(5,7)) # 그림 9.33

# relations between communities
cr <- getClusterRelatedness(lc, hcmethod = "ward.D") # 그림 9.34

plot(lc, type = "graph", layout = layout.fruchterman.reingold) # 그림 9.35
plot(lc, type = "graph", layout = "spencer.circle") # 그림 9.36
```

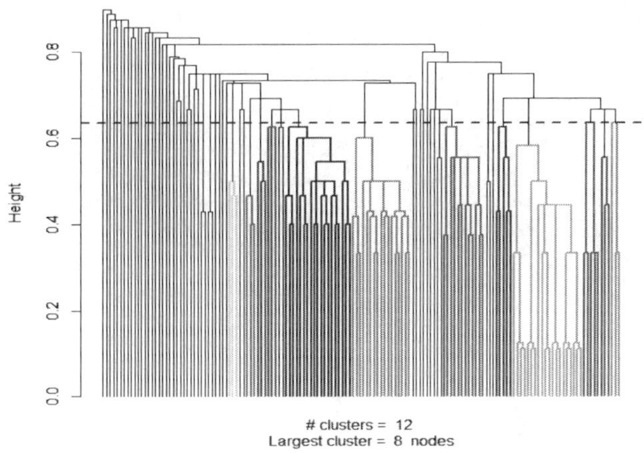

그림 9.30 돌고래 네트워크의 링크 커뮤니티 덴드로그램(link community dendrogram)

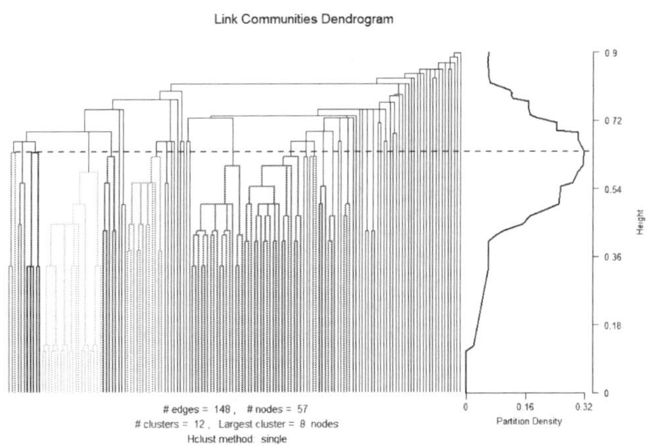

그림 9.31 돌고래 네트워크의 링크 커뮤니티 분포(link community distribution)

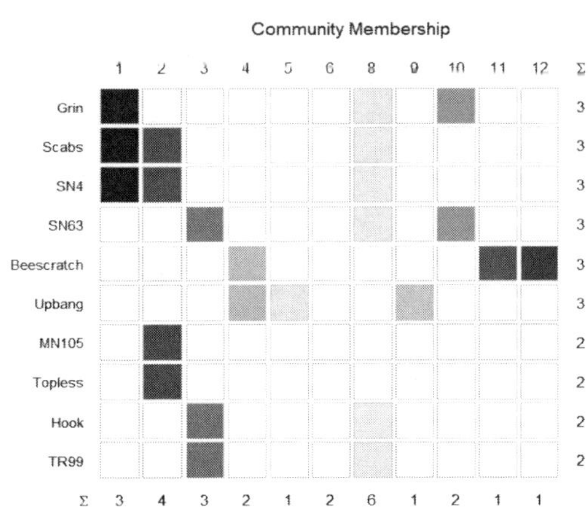

그림 9.32 돌고래 네트워크의 커뮤니티 소속(community membership)

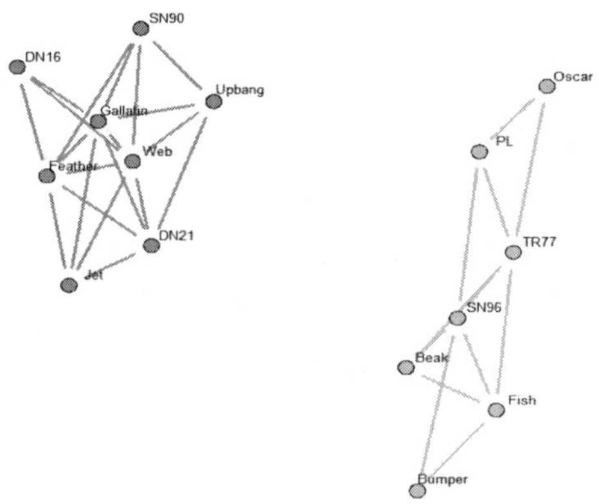

그림 9.33 돌고래 네트워크의 커뮤니티 네트워크

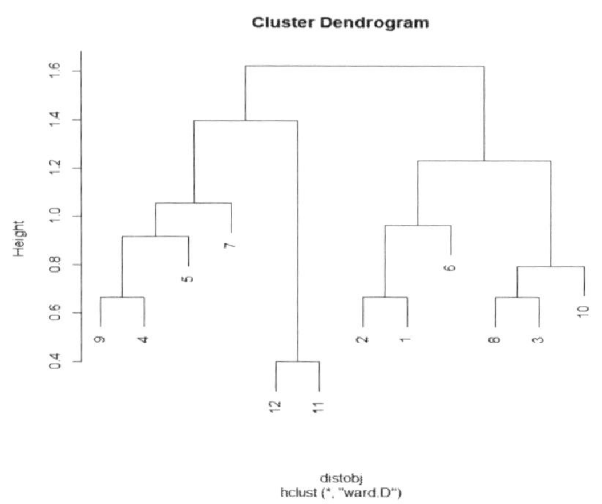

그림 9.34 돌고래 네트워크의 커뮤니티 나무구조 그림

그림 9.35 돌고래 네트워크의 파이그림으로 노드를 표현하고 링크 커뮤니티를 시각화한 그래프로, 파이노드에서의 비율은 인접한 커뮤니티에 속한 에지 개수 비율을 나타낸다.

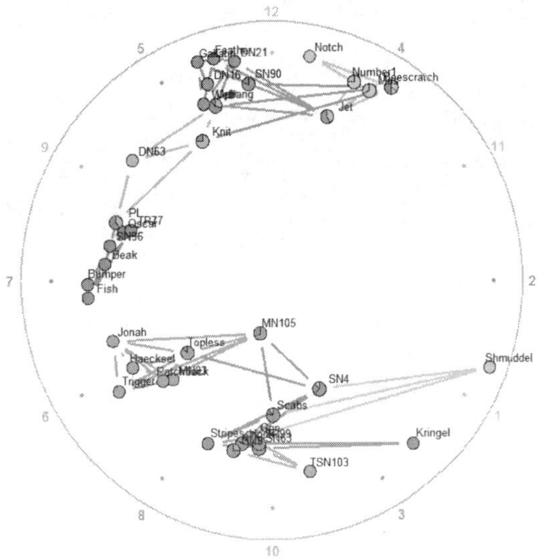

그림 9.36 Spencer 원형배열을 이용한 돌고래 네트워크

돌고래 네트워크 데이터에 대해 다음의 ERGM 모형을 적합하고자 한다.

코드 9.9.6 돌고래 네트워크 ergm

```
library(ergm)
h_mat<-as.sociomatrix(h_net)

summary(h_mat~edges)
mod1 <- ergm(h_mat ~ edges, control = control.ergm(seed = 40))
summary(mod1)
plogis(coef(mod1))
```

>>> **결과 9.9.6**

```
> summary(h_mat~edges)
edges
  296
> summary(mod1)
Call:
ergm(formula = h_mat ~ edges, control = control.ergm(seed = 40))
```

```
Maximum Likelihood Results:

      Estimate Std. Error MCMC % z value Pr(>|z|)
edges -2.31934    0.06091       0  -38.08    <1e-04 ***
---
Signif. codes:  0  '***'  0.001  '**'  0.01  '*'  0.05  '.'  0.1  ' '  1

     Null Deviance: 4583  on 3306  degrees of freedom
 Residual Deviance: 1993  on 3305  degrees of freedom

AIC: 1995  BIC: 2001  (Smaller is better. MC Std. Err. = 0)

> plogis(coef(mod1))
     edges
0.08953418
```

코드 9.9.7 돌고래 네트워크 ergm - triangle 공변량 포함

```
summary(h_mat~edges+triangle) #
gest <- ergm(h_mat  ~ edges +  triangle )
summary(gest)
```

>>> 결과 9.9.7

```
 summary(h_mat~edges+triangle) #
   edges triangle
     296      728
```

연습문제
EXCERCISE

1. ERGM 모형을 정의하고 특성을 설명하시오.

2. igraphdata 패키지에 내장된 UKfaculty 데이터에 대해 네트워크 분석하고자 한다. ERGM을 적합하고 설명하시오.

```
library(igraphdata)
library(igraph)
data(UKfaculty)
V(UKfaculty)
table(V(UKfaculty)$Group)
```

3. igraphdata 패키지에 내장된 USairports 데이터에 대해 분석하고자 한다. ERGM을 적합하고 설명하시오.

```
library(igraphdata)
library(igraph)
data(USairports)
```

4. ergm 패키지에 내장된 faux.magnolia.high 데이터에 대해 분석하고자 한다. in-school friendship network 데이터로 1,461개 노드(students)와 974개 무방향 에지(mutual friendships)를 포함한다. 노드 속성으로 학년(Grade), 성별(Sex), 인종(Race)이 있다. 학년은 7~12 학년번호, 인종은 6개 값 White(non-Hisp.), Black(non-Hisp.), Hispanic, Asian(non-Hisp.), Native American, and Other(non-Hisp.)를 갖는다. ERGM을 적합하고 설명하시오.

```
data('faux.magnolia.high')
summary(faux.magnolia.high)
magnolia <- faux.magnolia.high
plot(magnolia, vertex.cex=.5)
```

5. 다음의 노드번호가 표시된 네트워크 G를 다루고자 한다.

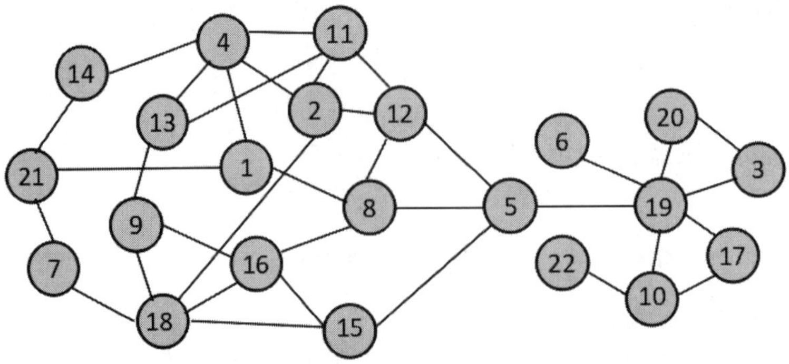

(a) 네트워크 G에 대한 근접행렬 A를 구하시오. 노드 v_i와 v_j가 연결되면 $A[i,j]=1$.

(b) 연결성 상관계수를 구하시오.

(c) 무척도성을 구하시오.

(d) 정규화 무척도성을 구하시오.

[정의] 두 개의 확률변수 $\{(X,Y)\}$ 에 대한 상관계수(correlation coefficient)는 정의는 다음과 같다.

$$r=\frac{\sum_{i=1}^{n}(X_i-\overline{X})(Y_i-\overline{Y})}{\sqrt{\sum_{i=1}^{n}(X_i-\overline{X})^2(Y_i-\overline{Y})^2}}$$

여기서 $\overline{X}=\frac{1}{n}\sum_{i=1}^{n}X_i$, $\overline{Y}=\frac{1}{n}\sum_{i=1}^{n}Y_i$이다.

[정의] 노드 $v_1,\ldots,v_n$에 대한 연결성(degree)을 $d_1,\ldots,d_n$이라 놓는다. 연결성 상관계수(degree correlation)는 다음과 같다.

$$r_{\deg}(G)=\frac{\sum_{i=1}^{n}\sum_{j=i+1}^{n}(d_i-\overline{d})(d_j-\overline{d})A[i,j]}{\sum_{i=1}^{n}(d_i-\overline{d})^2}$$

여기서 $\overline{d}=\frac{1}{n}\sum_{i=1}^{n}d_i$이다.

[정의] 노드 $v_1,\ldots,v_n$에 대한 연결성차수(degree) $\mathbf{d}=(d_1,\cdots,d_n)^{\top}$로 놓는다. 무척도성(scale-freeness)은 다음과 같다.

$$s(G) = \sum_{i=1}^{n}\sum_{j=i+1}^{n}(d_i \cdot d_j \cdot A[i,j])$$

[정의] 정규화 무척도성(normalized scale-freeness)은 다음과 같다.

$$s_{norm}(G) = \frac{\sum_{i=1}^{n}\sum_{j=i+1}^{n}(d_i \cdot d_j)}{\max\{s(H) \mid H \in G(\boldsymbol{d})\}}$$

여기서 분모는 degree sequence에서의 최댓값을 의미한다.

CHAPTER

10

동적 네트워크 모형

동적 네트워크(dynamic network)는 각 시점에 대해 그래프가 있는 그래프 집합에 대한 시간 함수이다. 이러한 네트워크가 진화하고 적응하고 반응하는 데 통계적 접근법과 컴퓨터 모의실험이 필요하게 된다.

동적 네트워크 분석은 네트워크 과학 분야에서 전통적인 소셜 네트워크 분석, 링크 분석, 소셜 시뮬레이션 및 다중 에이전트 시스템을 결합하는 새로운 과학 분야이다.

10.1 동적 네트워크

시간에 따라 관계가 변하는 네트워크에 관한 연구로 동적 네트워크에 관한 모형 연구는 도전적인 과제이다. 예를 들어, 소셜 메커니즘에서 사회적 선택(social selection)과 사회적 영향(social influence)에 따른 동류성(homophily)의 변화가 일어난다. 동적 네트워크 연구의 도전성은 네트워크 특징이 여러 개의 소셜 메커니즘에 따라 나타나는 결과라는 것이기 때문이다. [그림 10.1]에서 보면 같은 노드로 구성된 네트워크가 선택과 영향력 면에서 다르게 변한다. 이러한 네트워크의 변화를 알기 위해서는 네트워크의 변화를 파악하기 위한 알고리즘이 필요하다. 예를 들어, R 패키지로 RSiena(Simulation Investigation for Empirical Network Analysis; Ripley et al., 2016) 방법이 있다.

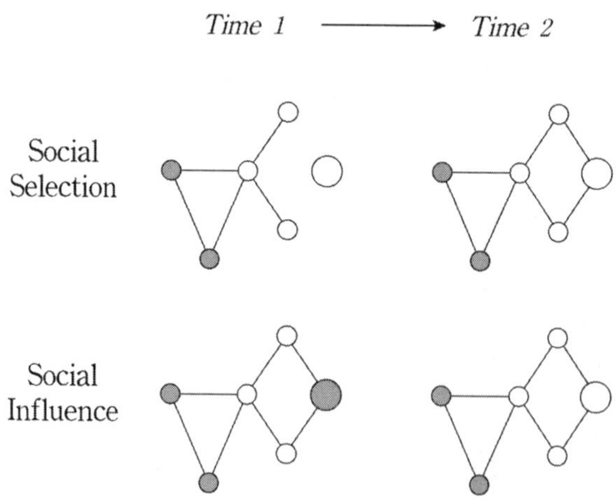

그림 10.1 시간에 따른 소셜 네트워크 변화

10.2 동적 네트워크 분석

대부분의 역사적인 네트워크는 시간에 따라 변한다. 어떤 시점에서는 성장하고, 축소되고 또는 완전히 사라지기도 한다. 구성원으로서 행위자(actor) 또는 객체(object)는 네트워크에 들어오고 나가기도 한다. 잠시 중심적인 역할을 하기도 하고 드물게는 이러한 역할을 시작한다. 이러한 네트워크의 변화와 발달을 반영하도록 분석 또는 시각화하는 것은 멋진 일이 아닌가?

Temporal Network Analysis 또는 Temporal Social Network Analysis(TSNA), Dynamic Network Analysis(DNA) 등이 진행되었다.

Temporal Network Analysis는 역학(epidemiology)과 사회연결망분석(social network analysis) 이외의 분야에서는 상당히 새로운 영역이다. 네트워크 분석이 발전하는 비율로 분석기법과 시각화기법을 다루는 R 패키지와 함수가 개발되고 있다. 시간적 네트워크에 관한 분석 연구를 위한 새로운 방향도 필요하다. 네트워크에서 시간에 따라 변화하고 발생하는 현상에 대해 식별하고 설명하고 분석하는 연구도 매우 필요하다.

10.3 동적 네트워크 분석을 위한 RSiena 패키지

SIENA(Simulation Investigation for Empirical Network Analysis)는 경시적 네트워크 데이터(longitudinal network data)에 대한 분석 도구로 SAOM(stochastic actor-oriented model) 기반이다. SAOM의 핵심은 행위자 또는 요원 기반 모의실험 모형(actor or agent-based simulation model)이다. Markov process 기반 추정 방법으로 미래의 네트워크 변화는 현재의 완전한 네트워크 상태에서 확률적으로 발생한다고 본다.

R 패키지 RSiena는 SIENA 모형추정 방법과 진단 등을 포함한다. RSiena는 경시적(longitudinal) 또는 패널(panel) 데이터 형태로 여러 개의 시점에서 관측된 네트워크 데이터를 다룬다.

10.4 동적 네트워크 분석 사례

R 패키지를 이용하여 동적 네트워크 분석 단계는 다음과 같다.

(1) 필요한 R 패키지 설치(install)

(2) 데이터 검토(inspection of the data)

(3) RSiena variables 준비

(4) 모형 특성화–효과항 선택

(5) 모형에 대한 추정

(7) 모형 적합도

10.4.1 Coevolve 네트워크 데이터 탐색

예제 10.4.1

UserNetR에 내장된 Coevolve 데이터셋은 37명 학생 간 교우관계 데이터로 4개 시점에서 측정되었다. 간단한 동적 네트워크 데이터에 대해 분석을 하고자 한다.

우선 Coevolve 데이터프레임이 포함한 네트워크 데이터에 대해 탐색적 작업을 한다.

코드 10.4.1 시점별 friendship network

```
library(igraph)
library("UserNetR")
data(Coevolve)
fr_w1 <- Coevolve$fr_w1
fr_w2 <- Coevolve$fr_w2
fr_w3 <- Coevolve$fr_w3
fr_w4 <- Coevolve$fr_w4
```

코드 10.4.2 **시점별 friendship, smoking status의 변화**

```
colors <- c("darkgreen", "SkyBlue2")
shapes <- c("circle", "square")
coord <- layout.kamada.kawai(fr_w1)

op <- par(mfrow = c(2,2),mar = c(1,1,2,1))  # 그림 10.2

plot(fr_w1, vertex.color = colors[V(fr_w1)$smoke+1],
    vertex.shape = shapes[V(fr_w1)$gender],
    vertex.size = 10, main = "Wave 1",v ertex.label = NA,
    edge.arrow.size = 0.5, layout = coord)

plot(fr_w2, vertex.color = colors[V(fr_w2)$smoke+1],
    vertex.shape = shapes[V(fr_w2)$gender],
    vertex.size = 10, main = "Wave 2", vertex.label = NA,
    edge.arrow.size = 0.5, layout=coord)

plot(fr_w3, vertex.color = colors[V(fr_w3)$smoke+1],
    vertex.shape = shapes[V(fr_w3)$gender],
    vertex.size = 10, main = "Wave 3", vertex.label = NA,
    edge.arrow.size = 0.5, layout = coord)

plot(fr_w4, vertex.color = colors[V(fr_w4)$smoke+1],
    vertex.shape = shapes[V(fr_w4)$gender],
    vertex.size = 10, main = "Wave 4", vertex.label = NA,
    edge.arrow.size = 0.5, layout = coord)
par(op)
```

[그림 10.2]를 보면 4개 시점에서의 교우관계 그림으로 성별(circle = female; square = male), 색깔은 흡연 여부(green = non-smoker; blue = smoker)를 나타낸다. 시간에 따라 남성의 경우 흡연자의 집단화가 증가해 보인다.

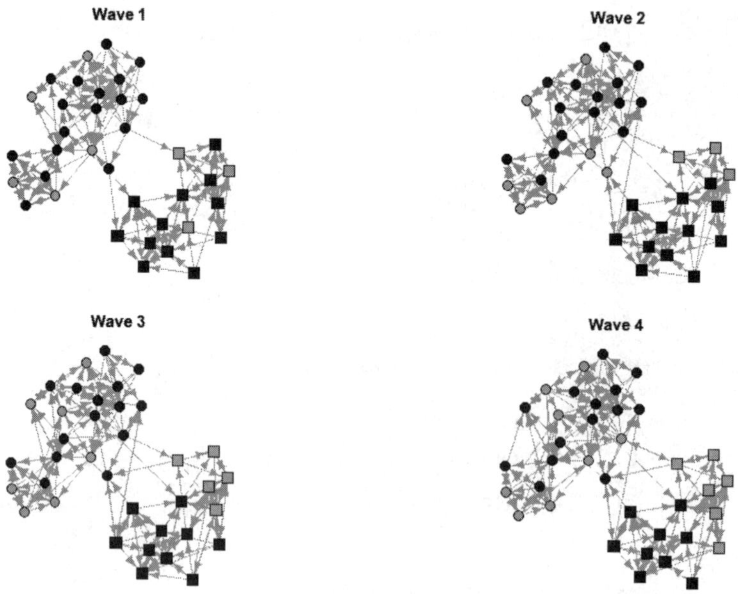

그림 10.2 시간에 따른 Coevolve 네트워크 데이터 변화(시점: 1, 2, 3, 4)

RSiena 패키지에서는 6개 서로 다른 유형의 변수를 다룬다.

- 네트워크 변수(network variable)는 RSiena 모형의 기본적인 비독립적인 변수이다.
- 행동변수(behavior variable)는 또 다른 비독립적인 변수이다. 노드의 특성이 시간에 따라 변하고 진화하므로 co-evolutionary model로 불린다.
- 공변량(covariate)으로 다룰 수 있는 네 종류의 변수가 있다.
  - coCovar: 시간에 따라 노드 특성이 변하지 않는다(예: 성별).
  - varCovar: 시간에 따라 노드 특성이 변한다.
  - coDyadCovar: 이진 공변량(constant dyadic covariate)(예: 친밀관계)
  - varDyadCovar: 시간에 따라 변하는 이진 공변량(dyadic covariate)

Coevolve data에는 한 개 네트워크 변수(friendship ties), 한 개 상수 공변량(gender), 한 개 행동성 공변량(smoking status)을 포함한다.

RSienaTest 설치는 다음 사이트를 이용한다.

http://www.stats.ox.ac.uk/~snijders/siena/siena_downloads.htm

표 10.1 Coevolve network 4개 시점에서의 네트워크 기초통계량

wave	size	density	Avg.InDegree	smokers	modularity
wave1	37	0.134	4.838	8	0.001
wave2	37	0.134	4.838	10	0.044
wave3	37	0.134	4.838	12	0.077
wave4	37	0.134	4.838	14	0.129

코드 10.4.3 각 시점별 network를 sociomatrix로 변환

```
# install.packages("RSiena")
# install.packages("RSienaTest", repos="http://R-Forge.R-project.org")
library(RSiena)

library(RSienaTest)
matw1 <- as.matrix(get.adjacency(fr_w1))
matw2 <- as.matrix(get.adjacency(fr_w2))
matw3 <- as.matrix(get.adjacency(fr_w3))
matw4 <- as.matrix(get.adjacency(fr_w4))
matw1[1:8,1:8]
```

>>> **결과 10.4.3**

```
> matw1[1:8, 1:8]
     [,1] [,2] [,3] [,4] [,5] [,6] [,7] [,8]
[1,]    0    0    0    0    0    0    1    1
[2,]    0    0    0    0    0    0    1    0
[3,]    0    1    0    0    0    0    0    0
[4,]    0    0    0    0    0    0    1    0
[5,]    0    0    0    0    0    0    0    0
[6,]    0    0    0    0    0    0    1    0
[7,]    1    0    0    0    0    1    0    1
[8,]    1    0    0    0    0    0    1    0
```

sienaDependent() 함수로 의존적인 변수를 생성하고 network wave에 따라 누적한 배열로 만든다.

코드 10.4.4 **sociomatrix를 이용하여 dependent variable 생성**

```
fr4wav <- sienaDependent(array(c(matw1, matw2, matw3, matw4),
                         dim = c(37,37,4)), sparse = FALSE)
class(fr4wav)
fr4wav
```

>>> 결과 10.4.4

```
> class(fr4wav)
[1] "sienaDependent"
> fr4wav
Type         oneMode
Observations 4
Nodeset      Actors (37 elements)
```

대규모 네트워크에서 edgelist가 더 다루기 편하다. RSiena에서는 edgelist를 다룰 수 없으므로 Matrix 패키지의 spMatrix() 함수를 이용해 변환한다. 다음의 코드에서는 인접행렬 대신 edgelist로 RSiena 변수를 만들고자 한다.

RSienda dependent variable이 생성되면 공변량과 같은 다른 데이터 객체도 생성된 것으로 볼 수 있다.

코드 10.4.5 **edgelist를 이용하여 dependent variable 생성**

```
library(Matrix)
w1 <- cbind(get.edgelist(fr_w1), 1)
w2 <- cbind(get.edgelist(fr_w2), 1)
w3 <- cbind(get.edgelist(fr_w3), 1)
w4 <- cbind(get.edgelist(fr_w4), 1)
w1s <- spMatrix(37, 37, w1[,1], w1[,2], w1[,3])
w2s <- spMatrix(37, 37, w2[,1], w2[,2], w2[,3])
w3s <- spMatrix(37, 37, w3[,1], w3[,2], w3[,3])
w4s <- spMatrix(37, 37, w4[,1], w4[,2], w4[,3])
fr4wav2 <- sienaDependent(list(w1s, w2s, w3s, w4s))
fr4wav2
```

>>> 결과 10.4.5

```
> fr4wav2
Type         oneMode
Observations 4
Nodeset      Actors (37 elements)
```

노드 특성이 성별이라서 coCovar 객체로 놓고자 한다. RSiena의 디폴트는 어떤 변수도 선택 가능하므로 centered=FALSE 옵션으로 선택을 조절한다.

코드 10.4.6 "gender" constant covariate로 변환

```
gender_vect <- V(fr_w1)$gender
table(gender_vect)
gender <- coCovar(gender_vect, centered=FALSE)
gender
```

>>> 결과 10.4.6

```
> table(gender_vect)
gender_vect
 1  2
22 15
> gender
 [1] 1 1 1 1 2 1 1 1 1 2 1 2 1 2 2 2 1 1 1 1 1 2 1 2 2 2 1 2 2 1 2 1 1 1 1 2 2
attr(,"class")
[1] "coCovar"
attr(,"centered")
[1] FALSE
attr(,"nodeSet")
[1] "Actors"
```

co-evolution model에서 흡연변수는 행동변수이다. sienaDependent()에서 행동변수로 놓고자 한다.

코드 10.4.7 "smoking status"를 behavior variable로 변환

```
smoke <- array(c(V(fr_w1)$smoke, V(fr_w2)$smoke,
             V(fr_w3)$smoke, V(fr_w4)$smoke), dim=c(37,4))
smokebeh <- sienaDependent(smoke,type = "behavior")
smokebeh
```

>>> 결과 10.4.7

```
> smokebeh
Type          behavior
Observations 4
Nodeset       Actors (37 elements)
```

코드 10.4.8 사용할 모든 변수를 하나의 객체에 저장

```
friend <- sienaDataCreate(fr4wav, smokebeh, gender) ; friend
```

>>> 결과 10.4.8

```
> friend
Dependent variables:  fr4wav, smokebeh
Number of observations: 4
Nodeset                Actors
Number of nodes        37

Dependent variable fr4wav
Type              oneMode
Observations      4
Nodeset           Actors
Densities         0.13 0.13 0.13 0.13

Dependent variable smokebeh
Type              behavior
Observations      4
Nodeset           Actors
Range             0 - 1
Constant covariates:  gender
```

리포트 결과에서 'Change in Networks' 부분을 주의해서 봐야 한다. 유사성 측도로 Jaccard index는 wave 쌍에 대한 연결성에 대해 계산된 것이다.

$$\frac{N_{11}}{N_{01}+N_{10}+N_{11}}$$

여기서 N_{hk}는 한 wave에서 h와 다음 wave에서 k 표기이다. Jaccard 값은 0.3~2 사이에 놓이면 좋고 2이면 추정에 어려움이 있다고 볼 수 있다.

코드 10.4.9 **리포트**

```
print01Report(friend, modelname = 'Coevolve Example')
```

>>> 결과 10.4.9

```
@2
Change in networks:

For the following statistics, missing values (if any) are not counted.

Network density indicators:
observation time      1        2        3        4
density               0.134    0.134    0.134    0.134
average degree        4.838    4.838    4.838    4.838
number of ties        179      179      179      179
missing fraction      0.000    0.000    0.000    0.000

The average degree is 4.838

Tie changes between subsequent observations:
 periods       0 => 0  0 => 1  1 => 0  1 => 1  Distance Jaccard  Missing
 1 ==> 2       1135      18      18     161        36    0.817    0 (0%)
 2 ==> 3       1135      18      18     161        36    0.817    0 (0%)
 3 ==> 4       1135      18      18     161        36    0.817    0 (0%)
```

10.4.2 모형에서의 효과항

모형을 만들고자 할 때 첫 번째 단계는 모수 개수는 최소로 하며 효과 있는 항들을 만들어야 한다.

코드 10.4.10 co-evolution model의 default effects

```
frndeff <- getEffects(friend)
frndeff
```

>>> 결과 10.4.10

```
> frndeff <- getEffects(friend)
> frndeff
  name        effectName                        include fix    test   initialValue parm
1 fr4wav      constant fr4wav rate (period 1)   TRUE    FALSE  FALSE  2.00405      0
2 fr4wav      constant fr4wav rate (period 2)   TRUE    FALSE  FALSE  2.00405      0
3 fr4wav      constant fr4wav rate (period 3)   TRUE    FALSE  FALSE  2.00405      0
4 fr4wav      outdegree (density)               TRUE    FALSE  FALSE  -0.80750     0
5 fr4wav      reciprocity                       TRUE    FALSE  FALSE  0.00000      0
6 smokebeh    rate smokebeh (period 1)          TRUE    FALSE  FALSE  0.20811      0
7 smokebeh    rate smokebeh (period 2)          TRUE    FALSE  FALSE  0.20811      0
8 smokebeh    rate smokebeh (period 3)          TRUE    FALSE  FALSE  0.20811      0
9 smokebeh    smokebeh linear shape             TRUE    FALSE  FALSE  0.56173      0
```

교우관계 데이터 구조에서 효과는 effectsDocumentation() 함수를 이용해 볼 수 있으며 HTML file을 생성한다. 효과에 대한 리포트는 모형의 모수와 관련하여 필요한 정보를 제공하는 'effects dictionary' 유형이다. [표 10.2]에서는 효과 목록을 보여준다.

코드 10.4.11 모든 effects 목록

```
effectsDocumentation(frndeff)
```

표 10.2 Coevolve 데이터에 대한 RSiena effects

effect	type	EDname	ED shortName	ED interaction1	ED row
1- Gender homophily	Selection	fr4wav	sameX	gender	139
2- Ego smoking effect	Selection	fr4wav	egoX	smokebeh	200
3- Alter smoking effect	Selection	fr4wav	altX	smokebeh	197
4- Smoking homophily	Selection	fr4wav	sameX	smokebeh	212
5- Avg. alter influence	Influence	smokebeh	avSim	fr4wav	321
6- Total alter influence	Influence	smokebeh	totSim	fr4wav	324
7- Reciprocity	Structural	fr4wav	recip	NA	14
8- Transitivity	Structural	fr4wav	transTrip	NA	17

[표 10.2]에서 가설검정이 수행되는 8개 주요 효과를 보여준다. co-evolutionary model을 고려하므로 연결성 형성에 대한 우도함수를 기반으로 효과를 검토한다(fr4wav dependent variable). 행동성에서의 변화(smokebeh dependent variable)효과도 검토한다. 'Name'으로 표기한 'EDName'은 effectsDocumentation에서의 이름이다. 'short Name' 열에는 실제 효과로 포함된 이름을 나타낸다. 여러 효과들은 특별한 공변량 또는 설명변수로 고려되며 'interaction1' 열에서 표현한다.

'egoX'는 ego's smoking status에 따라 우정 연결을 나타내며, 'altX'는 alter's smoking status에 따라 우정 연결을 나타낸다.

행동에 영향을 미치는 잠재적인 사회적 영향성에 대한 가설도 고려한다. 사회적 선택에 대한 가설로 smoking과 관련한 homophily effect에 대한 것으로 smoking status가 같을수록 새로운 교우관계 연결 가능성이 크다는 가설이다.

interaction1의 첫 번째 항은 새로운 우정을 형성하는 연결에 대한 우도함수가 동성인 경우 더 크다는 것을 가정하고 RSiena 용어인 'sameX'로 사용한다.

표 10.3 Effects dictionary(HTML 파일)

row	name	effectName	shortName	type	inter1	inter2	parm	interactionType
1	fr4wav	constant fr4wav rate (period 1)	Rate	rate			0	
2	fr4wav	constant fr4wav rate (period 2)	Rate	rate			0	
3	fr4wav	constant fr4wav rate (period 3)	Rate	rate			0	
4	fr4wav	outdegree effect on rate fr4wav	outRate	rate			0	
5	fr4wav	indegree effect on rate fr4wav	inRate	rate			0	
6	fr4wav	reciprocity effect on rate fr4wav	recipRate	rate			0	
7	fr4wav	effect 1/outdegree on rate fr4wav	outRateInv	rate			0	
8	fr4wav	effect ln(outdegree+1) on rate fr4wav	outRateLog	rate			1	
9	fr4wav	effect gender on rate	RateX	rate	gender		0	
10	fr4wav	effect smokebeh on rate	RateX	rate	smokebeh		0	
11	fr4wav	outdegree (density)	density	eval			0	dyadic
12	fr4wav	outdegree (density)	density	endow			0	dyadic
13	fr4wav	outdegree (density)	density	creation			0	dyadic
14	fr4wav	outdegree (density)	density	gmm			0	dyadic
15	fr4wav	reciprocity	recip	eval			0	dyadic
16	fr4wav	reciprocity	recip	endow			0	dyadic
17	fr4wav	reciprocity	recip	creation			0	dyadic
18	fr4wav	reciprocity	recip	gmm			0	dyadic
19	fr4wav	new recip.	newrecip	gmm			0	dyadic
20	fr4wav	persistent recip.	persistrecip	gmm			0	dyadic
21	fr4wav	real recip.	realrecip	gmm			0	dyadic
22	fr4wav	transitive triplets	transTrip	eval			0	
23	fr4wav	transitive triplets	transTrip	endow			0	
24	fr4wav	transitive triplets	transTrip	creation			0	
25	fr4wav	transitive triplets	transTrip	gmm			0	
26	fr4wav	real trans. trip.	realtrans	gmm			0	
27	fr4wav	agree trans. trip.	agreetrans	gmm			0	
28	fr4wav	transitive ties	transTies	gmm			0	
29	fr4wav	transitive triplets (1)	transTrip1	eval			0	dyadic
30	fr4wav	transitive triplets (1)	transTrip1	endow			0	dyadic
31	fr4wav	transitive triplets (1)	transTrip1	creation			0	dyadic
32	fr4wav	transitive triplets (2)	transTrip2	eval			0	dyadic
33	fr4wav	transitive triplets (2)	transTrip2	endow			0	dyadic
34	fr4wav	transitive triplets (2)	transTrip2	creation			0	dyadic
35	fr4wav	transitive mediated triplets	transMedTrip	eval			0	
36	fr4wav	transitive mediated triplets	transMedTrip	endow			0	
37	fr4wav	transitive mediated triplets	transMedTrip	creation			0	
38	fr4wav	transitive recipr. triplets	transRecTrip	eval			0	

코드 10.4.12 gender homophily effect

```
frndeff <- getEffects(friend)
frndeff <- includeEffects(frndeff, sameX,
                interaction1 = "gender", name = "fr4wav")
```

다음은 사회적 선택 관련하여 주효과에 대한 가설을 세운다. 첫 번째는 ego's smoking status에 기반하여 교우관계 연결을 더 많이 또는 더 적게 형성할 수 있다는 것이다.

반면에 교우관계 연결을 형성하는 가능도(likelihood)는 alter의 smoking status와 관련 있을 수 있다. 두 번째로는 smoking status가 같을수록 교우관계 연결을 형성할 수 있다는 가설을 세울 수 있다.

코드 10.4.13 ego smoking effect, alter smoking effect, smoking homophily effect

```
frndeff <- includeEffects(frndeff, egoX,
                    interaction1 = "smokebeh", name = "fr4wav")
frndeff <- includeEffects(frndeff, altX,
                    interaction1 = "smokebeh", name = "fr4wav")
frndeff <- includeEffects(frndeff, sameX,
                    interaction1 = "smokebeh", name = "fr4wav")
```

다음의 가설은 smoking status의 변화가 ego's friends의 smoking status의 패턴으로 설명할 수 있다는 가설이다. 행동 변화의 가능도가 alters에 대해 smoking status의 평균적인 유사성과 관련 있다는 것이다.

두 번째 가설은 영향력이 smoking status의 평균적인 유사성보다는 유사성 총합과 관련 있다는 것이다.

코드 10.4.14 "smoking status"의 social influence effect

```
frndeff <- includeEffects(frndeff, avSim,
                    interaction1 = "fr4wav", name = "smokebeh")
frndeff <- includeEffects(frndeff, totSim,
                    interaction1 = "fr4wav", name = "smokebeh")
# local structure effects
frndeff <- includeEffects(frndeff, recip, transTrip, name = "fr4wav")
```

교우관계 연결에 대한 경향을 reciprocated(recip)로 모형에 포함할뿐만 아니라 transitivity(transTrip)에 대한 패턴도 포함한 모형을 고려한다. 그러므로 local structural effects에 대해 검토할 수 있다.

10.4.3 모형에서의 추정

RSiena model에서 siena07() 함수를 이용하여 알고리즘, 데이터 그리고 이미 생성된 효과 객체 간에 전달된다.

코드 10.4.15 8개의 effect를 모두 포함한 모형

```
myalgorithm <- sienaAlgorithmCreate(projname='coevolve')

set.seed(999)
RSmod1 <- siena07(myalgorithm, data = friend,
               effects = frndeff, batch = TRUE,
               verbose = FALSE, useCluster = TRUE,
               initC = TRUE, nbrNodes = 3)
```

>>> **결과 10.4.15**

```
> RSmod1
Estimates, standard errors and convergence t-ratios
                                              Estimate    Standard     Convergence
                                                          Error        t-ratio
Network Dynamics
  1. rate constant fr4wav rate (period 1)     1.1667 (    0.3318 )     0.0358
  2. rate constant fr4wav rate (period 2)     1.1532 (    0.8238 )     0.0866
  3. rate constant fr4wav rate (period 3)     1.1388 (    0.3237 )     0.0095
  4. eval outdegree (density)                -3.1222 (    0.7782 )    -0.0103
  5. eval reciprocity                         0.7841 (    0.2544 )    -0.0241
  6. eval transitive triplets                 0.0922 (    0.0920 )     0.0047
  7. eval same gender                         1.2420 (    0.6063 )    -0.0052
  8. eval smokebeh alter                      0.7349 (    2.7620 )     0.0610
  9. eval smokebeh ego                       -0.0678 (    0.4450 )    -0.0363
 10. eval same smokebeh                       1.1939 (    2.0945 )    -0.0059
Behavior Dynamics
 11. rate rate smokebeh (period 1)            0.2975 (    0.9182 )     0.0651
```

```
  12. rate rate smokebeh (period 2)          0.3146 (      0.7286 )       0.0291
  13. rate rate smokebeh (period 3)          0.3265 (      0.4485 )       0.0656
  14. eval smokebeh linear shape             13.7880 (     3021.9433 )    0.0697
  15. eval smokebeh average similarity       124.2834 (    41732.4590 )   -0.1963
  16. eval smokebeh total similarity         -15.4407 (    5452.4877 )    -0.0130

Overall maximum convergence ratio:    1.4539
Total of 2340 iteration steps.
```

수렴성 t-비통계량(convergence t-ratio)은 각 추정량의 수렴성에 대한 검정이다(값이 작을수록 수렴성이 더 좋다). RSiena 매뉴얼에 따르면 0.01보다 작을수록 우수한 수렴성을 가진다고 할 수 있다. 절댓값이 0.15 미만이면 적절하다고 판단할 수 있다.

rate 추정값은 각 period(여기서 period 1은 wave1에서 wave2까지의 기간)에 대해 actor 당 변화 기회에 대한 추정값이다. eval 추정값은 네트워크 평가 함수에서의 가중값이다. 각 actor에 대해 특별한 네트워크 상태의 상대적인 'attractiveness'를 의미한다. 예를 들어, 동성(same gender)에 대한 양의 값은 actor들이 동성에 대해 연결 가능성이 커진다는 뜻이다.

평가 함수 가중값의 유의성 검정은 다음과 같다. 추정값을 표준편차로 나누어 t-통계량을 구하고 이러한 t-통계량의 절댓값이 2보다 크면 유의수준 0.05에서 유의하다고 할 수 있다.

이제 유의하지 않은 설명변수를 제거하고자 한다. 제거된 변수에 대해서는 'include= FALSE' 옵션을 사용한다.

10.4.5 모형 해석

네트워크 다이내믹스가 고려되어 적합한 모형에 대해 해석하고자 한다.

코드 10.4.16 total similarity, transitivity의 효과를 제거

```
frndeff2 <- includeEffects(frndeff, totSim,
```

```
                    interaction1 = "fr4wav",
                    name = "smokebeh",
                    include = FALSE)

frndeff2 <- includeEffects(frndeff2, transTrip,
                    name = "fr4wav",
                    include = FALSE)

myalgorithm <- sienaAlgorithmCreate(projname ='coevol2')
```

다음 단계로 prevAns=RSmod1 옵션을 사용해 RSmod1에 포함된 추정값을 기반으로 시작값을 명시한다.

코드 10.4.17 total similarity, transitivity의 효과를 제거한 모형

```
set.seed(999)
RSmod2 <- siena07(myalgorithm, data = friend,
             effects = frndeff2,
             prevAns = RSmod1,batch = TRUE,
             verbose = FALSE,useCluster = TRUE,
             initC = TRUE, nbrNodes = 3,
             returnDeps = TRUE)
RSmod2
```

>>> **결과 10.4.17**

```
> RSmod2
Estimates, standard errors and convergence t-ratios
                                          Estimate  Standard        Convergence
                                                               Error          t-ratio
Network Dynamics
  1. rate constant fr4wav rate (period 1)   1.1029 ( 2.035000e-01 )  -0.0264
  2. rate constant fr4wav rate (period 2)   1.0572 ( 1.847000e-01 )  -0.1323
  3. rate constant fr4wav rate (period 3)   1.4667 ( 7.495000e-01 )   1.7536
```

```
  4. eval outdegree (density)              -8.4248 ( 1.839827e+03 )     -0.7841
  5. eval reciprocity                      0.7863 ( 2.522000e-01 )      -0.7798
  6. eval same gender                      1.4457 ( 5.815000e-01 )      -0.8853
  7. eval smokebeh alter                   8.1444 ( 2.617760e+03 )      1.2345
  8. eval smokebeh ego                     -0.1498 ( 7.669000e-01 )     -0.2883
  9. eval same smokebeh                    8.7135 ( 2.618270e+03 )      0.3685

Behavior Dynamics
  10. rate rate smokebeh (period 1)        0.3038 ( 1.930000e-01 )      -0.0951
  11. rate rate smokebeh (period 2)        0.1877 ( 1.351000e-01 )      -1.3855
  12. rate rate smokebeh (period 3)        0.3057 ( 4.801000e-01 )      -0.3322
  13. eval smokebeh linear shape           48.5535 ( 5.866721e+07 )     -0.3808
  14. eval smokebeh average similarity     144.3535 ( 1.760017e+08 )    -0.0218
Overall maximum convergence ratio:         3.0096
Total of 2281 iteration steps.
```

RSmod2 모형 결과를 보면 유의하지 않은 변수들을 제거하고 이전 단계에서 계산된 가중값으로 시작하여 수렴성(convergence)을 향상시킨다. 흡연 행동에 대한 유사성 효과(similarity effect)는 양의 값이지만 표준편차 또한 크다. RSmod2 모형에서는 returnDeps =TRUE 옵션을 사용하여 필요한 모의실험된 비독립변수에 대한 보조적인 통계량을 저장하여 보유한다.

10.4.6 모형 적합도

적합도(Goodness-of-fit)는 sienaGOF() 함수로 구할 수 있다. RSienaTest 패키지에서는 이러한 함수를 이용해 네트워크를 발생하고 마할라노비스 거리(Mahalanobis distance) 함수를 이용하여 모의발생한 네트워크와 관측된 네트워크를 비교한다.

코드 10.4.18 simulated networks와 observed network의 indegree 분포를 비교

```
table(degree(fr_w4,mode = "in"))
```

```
gofi <- sienaGOF(RSmod2, IndegreeDistribution,
             levls = 1:10, verbose = FALSE, join = TRUE,
             varName = "fr4wav")
gofi
plot(gofi) # 그림 10.3
```

indegree의 범위를 1~10까지 옵션을 주고 네트워크를 발생시킨다.

>>> 결과 10.4.18

```
> table(degree(fr_w4, mode = "in"))
 1  2  3  4  5  6  7  8  9 10
 2  3  7  6  5  4  6  2  1  1

> gofi
Siena Goodness of Fit ( IndegreeDistribution ), all periods
=====
Monte Carlo Mahalanobis distance test p-value:  0.652
One tailed test used  (i.e. estimated probability of greater distance than observation).
Calculated joint MHD = ( 25.3 ) for current model.
```

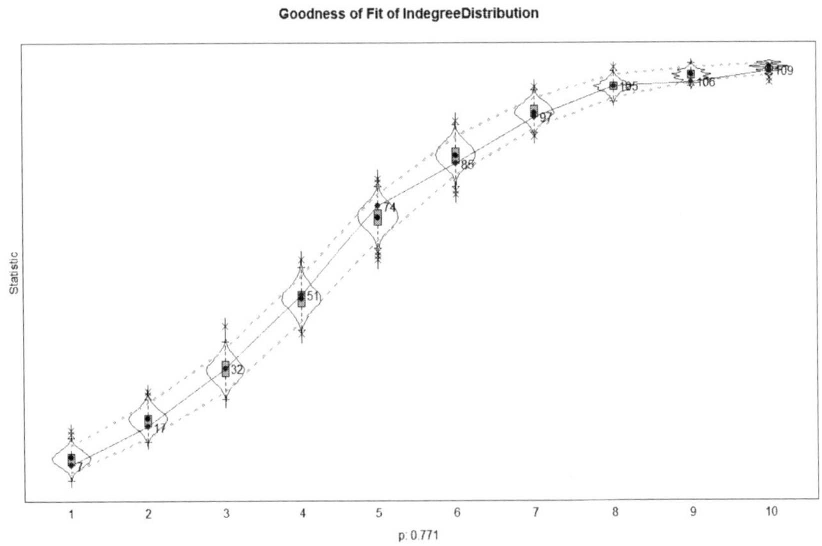

그림 10.3 indegree에 대한 적합도

simulated network들에 대한 기술통계량에 대한 바이올린 그림을 보여준다. 회색 점선은 95% 신뢰구간을 보여준다. 바이올린 그림 가운데 점(빨간색 점)은 기술통계량값으로 신뢰구간 내부에 포함되면 good fit으로 여겨진다.

RSiena는 사용자 친화적 통계함수를 지향한다. 다음의 예는 사용자 함수 TriadCensus() 정의 예를 보여준다. [그림 10.4]는 시간에 따른 가능한 패턴에 대해 triads 적합도를 보여준다. 참고로 [그림 10.5]는 가능한 triads 패턴을 보여준다.

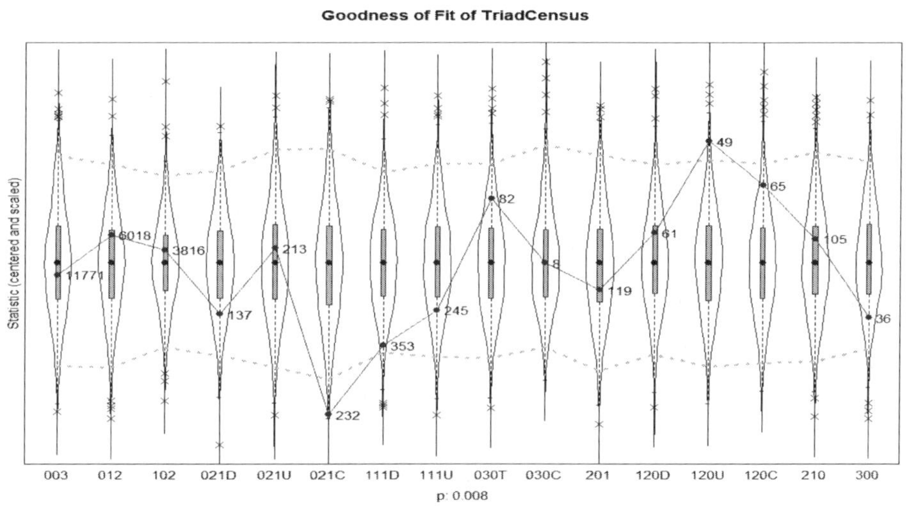

그림 10.4 시간에 따른 네트워크 적합도

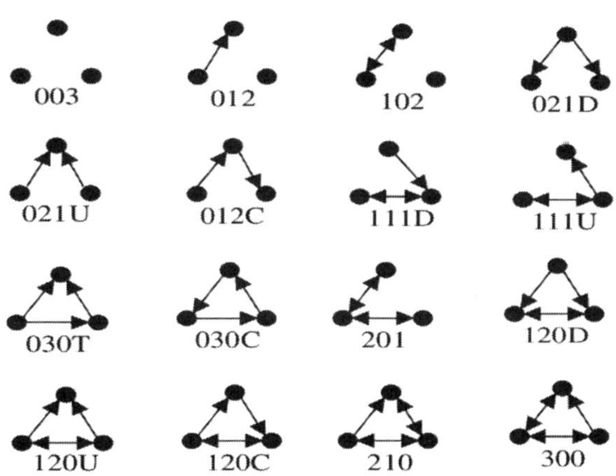

그림 10.5 시간에 따른 triad 예

세 개 숫자 라벨(순서대로)은 상호 링크 개수, 한쪽으로 링크(아크) 개수, 결측 링크 개수를 나타낸다.

알파벳 라벨은 C(cycle), T(transivity), D(down)를 나타낸다.

코드 10.4.19 가능한 triads 패턴을 위한 사용자 함수

```
TriadCensus <- function(i, data, sims, wave,
                groupName, varName, levls=1:16) {

    unloadNamespace("igraph") # to avoid package clashes

    require(sna)
    require(network)

    x <- networkExtraction(i, data, sims, wave,
                    groupName, varName)

    if (network.edgecount(x) <= 0){x <- symmetrize(x)}
    # because else triad.census(x) will lead to an error

    tc <- sna::triad.census(x)[1,levls]
    # names are transferred automatically

    tc
}

goftc <- sienaGOF(RSmod2, TriadCensus,
            varName = "fr4wav",
            verbose = FALSE, join = TRUE)
plot(goftc, center = TRUE, scale = TRUE) # 그림 10.4
```

10.4.7 모형에 대한 모의실험

모의발생한 네트워크 정보는 일반적으로 적합된 모형 객체(sims라고 불리는)로 저장된다. 이러한 정보는 각 period의 edgelist로 정리된다. 모의발생하는 네트워크의 디폴트 개수는 1,000개이다. 이처럼 특별한 모의실험을 수행할 때 각 period 끝날 때마다 한 개의 예측된 네트워크가 생성된다.

교우관계 데이터 예에서는 4개 wave이므로 3개 모의실험되어 예측된 네트워크가 생성된다. sims 정보의 일반적인 구조는 다음의 코드에서 보여준다. 다음의 코드에서는 500번째 모의실험 수행 결과이다.

코드 10.4.20 500번째 simulation 결과 추정된 network

```
str(RSmod2$sims[[500]])
```

>>> **결과 10.4.20**

```
> str(RSmod2$sims[[500]])
List of 1
 $ Data1:List of 2
  ..$ fr4wav  :List of 3
  .. ..$ 1: int [1:188, 1:3] 1 1 1 2 2 2 2 3 3 3 ...
  .. ..$ 2: int [1:181, 1:3] 1 1 1 1 2 2 2 2 2 3 ...
  .. ..$ 3: int [1:194, 1:3] 1 2 2 2 2 2 2 3 3 3 ...
  ..$ smokebeh:List of 3
  .. ..$ 1: int [1:37] 1 0 0 0 0 1 1 0 0 0 ...
  .. ..$ 2: int [1:37] 1 0 0 0 0 1 0 0 0 0 ...
  .. ..$ 3: int [1:37] 1 0 0 1 0 1 0 0 0 0 ...
```

코드 10.4.21 500번째 simulation 결과 추정된 friendship network

```
#500번째 simulation 결과 추정된 friendship network
RSmod2$sims[[500]][[1]][[1]][[3]][1:25,]
#500번째 simulation 결과 추정된 smoking status
RSmod2$sims[[500]][[1]][[2]][[3]]
```

>>> **결과 10.4.21**

```
> RSmod2$sims[[500]][[1]][[1]][[3]][1:25,]
     [,1] [,2] [,3]
[1,]   1    7    1
[2,]   2    7    1
[3,]   2   17    1
          .
          .
          .
```

```
> RSmod2$sims[[500]][[1]][[2]][[3]]
[1] 1 0 0 1 0 1 0 0 0 0 1 0 0 1 1 1 1 0 0 0 0 0 0 1 0 0 1 0 0 0 0 0 0 1 0 0 1
```

다음의 코드에서는 추정된 네트워크를 igraph 객체로 변환하여 그래프를 살펴보고자 한다.

코드 10.4.22 추정된 network를 igraph 객체로 변환

```
library(igraph)
el <- RSmod2$sims[[500]][[1]][[1]][[3]]
sb <- RSmod2$sims[[500]][[1]][[2]][[3]]
fr_w4_sim <- graph.data.frame(el, directed = TRUE)
V(fr_w4_sim)$smoke <- sb
V(fr_w4_sim)$gender <- V(fr_w4)$gender
fr_w4_sim

modularity(fr_w4_sim, membership = V(fr_w4_sim)$smoke + 1)
modularity(fr_w4, membership = V(fr_w4)$smoke + 1)
```

>>> 결과 10.4.22

```
> modularity(fr_w4_sim, membership = V(fr_w4_sim)$smoke + 1)
[1] 0.09108301

> modularity(fr_w4, membership = V(fr_w4)$smoke + 1)
[1] 0.1290066
```

모의실험 결과 추정된 네 번째 웨이브 네트워크의 모듈성은 0.091이고, 원데이터로 네 번째 웨이브 네트워크에 대한 모듈성은 0.129이다

코드 10.4.23 관측 네트워크과 모의발생 네트워크와 비교

```
colors <- c("darkgreen", "SkyBlue2")
coord <- layout.kamada.kawai(fr_w4)

op <- par(mfrow=c(1,2),mar=c(1,1,2,1)) # 그림 10.6
plot(fr_w4, vertex.color = colors[V(fr_w4)$smoke + 1],
    vertex.shape = shapes[V(fr_w4)$gender],
    vertex.size = 10, main = "Observed - Wave 4",
    vertex.label = NA,
    edge.arrow.size = 0.5, layout=coord)
plot(fr_w4_sim, vertex.color=colors[V(fr_w4_sim)$smoke + 1],
    vertex.shape = shapes[V(fr_w4_sim)$gender],
    vertex.size = 10, main = "Simulated - Wave 4",
    vertex.label = NA,
    edge.arrow.size = 0.5, layout=coord)
par(op)
```

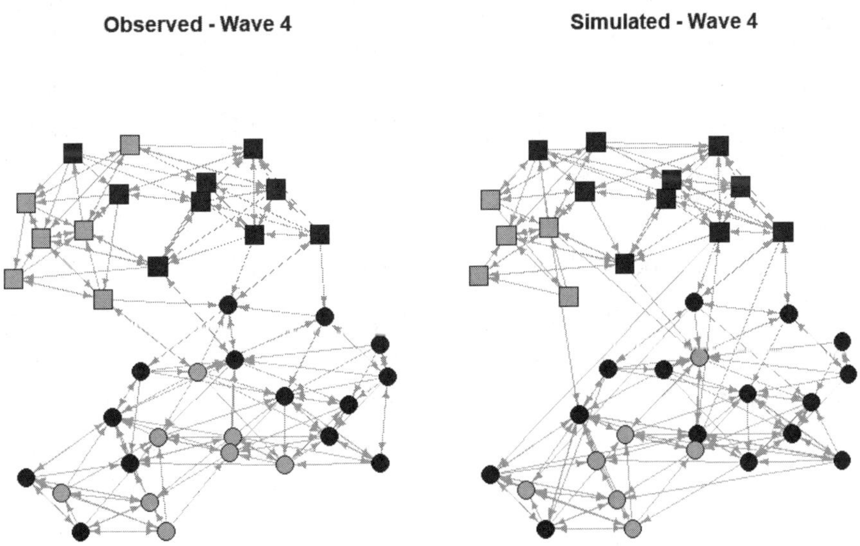

그림 10.6 관측 wave와 모의실험된 wave

연습문제

EXCERCISE

1. RSiena 패키지에 내장된 hn3401 네트워크 데이터에 대해 분석하고자 한다. 동적 네트워크 모형을 적합하고 설명하시오.

```
library(RSiena)
data(hn3401)
```

"Dutch Social Behavior Data Set"으로 네덜란드 도시의 고등학교에서 13~18세의 1,528명의 학생에 대한 사회적 행동 네트워크 데이터로 남녀별 2 wave survey data이다(Houtzager and Baerveldt, 1999). 다음과 같은 비행(delinquency)에 대해 질문지에 답을 작성하여 측정했다.

Offence	boys		girls	
	wave one (N=748)	wave two (N=663)	wave one (N=768)	wave two (N=651)
shoplifting	46.7	48.6	35.0	31.5
changing price tags in shops	30.2	37.2	32.9	29.4
dodging fares	52.9	60.4	47.9	48.2
buying stolen goods	37.2	48.4	18.1	22.5
theft of (small) goods from school	40.0	43.1	31.4	25.9
theft of money from home	22.5	21.9	23.8	23.0
theft of money from fellow pupil	4.8	5.9	1.6	1.0
theft of jacket/coat of another pupil	.9	2.4	.4	.0
burglary/forbidden entry in a house or shop	12.3	18.7	1.8	2.9
theft of a bike	21.8	28.0	5.7	6.7
theft of a motor bike	8.0	9.3	.9	.2
theft of something else	16.6	14.4	10.7	6.1
graffiti	37.0	37.4	27.2	25.7
vandalism in public transport	15.9	18.1	11.3	7.3
vandalism on the street	29.9	35.4	12.4	8.6
setting fire	48.8	46.3	20.1	14.6
damaging a bike	35.2	38.6	15.2	11.5
damaging a car	24.6	28.5	12.1	9.0
vandalism at school	31.8	27.6	17.8	10.9

smashing/throwing in a window	33.0	33.1	7.6	6.7
miscellaneous vandalism	10.7	7.7	4.0	2.9
unarmed fighting (kicking or hitting)	48.4	46.1	28.9	22.1
threatening with knife/other weapon	16.8	14.4	4.3	4.4

CHAPTER

11

네트워크 모의실험

네트워크 모의실험(network simulation)은 복잡한 과제이지만 네트워크 연구와 개발에 필수적인 과정이다.

11.1 네트워크 다이내믹스 모의실험

소셜 네트워크 분석으로 현실 상황을 반영하는 사회적 구조를 드러낼 수 있다. 정적인 소셜 네트워크 분석을 통해 이론적인 근거에 의한 관심 문제에 대해 분석을 하기도 한다.

그러나 소셜 네트워크는 동적이며 시간에 따라 변화한다. 또한, 네트워크 구성 자체도 변화한다. 예를 들어, 교우관계 네트워크는 교우관계 그룹을 확장하면서 네트워크가 커진다. 친구가 이사하거나 혹은 교우관계가 냉랭해지면서 네트워크가 축소된다. 또한, 중학교에서 고등학교 그리고 대학교로 이동하는 전환 시기를 거치며 교우관계 네트워크는 극적으로 변할 수 있다. 이와 같은 네트워크 다이내믹스(network dynamics) 유형은 구성원 노드 개수 변화뿐만 아니라 연결 관계 에지의 패턴도 변화한다.

다른 네트워크 다이내믹스의 예로는 소셜 네트워크 구성원의 특성이 네트워크 구조 자체의 특성에 의해 영향을 받는 경우로 들 수 있다. 공중보건 분야에서 사춘기 청소년은 친구 또는 가족 구성원이 흡연하면 이에 영향을 받아 흡연하는 경향이 크다고 알려져 있다.

이러한 네트워크 다이내믹스를 R에서 모의실험으로 구현하고자 한다.

11.2 사회적 선택에 대한 모의발생

네트워크 구조가 시간에 따라 변하는 경우 사회적 선택(social selection)이라는 기저 과정, 즉 새로운 연결을 형성하고 해제하는 선택과정이 있다고 가정할 수 있다. 사회적 선택 과정은 구성원 특성, 국지적 네트워크 구조 형성을 통해 발생하는 연결 형성 등을 포함한다. 사회과학에서 사회적 선택에 관한 광범위한 연구가 진행되어 왔으며 동질성(homophily)은 비슷한 성향일수록 연결을 형성하는 경향을 나타낸다.

11.2.1 모의실험 세팅

시간에 따라 변화 가능한 간단한 교우관계 네트워크를 만들고자 한다. 우선 노드가 25개인 랜덤 네트워크를 만든다.

코드 11.2.1 (1) 노드가 25개인 랜덤 네트워크(연결확률 p=0.10)

```
library(igraph)
N <- 25
netdum <- erdos.renyi.game(N, p=0.10)
graph.density(netdum)
mean(degree(netdum))
```

>>> 결과 11.2.1 (1) 노드가 25개인 랜덤네트워크의 밀도와 평균연결

```
> graph.density(netdum)
[1] 0.09666667
> mean(degree(netdum))
[1] 2.32
```

네트워크 변화를 만들어내는 노드 특성이 필요하다. 행동(behavior) 특성변수 Bh가 0~1 사이의 값을 갖도록 한다. 이후 해석을 위하여 범주형 노드 특성으로 BhCat 변수를 생성한다. 여기서 범주형 변수는 5개 수준을 갖도록 한다: 'very low', 'somewhat low', 'medium', 'somewhat high', 'very high' 수준을 갖는다.

코드 11.2.1 (2) 노드 특성으로 Bh 변수와 BhCat 변수 생성

```
Bh <- runif(N,0,1)
BhCat <- cut(Bh, breaks=5, labels = FALSE)
V(netdum)$Bh <- Bh
V(netdum)$BhCat <- BhCat
table(V(netdum)$BhCat)
```

>>> 결과 11.2.1 (2) 노드 특성값 빈도

```
> table(V(netdum)$BhCat)
1 2 3 4 5
8 4 2 7 4
```

코드 11.2.1 **(3) 노드 색깔 선택 후 네트워크 그림**

```
library(RColorBrewer)
my_pal <- brewer.pal(5, "OrRd") # orange color 5 level
V(netdum)$color <- my_pal[V(netdum)$BhCat]
crd_save <- layout.auto(netdum)
plot(netdum, layout = crd_save) # 그림 11.1
```

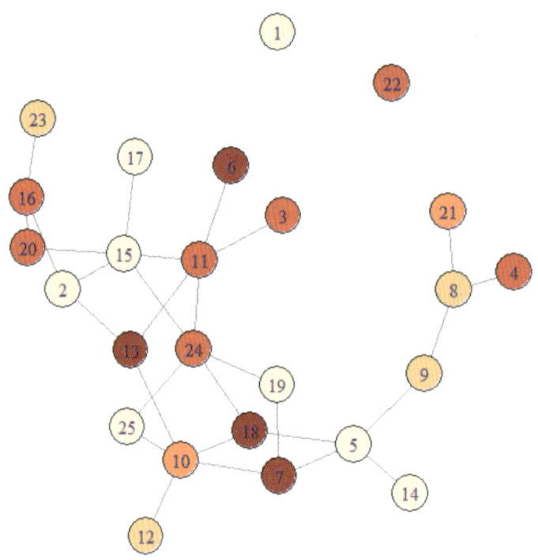

그림 11.1 노드가 25개를 가진 랜덤 네트워크

11.2.2 업데이트 함수 생성

모의실험을 만드는 과정을 시작하기 위해서 네트워크가 시간에 따라 변화하도록 다이내믹 네트워크 모형을 만들고자 한다. 네트워크 구조를 바꿀 수 있는 업데이트(update) 함수를 만들어야 한다. 즉, 두 개 노드 간 연결을 형성하거나 제거하는 함수이다. 그러기 위해서는 우선 네트워크의 노드 간 연결 여부를 파악해야 한다.

코드 11.2.2 **(1) 노드 간 연결 여부 파악**

```
g <- netdum #graph
get.adjlist(g)[24] #node 24
g[[24,]]
```

>>> 결과 11.2.2 (1)

```
> get.adjlist(g)[24] #node 24
[[1]]
+ 5/25 vertices, from 9cfb5d7:
[1] 11 15 18 19 25

> g[[24,]]
[[1]]
+ 5/25 vertices, from 9cfb5d7:
[1] 11 15 18 19 25
```

24번 노드에 연결된 노드는 11, 15, 18, 19, 25임을 알 수 있다.

코드 11.2.2 **(2) 24번 노드에 연결된 노드 15번을 제거한 후 연결된 노드**

```
gdum <- g
gdum[24,15] <- FALSE
get.adjlist(gdum)[24]
```

>>> 결과 11.2.2 (2)

```
> get.adjlist(gdum)[24]
[[1]]
+ 4/25 vertices, from f4286f0:
[1] 11 18 19 25
```

24번 노드에 연결된 노드 15번을 제거한 후 연결된 노드는 11, 18, 19, 25임을 알 수 있다.

코드 11.2.2 (3) 24번 노드에 연결된 노드 중 BhDiff가 최대인 노드를 제거 후 연결된 노드

```
gdum <- g
V_adj <- unlist(get.adjlist(g)[24])
BhDiff <- abs(V(g)[V_adj]$Bh - V(g)[24]$Bh)
BhDiff
V_sel <- V_adj[BhDiff == max(BhDiff)]
gdum[24,V_sel] <- FALSE
get.adjlist(gdum)[24]
plot(gdum, layout = crd_save)  # 그림 11.2
```

>>> **결과 11.2.2 (3)**

```
> BhDiff
[1] 0.06085614 0.50826156 0.11387624 0.53817516 0.64221965

> get.adjlist(gdum)[24]
[[1]]
+ 4/25 vertices, from 18903c2:
[1] 11 15 18 19
```

24번 노드에 연결된 노드 중 BhDiff가 최대인 노드를 제거한 후 연결된 노드는 11, 15, 18, 19임을 알 수 있다.

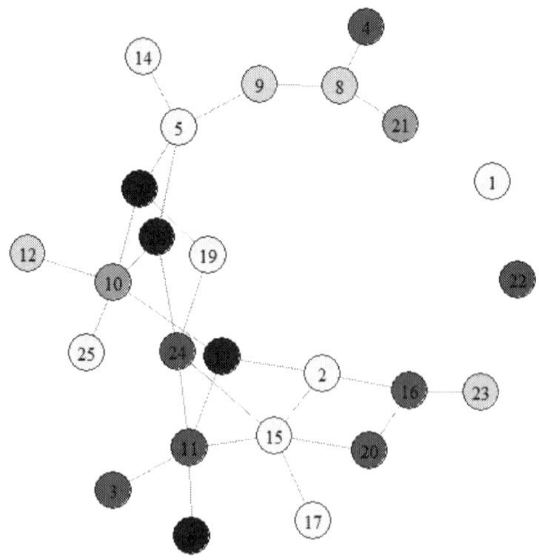

그림 11.2 24번 노드에 연결된 노드 중 25번 노드의 에지를 제거한 후 네트워크

이번에는 연결된 에지를 랜덤하게 제거하고자 한다. 인접한 노드 중 랜덤하게 한 개를 제거한다.

코드 11.2.2 **(4) 인접한 노드 중 랜덤하게 한 개 에지를 제거**

```
gdum <- g
V_sel <- sample(V_adj, 1, prob=BhDiff)
gdum[24,V_sel] <- FALSE
get.adjlist(gdum)[24]
```

>>> 결과 11.2.2 (4)

```
> get.adjlist(gdum)[24]
[[1]]
+ 4/25 vertices, from 217f560:
[1] 11 15 18 25
```

코드 11.2.2 **(5) BhDiff 확률로 추출**

```
smplCheck <- sample(V_adj, 500, replace=TRUE, prob=BhDiff)
table(smplCheck)
```

>>> 결과 11.2.2 (5)

```
> table(smplCheck)
smplCheck
 11  15  18  19  25
 18 127  28 160 167
```

BhDiff 확률로 추출한 결과 25번 노드가 가장 선택될 가능성이 크다.

코드 11.2.2 **(6) BhDiff2 확률**

```
vtx <- 24
nodes <- 1:vcount(g)
V_nonadj <- nodes[-c(vtx,V_adj)]
```

```
V_nonadj

BhDiff2 <- 1-abs(V(g)[V_nonadj]$Bh - V(g)[vtx]$Bh)
BhDiff2
Sel_V <- sample(V_nonadj,1,prob=BhDiff2)
gnew <- g
gnew[vtx,Sel_V] <- TRUE
get.adjlist(gnew)[vtx]
```

>>> 결과 11.2.2 (6)

```
> V_nonadj
 [1]  1  2  3  4  5  6  7  8  9 10 12 13 14 16 17 20 21 22 23

> BhDiff2
 [1] 0.5105366 0.3832888 0.9396298 0.9702495 0.4594583 0.7251028 0.8477799
 [8] 0.5947538 0.6273876 0.8620502 0.6381724 0.8603379 0.4731034 0.9163128
[15] 0.4651356 0.9265056 0.8670135 0.9976900 0.5637531

> get.adjlist(gnew)[vtx]
[[1]]
+ 6/25 vertices, from f6c0071:
[1]  2 11 15 18 19 25
```

코드 11.2.2 (7) BhDiff2 확률로 추출

```
Sel_V <- sample(V_nonadj,1,prob=BhDiff2)
Sel_V
gnew <- g
gnew[vtx,Sel_V] <- TRUE
get.adjlist(gnew)[vtx]

E(gnew)$color <- "skyblue"   #edge color
E(gnew, P = c(vtx, Sel_V))$color <- "green"
plot(gnew, layout = crd_save)
```

>>> **결과 11.2.2 (7)**

```
> Sel_V
[1] 3
> get.adjlist(gnew)[vtx]
[[1]]
+ 6/25 vertices, from 77bf8f0:
[1]  3 11 15 18 19 25
```

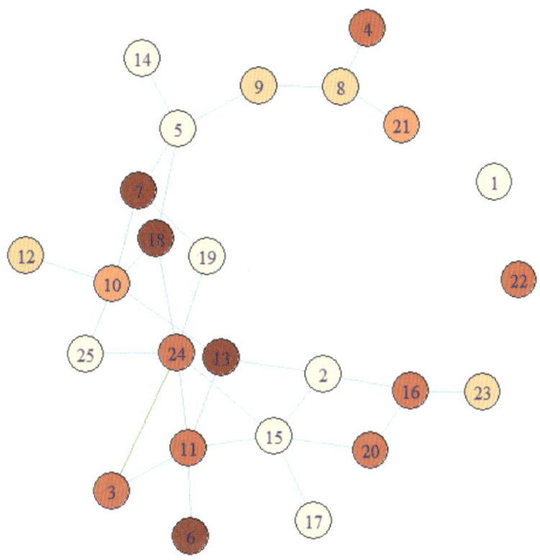

그림 11.3 24번 노드와 확률 추출로 선택된 노드는 녹색(green)으로 연결한 네트워크

코드 11.2.3 **업데이트 사용자 함수**

```
# user-defined update function
Sel_update <- function(g,vtx){
 V_adj <- neighbors(g,vtx)
 if(length(V_adj)==0) return(g)
 BhDiff1 <- abs(V(g)[V_adj]$Bh - V(g)[vtx]$Bh)
 Sel_V <- sample(V_adj,1,prob=BhDiff1)
 g[vtx,Sel_V] <- FALSE
 nodes <- 1:vcount(g)
 V_nonadj <- nodes[-c(vtx,V_adj)]
 BhDiff2 <- 1-abs(V(g)[V_nonadj]$Bh - V(g)[vtx]$Bh)
 Sel_V <- sample(V_nonadj,1,prob=BhDiff2)
```

```
g[vtx,Sel_V] <- TRUE
g
}
gtst <- g
node <- 24
gnew <- Sel_update(g,node)
neighbors(gtst,node)
neighbors(gnew,node)
```

>>> **결과 11.2.3**

```
> neighbors(gtst,node)
+ 5/25 vertices, from 9cfb5d7:
[1] 11 15 18 19 25
> neighbors(gnew,node)
+ 5/25 vertices, from 4301270:
[1]  6 11 18 19 25
```

코드 11.2.4 (1) 모의실험 사용자 함수

```
# user-defined function
Sel_sim <- function(g,upd){
g_lst <- lapply(1:(upd+1), function(i) i)
g_lst[[1]] <- g
for (i in 1:upd) {
gnew <- g_lst[[i]]
node <- sample(1:vcount(g),1)
gupd <- Sel_update(gnew,node)
g_lst[[i+1]] <- gupd
}
g_lst
}

N <- 100
netdum <- erdos.renyi.game(N, p=0.10)
```

```
graph.density(netdum)
mean(degree(netdum))
Bh <- runif(N,0,1)
BhCat <- cut(Bh, breaks=5, labels = FALSE)
V(netdum)$Bh <- Bh
V(netdum)$BhCat <- BhCat
table(V(netdum)$BhCat)

set.seed(999)
g_lst <- Sel_sim(netdum,500)
length(g_lst)
summary(g_lst[[1]])
```

>>> 결과 11.2.4 (1)

```
> graph.density(netdum)
[1] 0.09858586
> mean(degree(netdum))
[1] 9.76

> table(V(netdum)$BhCat)
 1  2  3  4  5
21 24 18 20 17

> length(g_lst)
[1] 501
> summary(g_lst[[1]])
IGRAPH 2c87a91 U--- 100 488 -- Erdos renyi (gnp) graph
+ attr: name (g/c), type (g/c), loops (g/l), p (g/n), Bh (v/n),
| BhCat (v/n)
```

코드 11.2.4 (2) 여러 가지 네트워크 통계량

```
graph.density(g_lst[[1]])
graph.density(g_lst[[501]])
```

```
neighbors(g_lst[[1]],1)
neighbors(g_lst[[501]],1)

modularity(g_lst[[1]],BhCat)
modularity(g_lst[[501]],BhCat)
```

>>> 결과 11.2.4 (2)

```
> graph.density(g_lst[[1]])
[1] 0.09858586
> graph.density(g_lst[[501]])
[1] 0.09858586
> neighbors(g_lst[[1]],1)
+ 9/100 vertices, from 2c87a91:
[1] 17 22 23 36 58 63 71 75 77
> neighbors(g_lst[[501]],1)
+ 9/100 vertices, from 2d62ccb:
[1]  5 17 22 23 33 36 45 58 63
> modularity(g_lst[[1]],BhCat)
[1] 0.00380652
> modularity(g_lst[[501]],BhCat)
[1] 0.1917936
```

코드 11.2.4 (3) 모듈성

```
sim_stat <- unlist(lapply(g_lst, function(u)
modularity(u,V(u)$BhCat)))
op <- par(mfrow=(c(1,2)))
plot(density(sim_stat),main="",xlab="Modularity")
plot(0:500,sim_stat,type="l",
xlab="Simulation Step",ylab="Modularity")
par(op)
```

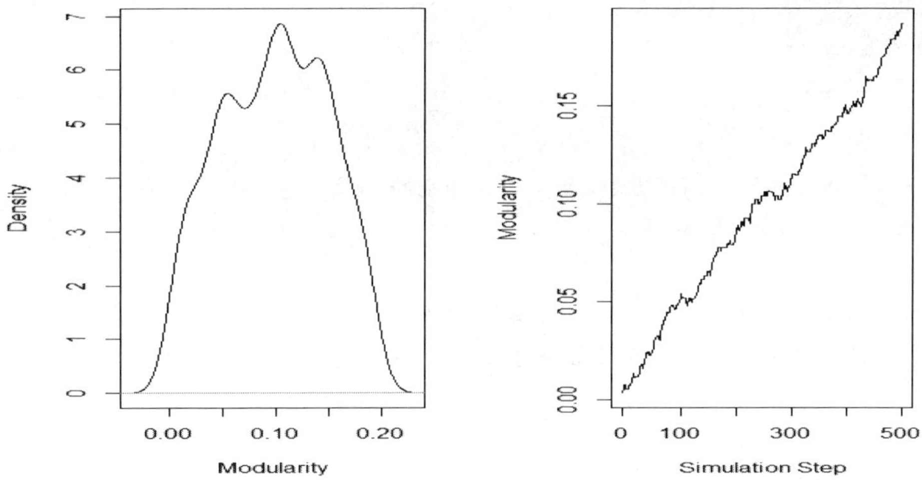

그림 11.4 모의실험에서의 모듈성

모의실험 진행에 따라 모듈성의 변동성이 있으며 모의실험 순서에 따라 모듈성은 증가한다.

연습문제
EXCERCISE

1. 노드가 30개인 랜덤 네트워크(연결확률 p=0.10)를 생성하시오.
   (a) 여러 가지 네트워크 통계량을 구하시오.
   (b) 네트워크 그래프를 그리시오.
   (c) 속성변수 X가 0~10 사이의 값을 갖도록 연속형 변수를 생성하시오.
   (d) 속성변수 Z가 5개 수준(A, B, C, D, E)을 갖도록 범주형 변수를 생성하시오.

2. 노드 10개를 가진 네트워크로 노드 간 연결확률 p=0.20을 갖도록 대칭적인 인접행렬을 생성하고 출력하시오.

3. 다음의 R 패키지를 사용하여 네트워크 모의실험을 수행하시오.

```
library(NetSim)
help(NetSim)
```

CHAPTER

12

네트워크 토폴로지 추론

네트워크 토폴로지(network topology)는 노드와 에지가 물리적, 논리적으로 어떻게 연결되는지 정렬됨을 보여주고자 한다.

12.1 네트워크 토폴로지 추론이란

네트워크는 여러 가지 방법으로 생성되며 다양한 수준을 가질 수 있다. 네트워크에서 두 노드 간 에지 존재 여부에 대해 평가하는 데 불확실성이 별로 없다면 모든 노드 쌍 간 에지 평가를 할 수 있다. 예를 들어, Facebook 친구에 대한 네트워크를 고려하면 두 노드 간 에지 출현 여부로 알 수 있다.

다른 상황으로 네트워크 그래프가 명확하지 않은 경우를 들어보자. 네트워크의 잠재적인 에지 존재 상태에 대한 정보를 가질 수 있지만, 전부는 아니며, 또한 에지 여부를 직접 평가할 수 없는 경우로 노드 또는 에지에 대한 속성을 추정에 의존해야 하는 경우이다. 이러한 네트워크에 대해서는 통계적 모형과 추론 기법을 활용하여 데이터뿐만 아니라 사전 정보를 활용하여 네트워크 구성에 대해 이해를 하는 작업을 네트워크 토폴로지 추론(network topology inference)이라고 한다.

관심 있는 시스템에 대해 다음의 측정을 한다고 하자. 노드 속성(vertex attribute)을 나타내는 벡터를 $\boldsymbol{x}=(x_1,\ldots,x_{N_v})^\top$ 라고 놓는다. 에지를 나타내는 이진 변수(binary indicator) 벡터는 $\boldsymbol{y}=[y_{ij}]$로 표기한다.

$\widetilde{G}$는 가능한 네트워크 그래프 G의 집합이다(collection of potential network graphs). $\widetilde{G}$로부터 시스템을 가장 잘 설명할 수 있는 적절한 네트워크 G를 선택하는 것이 연구목표라고 할 수 있다.

이 장에서는 세 가지 네트워크 토폴로지 추론의 문제에 중점을 둔다. 12.2절에서는 정점 쌍의 하위 집합을 포함하는 측정을 사용하여 한 쌍의 정점 사이에 에지 여부를 추론하는 문제를 다루고 12.3절에서는 연관 네트워크(association network)의 추론에 대해 논의하고 12.4절에서 단층망(tomography) 추론 문제를 간략히 살펴보고자 한다.

12.2 링크예측

$\boldsymbol{Y}$를 네트워크 그래프 $G=(V,E)$에 대한 $N_v \times N_v$ 랜덤 이진 인접행렬(binary adjacency matrix)이라고 하자. $\boldsymbol{Y}$의 일부만 관찰되고 일부는 누락되었다고 가정할 때 관찰된 요소를 $\boldsymbol{Y}^{obs}$, 빠진 요소를 $\boldsymbol{Y}^{miss}$로 표기한다. 링크예측은 $\boldsymbol{Y}^{obs}=\boldsymbol{y}^{obs}$와 다양한 정점 속성 변수 $\boldsymbol{X}=\boldsymbol{x}=(x_1,\ldots,x_{N_v})^{\top}$가 주어졌을 때 $\boldsymbol{Y}^{miss}$를 예측하는 것이다. [그림 12.1]은 링크예측 문제를 보여주고 있다.

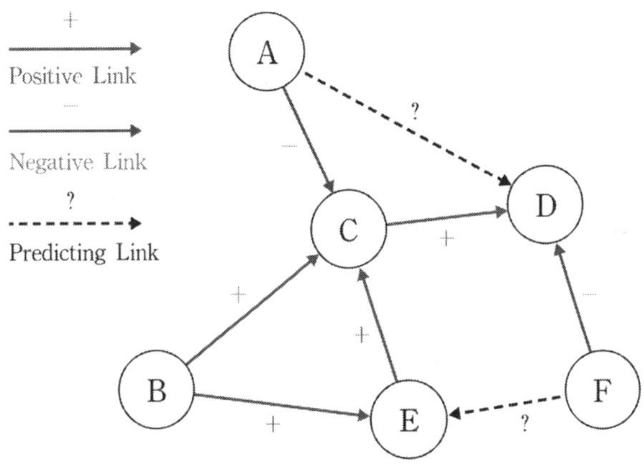

그림 12.1 링크가 결측인 경우 링크예측 문제

링크예측(link prediction) 문제에 대해 여러 가지 방법이 제안되었다. 에지에 대한 결측은 missing at random이라고 가정한다. 이러한 가정하에서는 에지의 확률은 에지 변수의 관측 여부에 의존한다. 다음의 확률

$$P(\boldsymbol{Y}^{miss} \mid \boldsymbol{Y}^{obs}=\boldsymbol{y}^{obs}, \boldsymbol{X}=\boldsymbol{x}). \tag{12.1}$$

을 계산하고자 한다.

그러나 $\boldsymbol{Y}^{miss}$를 개별로 추정하기보다는 모형 기반 전략(model-based strategy)이 필요하다. $\boldsymbol{Y}_{ij}^{miss}$를 결합확률을 고려하여 추정하는 방법은 강력한 대안이라고 할 수 있다.

K-folds 방법은 missing-at-random by design이며 이러한 모형에서 Y_{ij}에 대한 사후예측(posterior expectation)으로 i,j 노드 간 에지예측(edge prediction)을 한다.

다른 방법으로는 점수화 방법(scoring method)이 있다. 즉, 점수함수(score function)를 이용하여 점수를 주는 방법으로 상당히 효과적이다.

점수화 방법(scoring method)에는 여러 가지 방법이 있다. $\boldsymbol{Y}^{obs}$와 관련된 네트워크 그래프 $G^{obs}=(V^{obs}, E^{obs})$에 대한 구조적인 특성을 평가하기 위한 점수함수를 고려한다.

(1) i,j 노드 간 에지 정보가 없는 경우 '작은 세상' 원칙에서 영감을 얻은 간단한 점수함수

$$s(i,j)=-dist_{G_{obs}}(i,j). \tag{12.2}$$

즉, i,j 노드 간 최단거리를 음수로 만든다. 그러므로 i,j 노드 간 에지를 공유할수록 큰 점수값을 갖는다.

(2) 관측된 공통이웃(common neighbors) 개수를 기반으로 한 점수함수

$$s(i,j)=\left|N_i^{obs}\cap N_j^{obs}\right|. \tag{12.3}$$

여기서 N_i^{obs}는 노드 i의 이웃 개수, N_j^{obs}는 노드 j의 이웃 개수를 의미한다.

[정의 12.1] 자카드 계수 점수(Jaccard coefficient score)는

$$s(i,j)=\frac{|N_i^{obs}\cap N_j^{obs}|}{|N_i^{obs}\cup N_j^{obs}|}, \tag{12.4}$$

으로 정의한다. 즉, 관측된 공통이웃 개수를 표준화한 것이다.

[정의 12.2] 수정된 자카드 계수 점수(modified Jaccard coefficient score)

$$s(i,j)=\sum_{k\in N_i^{obs}\cap N_j^{obs}}\frac{1}{\log|N_k^{obs}|}. \tag{12.5}$$

(3) 수정된 자카드 계수 점수는 자카드 계수 점수를 일반화한 것으로 서로 밀접하게 연결되지 않은 노드 i와 j의 공통이웃에 더 많은 가중값을 부여한다. 즉, 느슨하게 연결된 공통이웃에 가중값을 더 준다.

예제 12.2.1

French political blogs 네트워크 데이터에 대한 네트워크 토폴로지를 보고자 한다.

코드 12.2.1 fblog network의 각 정점 쌍에 대한 가장 가까운 공통이웃의 수

```
library(sand)
nv <- vcount(fblog)
ncn <- numeric()
A <- get.adjacency(fblog)

for(i in (1:(nv-1))){
  ni <- neighborhood(fblog, 1, i)
  nj <- neighborhood(fblog, 1, (i+1):nv)
  nbhd.ij <- mapply(intersect, ni, nj, SIMPLIFY=FALSE)
  temp <- unlist(lapply(nbhd.ij, length)) -
     2 * A[i, (i+1):nv]
   ncn <- c(ncn, temp)
}
```

코드 12.2.2 fblog network의 바이올린그림

```
library(vioplot)
Avec <- A[lower.tri(A)]
vioplot(ncn[Avec==0], ncn[Avec==1], names=c("No Edge", "Edge"), col="magenta")
title(ylab="Number of Common Neighbors")  # 그림 12.2
```

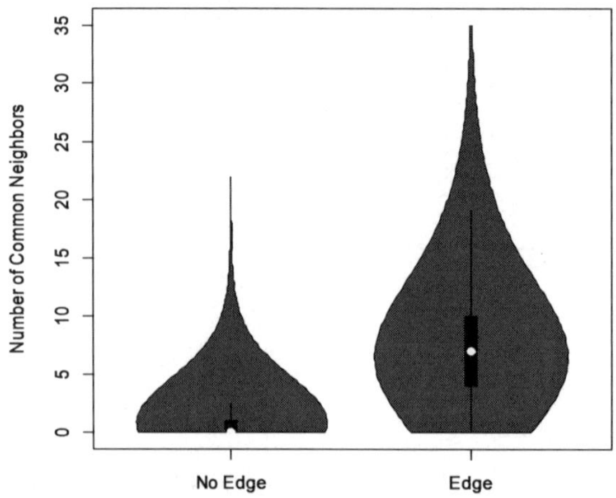

그림 12.2 common neighbors score statistics 비교한 바이올린 그림: 에지로 연결되지 않은 경우와 에지로 연결된 경우 공통이웃 개수

코드 12.2.3 fblog network의 AUC

```
library(ROCR)
pred <- prediction(ncn, Avec)
perf <- performance(pred, "auc")
slot(perf, "y.values")
```

>>> 결과 12.2.3

```
> slot(perf, "y.values")
[[1]]
[1] 0.9275179
```

12.3 연관 네트워크 추론

네트워크 그래프에서 에지를 정의하는 데 사용되는 규칙은 두 노드 속성 간 어떤 연관성(association)이 있어 보이는 것이다. 연관성 네트워크의 예는 과학 논문에서 인용 패턴, 영화배우 네트워크에서 공통으로 주연을 맡는 영화, 유전자 간 발현 영향을 주는 네트워크, 뇌 영역에서 기능적 연결성을 나타내는 네트워크 등이다.

이러한 네트워크에서 에지를 정의하는 규칙은 뚜렷한 역할을 하는 통계량 없이도 특정할 수 있다. 표본추출 또는 측정오차를 염두에 두면서 연관 네트워크(association network)를 만드는데 통계적 원칙 또는 방법을 적용할 수 있다.

노드집합은 $v \in V$로 표기한다. 노드 v는 m개 관측된 노드 속성을 포함한 벡터 $\boldsymbol{x}$를 갖는다. $\{\boldsymbol{x}_1, \ldots, \boldsymbol{x}_{N_v}\}$은 속성 벡터들의 집합이다.

$\text{sim}(i, j)$는 노드 i, j 간 사용자-정의된 유사성 측도로 두 노드 간 연관성을 나타낸다. 직접 관측된 것이 아니며 $\{\boldsymbol{x}_i\}$는 충분히 유용한 정보를 갖는다. 예를 들어, 상관관계(correlation)와 편상관관계(partial correlation)는 연관성 네트워크 추론에 널리 활용된다.

상관관계와 편상관관계를 기반으로 하는 연관성 네트워크 추론(association network inference)을 하는 방법에 대해 알아보자.

12.3.1 연관성 히트맵

예제 12.3.1

대장균 박테리아의 유전자 발현 수준의 40×153 인접행렬 데이터에 대해 연관 네트워크 분석을 하고자 한다.

코드 12.3.1

```
rm(list=ls())
data(Ecoli.data)
ls()
# Ecoli.expr heatmap
heatmap(scale(Ecoli.expr), Rowv=NA)  # 그림 12.3
```

>>> 결과 12.3.1 대장균 박테리아의 유전자 발현 데이터 Ecoli.expr

```
> ls()
[1] "Ecoli.expr" "regDB.adj"
```

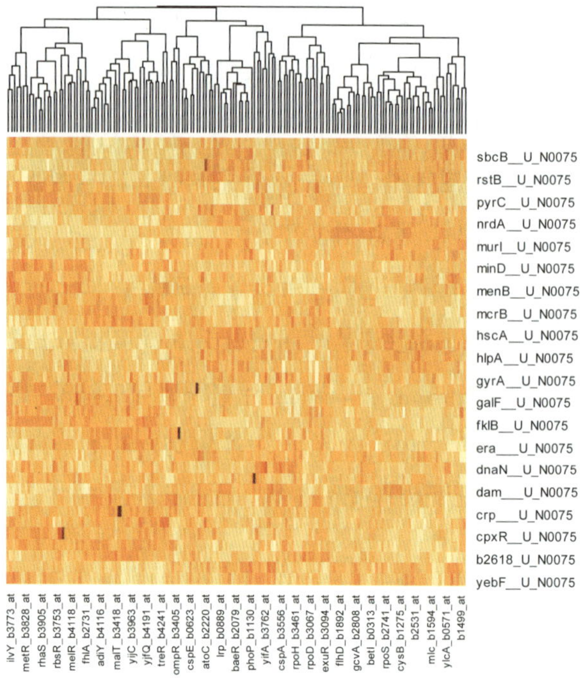

그림 12.3 대장균 박테리아 히트맵, 153 genes(열)에 대해 40개 실험(행)

예제 12.3.2

대장균의 무방향 인접행렬을 기반으로 그래프를 그리고자 한다.

코드 12.3.2 행렬을 네트워크 객체로 변환과 시각화

```
library(igraph)
g.regDB <- graph.adjacency(regDB.adj, "undirected")
plot(g.regDB, vertex.size=3, vertex.label=NA)  # 그림 12.4
```

\>>> **결과 12.3.2**

```
> summary(g.regDB)
IGRAPH b98b4fa UN-- 153 209 --
+ attr: name (v/c)
```

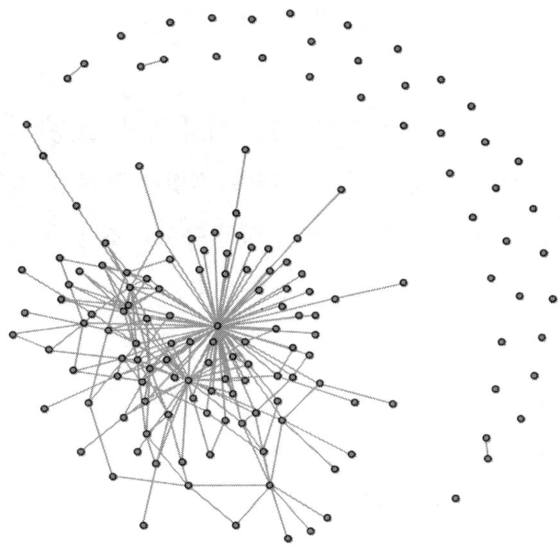

그림 12.4 대장균(E. coli) 데이터의 유전자 발현 네트워크 시각화(유전자 153개)

12.3.2 상관관계 네트워크

X는 노드집합 V에 속한 노드에 해당하는 관심 있는 (연속적인) 확률변수(random variable)이다. 노드 쌍 간 유사성을 $sim(i,j)=\rho_{ij}$로 놓는다. X_i와 X_j에 대한 Pearson correlation은

$$\rho_{ij} = corr_{x_i, x_j} = \frac{\sigma_{ij}}{\sqrt{\sigma_{ii}\sigma_{jj}}} \tag{12.6}$$

이다. 랜덤벡터 $(X_1, \ldots, X_{N_v})^\top$의 공분산행렬 $\Sigma = \{\sigma_{ij}\}$로 표현된다.

연관성 그래프는 다음의 에지집합

$$E = \left\{ \{i,j\} \in V^{(2)} : \rho_{ij} \neq 0 \right\} \tag{12.7}$$

을 가지며 상관성 그래프(correlation graph)로 부른다.

이러한 그래프에서 연관성 네트워크 그래프 추론 문제는 영이 아닌 상관성에 대한 추론 문제가 된다. 즉, 다음의 통계적 가설

$$H_0 : \rho_{ij} = 0 \quad \text{에 대해} \quad H_1 : \rho_{ij} \neq 0 \tag{12.8}$$

에 대한 가설검정 문제이다. 이러한 가설검정을 하기 위해서는 세 가지 해결 이슈가 있다. 첫 번째로 적절한 검정통계량 선택, 두 번째로 적절한 귀무가설하의 분포, 세 번째로 많은 개수($N_v(N_v-1)/2$ 가능한 에지 개수)의 검정이 동시에 진행되어야 한다.

이러한 문제에 대한 가설검정 과정은 다음과 같다.

(1) 데이터 표기: 노드 $i \in V$ 에 대해 X_i에 대해 n개 독립 관측 $x_{i1}, \ldots, x_{in}$이 있다.

(2) 검정통계량: 검정통계량은 경험적 상관계수(empirical correlation)

$$\widehat{\rho_{ij}} = \frac{\hat{\sigma}_{ij}}{\sqrt{\widehat{\sigma_{ii}}\widehat{\sigma_{jj}}}} \tag{12.9}$$

이다. 여기서 $\widehat{\sigma_{ij}}$는 σ_{ij}의 경험적인 측도로 추정량이다.

(3) 피셔변환: 모든 노드 쌍에 대해 이러한 통계량을 계산하고 피셔 변환(Fisher transformation)

$$z_{ij} = \tanh^{-1}(\hat{\rho}_{ij}) = \frac{1}{2}\log\left[\frac{(1+\hat{\rho}_{ij})}{(1-\hat{\rho}_{ij})}\right] \tag{12.10}$$

을 구한다.

(4) 귀무가설하에서 분포: 만일 (X_i, X_j)가 이변량 정규분포를 따른다면 $\widehat{\rho_{ij}}$의 확률분포는 귀무가설 $H_0 : \rho_{ij} = 0$하에서 n이 충분히 크면 가우스 확률변수 분포 $N\left(0, \dfrac{1}{n-3}\right)$로 근사된다.

(5) 검정법: 만일 $|z_{ij}| > \dfrac{z_{\alpha/2}}{\sqrt{n-3}}$이면 유의수준 α에서 귀무가설을 기각한다. 즉, (i,j)에 에지를 부여한다. 여기서 $z_{\alpha/2}$는 표준정규분포를 따르는 변수의 오른쪽 꼬리의 확률이 $\alpha/2$가 되는 분위수이다.

이러한 검정에서는 다음과 같이 오류율을 조절한다.

$$P_{H_0}(false\ edge) = P_{H_0}\left(|z_{ij}| > \frac{z_{\alpha/2}}{\sqrt{n-3}}\right) = \alpha.$$

대규모 네트워크에서 여러 개의 검정을 동시에 다루어야 하는 경우 다중검정 문제를 고려하여 Benjamini–Hochberg(1995) 조절 방법을 적용한다. 즉, p-값 계산 시 위발견율(false discovery rate, FDR)을 조절한 방법이다.

FDR(false discovery rate)은 다음과 같이

$$FDR = \boldsymbol{E}\left(\frac{R_{false}}{R}\middle| R > 0\right) \times P(R > 0) \tag{12.11}$$

로 정의된다. 여기서 R은 m개 가설검정 중 귀무가설을 기각하는 개수이고 R_{false}는 잘못 기각한(false Rejection) 개수이다. 주어진 유의수준 γ에서 $FDR \le \gamma$이 되도록 조절하고자 한다.

Benjamini–Hochberg 방법은 다음과 같다.

(1) FDR 조절을 위해 p-값을 오름차순으로 $p_{(j)}$로 놓는다.
즉, $p_{(1)} \le p_{(2)} \cdots \le p_{(m)}$이다.

(2) 미리 정한 유의수준 γ에 대해

$$p_{(j)} \le \left(\frac{j}{m}\right)\gamma \tag{12.12}$$

이면 귀무가설을 기각한다.

코드 12.3.3 유전자 네트워크의 전체 상관계수 계산과 검정

```
mycorr <- cor(Ecoli.expr)
```

```
z <- 0.5 * log((1 + mycorr) / (1 - mycorr))
z.vec <- z[upper.tri(z)]
n <- dim(Ecoli.expr)[1]

# p-value
corr.pvals <- 2 * pnorm(abs(z.vec), 0, sqrt(1 / (n-3)), lower.tail=FALSE)
length(corr.pvals)  # p-value rejections

# FDR
corr.pvals.adj <- p.adjust(corr.pvals, "BH")  # FDR adjusted p-value
length(corr.pvals.adj[corr.pvals.adj < 0.05])  # FDR rejections
```

>>> 결과 12.3.3

```
> length(corr.pvals) # p-value rejections
[1] 11628
> length(corr.pvals.adj[corr.pvals.adj < 0.05]) # FDR rejections
[1] 5227
```

FDR 조절로 검정한 결과 유의한 유전자 개수는 5,227개로 조절하지 않은 경우와는 큰 차이가 난다.

R 패키지 fdrtool에서는 통계량 S에 대한 혼합모형

$$f(s) = \eta_0 f_0(s) + (1 - \eta_0) f_1(s) \tag{12.13}$$

을 활용한다. 여기서 $f_0(s)$는 귀무가설하에서 통계량 S에 대한 확률밀도함수이고 $f_1(s)$는 대립가설하에서 통계량 S에 대한 확률밀도함수이다. η_0은 참 귀무가설 비율로 혼합모수이다. 다중검정은 FDR에 대해 정의된 개념과 FDR에 대한 조절을 통해 수행된다.

코드 12.3.4 **R 패키지 fdrtool 이용 empirical correlation 지정**

```
library(fdrtool)
# empirical correlation=>
```

```
mycorr.vec <- mycorr[upper.tri(mycorr)]
fdr <- fdrtool(mycorr.vec, statistic="correlation")
```

>>> **결과 12.3.4**

```
> fdr <- fdrtool(mycorr.vec, statistic="correlation")
Step 1... determine cutoff point
Step 2... estimate parameters of null distribution and eta0
Step 3... compute p-values and estimate empirical PDF/CDF
Step 4... compute q-values and local fdr
Step 5... prepare for plotting
```

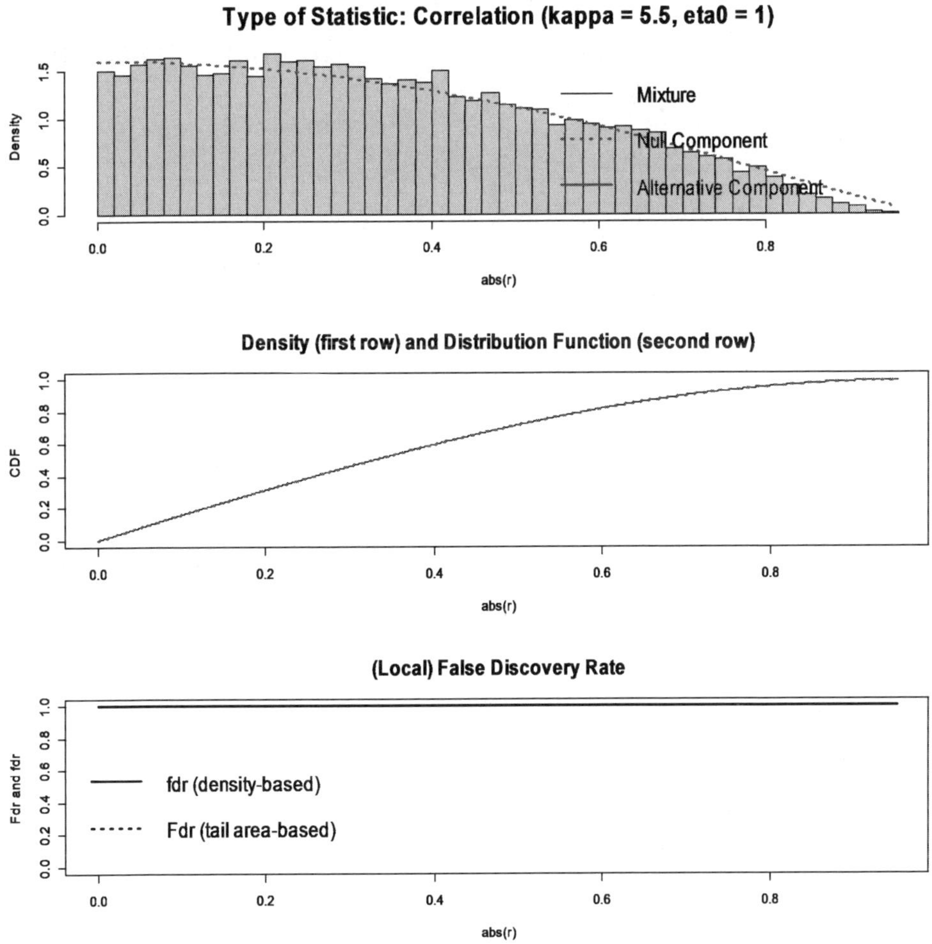

그림 12.5 대장균(E. coli) 데이터의 상관성(혼합모형)(위), 추정된 밀도함수 f(중간), 위발견율(FDR)(아래)

12.3.3 편상관 네트워크

피어슨 상관성 이용 시 '상관관계는 인과 관계를 의미하지 않는다'라는 것을 염두에 두어야 한다.

노드 $i,j \in V$는 상관성이 큰 속성 X_i, X_j을 가질 수 있으며 서로 영향력이 있기 때문일 수 있다. 그러나 이들의 상관성이 제삼자 노드 $k \in V$에 의해 상관성이 높아진 것이라면 두 노드 간 단순 상관성만 본다면 문제가 된다.

두 노드 간 직접적인 영향력을 본다면 편상관성(partial correlation)을 고려해야 한다.

노드 $i,j \in V$에 대한 속성 X_i, X_j에 대한 편상관성은 공통으로 영향을 받는 $X_{k_1}, \ldots, X_{k_m}$, $k_1, \ldots, k_m \in V \setminus \{i,j\}$에 대해 조절한 후의 상관성이다.

편상관성을 고려하여 편상관 네트워크(partial correlation network)를 만들고자 한다.

[정의 12.3] 편상관성(partial correlation)

X_i, X_j의 영향력 있는 공통 노드집합을 $S_m = \{k_1, \ldots, k_m\}$로 놓는다. $\boldsymbol{X}_{S_m} = (X_{k_1}, \cdots, X_{k_m})^T$에 대해 조절한 후 X_i, X_j의 편상관성은 다음과 같이 정의한다.

$$\rho_{ij}|s_m = \frac{\sigma_{ij|s_m}}{\sqrt{\sigma_{ii|s_m}\sigma_{jj|s_m}}}, \quad i,j \in V \tag{12.14}$$

여기서 $\sigma_{ii|S_m}$, $\sigma_{jj|S_m}$, $\sigma_{ij|S_m} = \sigma_{ji|S_m}$는 각각 2×2 편공분산행렬의 대각선 및 비대각선 요소이다.

[정의 12.4] 편공분산행렬

$$\boldsymbol{\Sigma}_{11|2} = \boldsymbol{\Sigma}_{11} - \boldsymbol{\Sigma}_{12}\boldsymbol{\Sigma}_{22}^{-1}\boldsymbol{\Sigma}_{21} \tag{12.15}$$

$\boldsymbol{\Sigma}_{11}$, $\boldsymbol{\Sigma}_{22}$와 $\boldsymbol{\Sigma}_{12} = \boldsymbol{\Sigma}_{21}^{\top}$는 $\boldsymbol{W}_1 = (X_i, X_j)^{\top}$과 $\boldsymbol{W}_2 = \boldsymbol{X}_{S_m}$에 대한 분할된 공분산행렬(partitioned covariance matrix)로 정의된다.

$$Cov\begin{pmatrix} \boldsymbol{W}_1 \\ \mathrm{W}_2 \end{pmatrix} = \begin{bmatrix} \boldsymbol{\Sigma}_{11} \, \boldsymbol{\Sigma}_{12} \\ \boldsymbol{\Sigma}_{21} \, \boldsymbol{\Sigma}_{22} \end{bmatrix}. \tag{12.16}$$

만약 $(X_i, X_j, X_{k_1}, \dots, X_{k_m})^\top$ 가 다변량 정규분포를 따른다면 X_i, X_j가 $\boldsymbol{X}_{S_m}$에 대해 조건부 독립(conditionally independent)일 경우만 $\rho_{ij|S_m} = 0$이다.

일반적으로 편상관성이 0일 때 반드시 독립성을 의미하지는 않는다. $m=1$인 경우 제삼자 노드 k의 속성 X_k에 조절된 X_i, X_j의 편상관성은

$$\rho_{ij|k} = \frac{\rho_{ij} - \rho_{ik}\rho_{jk}}{\sqrt{(1-\rho_{ik}^2)(1-\rho_{jk}^2)}.} \tag{12.17}$$

이다. m개의 다른 정점이 조건화되는 것과 관계없이 X_i와 X_j 사이에 상관관계가 있을 때만 에지가 존재하도록 다음과 같이 지시한다.

$$E = \left\{ \{i,j\} \in V^{(2)} : \rho_{ij|s_m} \neq 0, \ \text{for} \ \ all \ \ s_m \in V_{\setminus\{i,j\}}^{(m)} \right\} \tag{12.18}$$

여기서 $V_{\setminus\{i,j\}}^{(m)}$ 는 $V \setminus \{i,j\}$에서 m개 노드를 가진 모든 하위 집합이다.

연결가능성이 있는 에지 (i,j)에 대한 추론으로 관심가설은 다음과 같다.

$$\begin{aligned} &H_0 : \rho_{ij|S_m} = 0 \ \text{for} \ \ some \ \ S_m \in V_{\setminus\{i,j\}}^{(m)} \\ &\text{에 대해} \\ &H_1 : \rho_{ijverts_m} \neq 0 \ \text{tor} \ \ all \ \ S_m \in V_{\setminus\{i,j\}}^{(m)} \end{aligned} \tag{12.19}$$

네트워크 그래프 G에서 잠재적 에지 $\{i,j\}$의 유무를 결정하기 위한 가설검정을 한다. 상관성에 대한 검정과 마찬가지로 편상관성에 대해 피셔 변환을 다음과 같이

$$z_{ij|s_m} = \frac{1}{2}\log\left[\frac{(1+\hat{\rho}_{ij|s_m})}{(1-\hat{\rho}_{ij|s_m})}\right] \tag{12.20}$$

한다. $(X_i, X_j, X_{k_1}, \cdots, X_{k_m})^\top$ 이 다변량 정규분포를 따른다면 통계량 $z_{ij|s_m}$는 평균 0, 분산 $1/(n-m-3)$인 근사적으로 정규분포를 따른다.

다음과 같은 가설검정의 문제로 고려한다.

$$H'_0 : \rho_{ij|S_m} = 0 \quad \text{에 대해} \quad H'_1 : \rho_{ij|S_m} \neq 0, \tag{12.21}$$

S_m에 대해 p-값 $p_{ij|S_m}$에 대한 정보를 결합하여 가설 (12.21)에 대한 검정으로

$$p_{ij,\max} = \max\left\{p_{ij|S_m} : S_m \in V^{(m)}_{\setminus\{i,j\}}\right\} \tag{12.22}$$

을 계산하여 검정한다.

식 (12.16)을 사용하여 해당 경험적 편상관계수를 계산하고 평균 0 및 분산 $1/(n-4)$를 사용하여 해당 계수의 분포를 정규로 근사한다. 마지막으로 p-값은 (12.22)에 따르도록 R 코드를 실행한다.

성능(performance) 분석을 위해서는 정확도(precision)와 재현성(recall)을 계산하고 ROC 곡선을 그려본다. 여기서 정확도(precision)는 실제 링크를 실제 링크로 예측한 경우의 비율이다. 재현성(recall)은 제대로 예측된 경우의 비율이다. 방법별 ROC 곡선, 정확도와 재현성 그림을 보여준다(그림 12.6).

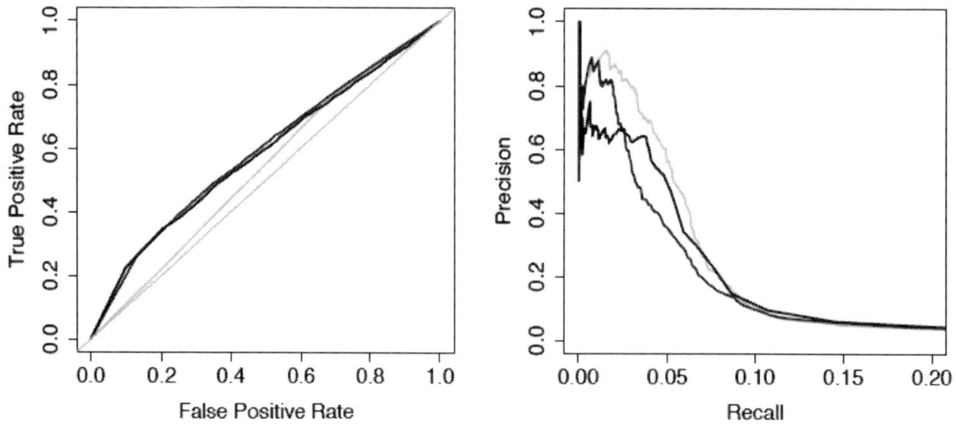

그림 12.6 ROC 곡선(왼쪽)과 Precision vs Recall 그림(오른쪽)

코드 12.3.5 경험적 편상관계수와 다중검정에 대한 p-값

```
pcorr.pvals <- matrix(0, dim(mycorr)[1],
dim(mycorr)[2])

for(i in seq(1, 153)){
for(j in seq(1, 153)){
rowi <- mycorr[i, -c(i, j)]
rowj <- mycorr[j, -c(i, j)]
tmp <- (mycorr[i, j] -
rowi*rowj)/sqrt((1-rowi^2) * (1-rowj^2))
tmp.zvals <- (0.5) * log((1+tmp) / (1-tmp))
tmp.s.zvals <- sqrt(n-4) * tmp.zvals
tmp.pvals <- 2 * pnorm(abs(tmp.s.zvals),
0, 1, lower.tail=FALSE)
pcorr.pvals[i, j] <- max(tmp.pvals)
}
}

pcorr.pvals.vec <- pcorr.pvals[lower.tri(pcorr.pvals)]
pcorr.pvals.adj <- p.adjust(pcorr.pvals.vec, "BH")
pcorr.edges <- (pcorr.pvals.adj < 0.05)
length(pcorr.pvals.adj[pcorr.edges])
```

>>> 결과 12.3.5 유의수준 0.05 지정

```
>length(pcorr.pvals.adj[pcorr.edges])
[1] 25
```

코드 12.3.6 네트워크 그래프 만들기

```
pcorr.A <- matrix(0, 153, 153)
pcorr.A[lower.tri(pcorr.A)] <- as.numeric(pcorr.edges)

g.pcorr <- graph.adjacency(pcorr.A, "undirected")
intersection(g.regDB, g.pcorr, byname=FALSE)
```

>>> **결과 12.3.6**

```
> intersection(g.regDB, g.pcorr, byname=FALSE)
IGRAPH 8cb7930 UN-- 153 4 --
+ attr: name (v/c)
+ edges from 8cb7930 (vertex names):
[1] yhiW_b3515_at--yhiX_b3516_at rhaR_b3906_at--rhaS_b3905_at
[3] marA_b1531_at--marR_b1530_at gutM_b2706_at--srlR_b2707_at
```

코드 12.3.7 fdrtool을 사용한 유사 분석

```
fdr <- fdrtool(pcorr.pvals.vec, statistic="pvalue", plot=FALSE)
pcorr.edges.2 <- (fdr$qval < 0.05)
length(fdr$qval[pcorr.edges.2])
```

>>> **결과 12.3.7**

```
> length(fdr$qval[pcorr.edges.2])
[1] 25
```

12.3.4 가우스 그래픽 모형 네트워크

노드 속성에 대한 특별한 경우로 $m = N_v - 2$이고 속성이 다변량 가우스 결합 분포를 갖는다고 가정하는 경우를 고려한다. 여기서 N_v는 노드 개수이다.

모든 노드에 대한 조건부 독립 그래프, 다변량 Gaussian 분포를 다음의 에지집합을 갖는 그래프 $G = (V, E)$를 조건부 독립 그래프(conditional independence graph)라고 한다.

$$E = \left\{ \{i, j\} \in V^{(2)} : \rho_{ij|V \setminus \{i,j\}} \neq 0 \right\} \tag{12.23}$$

$\rho_{ij|V \setminus \{i,j\}} = 0$이면 X_i와 X_j는 조건부 독립이다. 이러한 그래프로 다변량 가우스 분포와 결합된 그래프 $G = (V, E)$를 가우스 그래픽 모형(Gaussian graphical model)이라고 한다.

가우스 그래픽 모델에서 편상관계수의 표현은 다음과 같다.

$$\rho_{ij|V\setminus\{i,j\}} = \frac{-\omega_{ij}}{\sqrt{\omega_{ii}\omega_{jj}}} \tag{12.24}$$

여기서 ω_{ij}는 $\boldsymbol{\Omega} = \boldsymbol{\Sigma}^{-1}$의 (i,j) 위치에 놓인 요소이다. $\boldsymbol{\Omega}$는 정확도행렬(precision matrix)로 그래프 G의 에지들에 일대일 대응값이 있는 행렬이다.

다음의 가설에 대해 우도함수 기반으로 검정할 수 있다.

$$H_0 : \rho_{ij|V\setminus\{i,j\}} = 0 \text{ 대해 } H_1 : \rho_{ij|V\setminus\{i,j\}} \neq 0. \tag{12.25}$$

이러한 가설검정 문제는 공분산행렬 추정 문제로 이해될 수 있다. 즉, 대규모 네트워크에서 공분산행렬 추정은 도전적인 문제이다.

랜덤벡터 $(X_1,\cdots,X_{N_v})^\top$에 위에서 가정한 공분산 $\boldsymbol{\Sigma}$와 평균이 0인 다변량 가우스 분포를 따른다고 가정할 때 $\boldsymbol{X}^{(-i)} = (X_1,\ldots,X_{i-1},X_{i+1},\ldots,X_{N_v})^\top$에 대한 X_i의 조건부 기댓값

$$\boldsymbol{E}[X_i \mid \boldsymbol{X}^{(-i)} = \boldsymbol{x}^{(-i)}] = (\boldsymbol{\beta}^{(-i)})^\top \boldsymbol{x}^{(-i)}, \tag{12.26}$$

을 갖는다. 여기서 $\beta^{(-i)}$는 $(N_v - 1)$ 길이의 모수벡터이다.

회귀-기반 방법으로 최소 제곱 최적화로

$$\arg \min_{\tilde{\beta}:\, \beta_i = 0} \mathrm{E}\left[\left(X_i - \tilde{\boldsymbol{\beta}}^{(-i)}\mathrm{X}^{(-i)}\right)^2\right]. \tag{12.27}$$

해를 구한다. Meinshausen and Buhlmann(2006)이 제안한 추정량은 다음과 같다.

$$\hat{\boldsymbol{\beta}}^{(-i)} = \arg \min_{\tilde{\beta}:\, \tilde{\beta}_i} \sum_{k=1}^{n} \left(x_{ik} - (\boldsymbol{\beta}^{(-i)\top} \boldsymbol{x}_k^{(-i)}\right)^2 + \lambda \sum_{j \neq i} |\boldsymbol{\beta}_j^{(-i)}|. \tag{12.28}$$

Tibshirani(1996)의 Lasso 방법을 사용하여 $\beta^{(-i)}$의 계수를 추정하고 벌점 모수(penalty parameter) λ의 선택과 관련 X_i, X_j 간 연관성이 약하다고 느껴지는 경우

$\beta_j^{(-i)} = 0$로 한다.

이러한 아이디어를 실행하기 위해 해결해야 할 몇 가지 실질적인 문제는 다음과 같다.

(1) 데이터가 다변량 정규 가정을 따르는 정도를 평가한다.

(2) 벌점 모수 λ 선택이 포함된다.

'고차원, 무방향 그래프 추정'을 위한 huge(high-dimensional, undirected graph estimation) R 패키지는 이러한 두 가지 문제를 모두 해결하는 함수를 포함한다.

huge() 함수는 데이터를 정규분포에 가까운 주변 분포를 갖도록 변환하고 추정 문제를 안정화하는 몇 가지 전처리 단계에 따라 초기 추정값 세트를 생성한다. 기본 추정 방법은 식 (12.26) 기준을 채택한다.

코드 12.3.8 huge 함수

```
library(huge)
set.seed(42)
huge.out <- huge(Ecoli.expr)
```

벌점 모수에 대한 선택 (1) 'rotational information criterion' (2) 안정성 선택이라고 하는 서브 샘플링 원칙에 기반한 방법이다.

코드 12.3.8 (1)에 따른 매개변수 선택

```
huge.opt <- huge.select(huge.out, criterion="ric")
summary(huge.opt$refit)
```

>>> 결과 12.3.8 (1)

```
> summary(huge.opt$refit)
  Length     Class     Mode
   23409 dsCMatrix       S4
```

코드 12.3.8 (2)에 따른 매개변수 선택

```
huge.opt <- huge.select(huge.out, criterion="stars")
g.huge <- graph.adjacency(huge.opt$refit, "undirected")
summary(g.huge)
```

>>> **결과 12.3.8 (2)**

```
> summary(g.huge)
IGRAPH c7c949f U--- 153 759 --
```

코드 12.3.9 (1), (2)의 비교

```
> intersection(g.pcorr, g.huge)
IGRAPH 631ed8e U--- 153 25 --
+ edges from 631ed8e:
 [1] 145--146 144--146 112--125 112--113 109--138 108--135  97--111  96--119
92--107  87--104
[11]  86-- 87  84--129  81--137  72--141  70-- 75  60--127  46-- 77  42-- 43
38--153  37-- 98
[21]  27--123  21-- 33  12--135   9-- 90   3-- 60
```

코드 12.3.10 생물학적 문헌에서 확립된 것 중 22개 에지를 포함함을 확인

```
> intersection(g.regDB, g.huge, byname=FALSE)
IGRAPH 9caef8b UN-- 153 22 --
+ attr: name (v/c)
+ edges from 9caef8b (vertex names):
 [1]  yhiW_b3515_at--yhiX_b3516_at  tdcA_b3118_at--tdcR_b3119_at  rpoE_b2573_at--
rpoH_b3 461_at
 [4] rpoD_b3067_at--tyrR_b1323_at rhaR_b3906_at--rhaS_b3905_at nac_b1988_at --putA
_b1014_at
        .
        .
        .
```

12.4 단층 네트워크 토폴로지 추론

단층 네트워크 토폴로지 추론(tomographic network topology inference)은 '외부' 노드의 일부 하위 집합에서 얻은 데이터에서 네트워크의 '내부' 구성 요소 (노드와 에지 모두)의 추론이다.

예를 들어, 컴퓨터 네트워크에서 데스크톱(desk top)과 랩톱(lap top) 컴퓨터는 외부 노드이고 인터넷 라우터(internet router)는 내부 노드로 볼 수 있다.

외부 정점에서 얻은 측정값으로의 정보로부터 단층 네트워크 토폴로지 추론(tomographic network topology inference) 문제는 어렵다. 가능한 네트워크 토폴로지(network topology, 망구성 방식)가 많고 해당 경우에 따라 서로 연결되는 방법이 다르기 때문이다. 그러므로 추가로 정보가 있어야 하며 추론을 가능하게 하는 가정이 필요하다. 가정을 통한 구조단순화는 네트워크 추론을 제한하는 측면이 있게 된다.

예를 들어, [그림 12.7]에서 2001년의 대학 간 네트워크 토폴로지를 보여주며 일반적인 가지치기 구조(branching structure)를 보여준다. Rice 대학에서 ECE(Electrical and Computer Engineering) department에서 데스크탑(desktop) 컴퓨터에서 인터넷으로 연결되는 네트워크를 보여준다. 이진트리(binary tree)는 뿌리로부터 잎노드로 진행하는 트리 구조를 나타낸다. [그림 12.8]과 [그림 12.9]에서는 인터넷 연결에 관하여 네트워크 토폴로지 예를 보여준다.

단층 네트워크 토폴로지 추론 문제를 다음과 같이 정의한다. N_l개 노드가 있다고 놓는다. 그래프 $G=(V,E)$는 독립적인 확률변수 $\{X_1,\ldots,X_{N_l}\}$에 대해 n개 관측값을 갖는다. 이러한 노드는 트리(tree) T의 잎노드집합 R로 식별된다고 하자. 추정된 트리 $\hat{T}$을 찾고자 하며 N_l개 잎노드로 데이터를 설명할 수 있고자 한다. 트리 T의 가지(branch)에 대한 가중값(weight) 세트 $\hat{T}$을 추론하고자 한다.

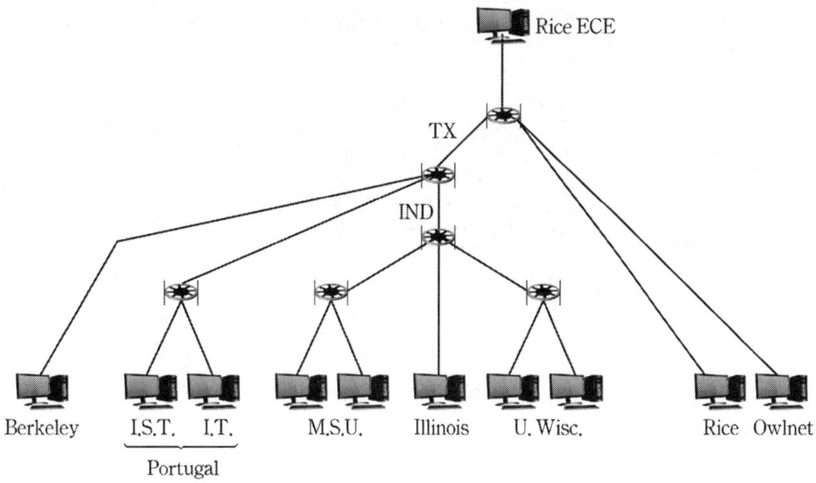

그림 12.7 Computer network topology experiment
(Castro et al., 2004)

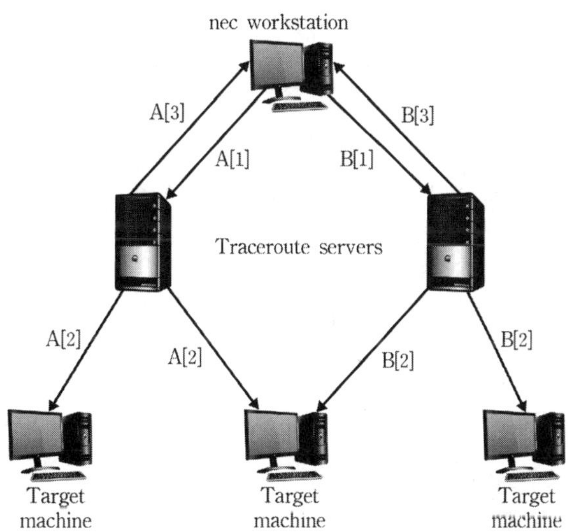

그림 12.8 nec(network cartographer) mapping 예
(Magoni and Hoerdt, 2005)

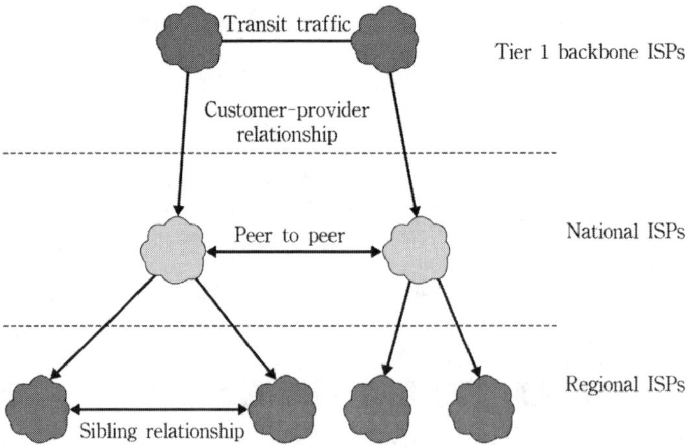

그림 12.9 상업적인 연결망에서 ISP(Internet service provider) 관계 (Haddadi, H. et al., 2008)

12.4.1 트리 토폴로지 문제로 한정

(무방향) 트리, $T=(V_T, E_T)$는 주기가 없는 연결된 그래프이다. 뿌리 나무는 $r \in V_T$, $R \subset V_T$의 하위집합을 잎이라고 한다. $V \setminus \{\{r\} \cup R\}$를 내부 정점이라고 하고, 에지 E_T를 가지(branch)라고 한다. [그림 12.10]에서 무방향 트리를 보여준다.

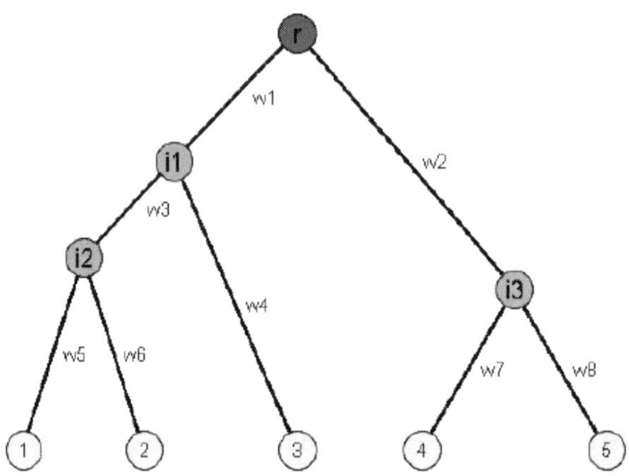

그림 12.10 무방향 트리의 예

Coates et al.(2002)은 'sandwich probing'이라 부르는 측정방식을 제안했다. packet 3개 (작은 것 2개, 큰 것 1개)가 연결되어 있는데, 작은 패킷 한 개-큰 패킷을 통과 후 작은 패킷 한 개를 지난다. 작은 패킷은 잎노드 쌍 $\{i,j\}$ 으로 연결된다. 즉, 작은 패킷의 i 에서 큰 패킷 j 로 간다. 큰 패킷으로부터 두 번째 작은 패킷으로 들어오는 데는 지연(delay)이 있다. 노드 i 에서 노드 j 로 가는 경로에 따라 지연에 차이가 발생한다. 이 데이터셋은 sandwichprobe 데이터프레임으로 다음 사항이 내장되어 있다. (i) 작은 패킷 간의 측정된 지연시간(microseconds): 작은 패킷부터 큰 패킷까지. (ii) 목적지(host) 식별

코드 12.4.1 sandwichprobe data

```
data(sandwichprobe)
delaydata[1:5, ]
```

>>> 결과 12.4.1

```
> delaydata[1:5, ]
  DelayDiff SmallPktDest BigPktDest
1       757            3         10
2       608            6          2
3       242            8          9
4        84            1          8
5      1000            7          3
> host.locs
 [1] "IST"    "IT"    "UCBkly" "MSU1"   "MSU2"   "UIUC"   "UW1"    "UW2"    "Rice1"  "Rice2 "
```

코드 12.4.1 데이터에서 쌍별 지연 차이의 이미지 표현

```
meanmat <- with(delaydata, by(DelayDiff,
                  list(SmallPktDest, BigPktDest), mean))
image(log(meanmat + t(meanmat)),xaxt="n",yaxt="n",col=heat.colors(16)) # 그림 12.11
mtext(side=1, text=host.locs, at=seq(0.0,1.0,0.11), las=3)
mtext(side=2, text=host.locs, at=seq(0.0,1.0,0.11), las=1)
```

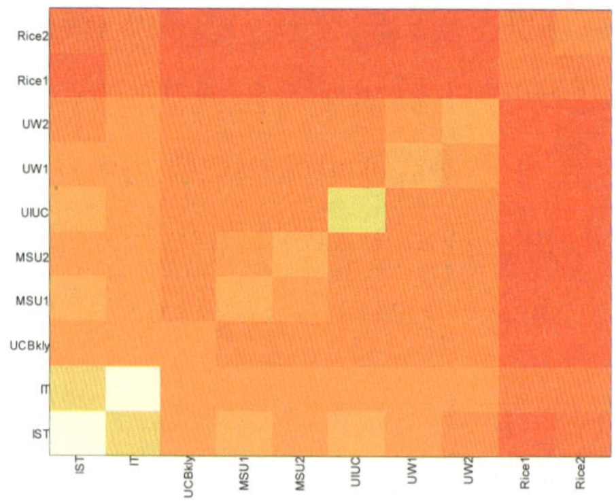

그림 12.11 Coates et al.(2002) 데이터에 대한 쌍별 지연 차(pairwise delay differences)를 나타내는 이미지 그림. 진한 빨강일수록 낮은 값, 밝은 노랑일수록 높은 값을 나타낸다.

12.4.2 트리 토폴로지의 단층 추론 예

나무구조 망구석 방식(tree topology)의 단층 추론을 위해 상당히 광범위하게 개발된 두 가지 방법은 다음과 같다.

(1) 계층적 클러스터링 및 관련 아이디어에 기반한 방법

(2) 가능성 기반 방법

계층적 클러스터링 및 관련 아이디어에 기반한 방법 중 간단한 것은 비교적 설명하기 쉽고 R 기본 패키지의 기존 도구를 사용하여 구현할 수 있으므로 다음의 예를 살펴보자.

코드 12.4.3 **delaydata의 유클리디안 거리 계산**

```
SSDelayDiff <- with(delaydata, by(DelayDiff^2,
  list(SmallPktDest, BigPktDest), sum) )
```

코드 12.4.4 **hclust 함수로 계층적 클러스터링 적용**

```
x <- as.dist(1 / sqrt(SSDelayDiff))
myclust <- hclust(x, method="average")
plot(myclust, labels=host.locs, axes=FALSE, ylab=NULL, ann=FALSE) # 그림 12.12
```

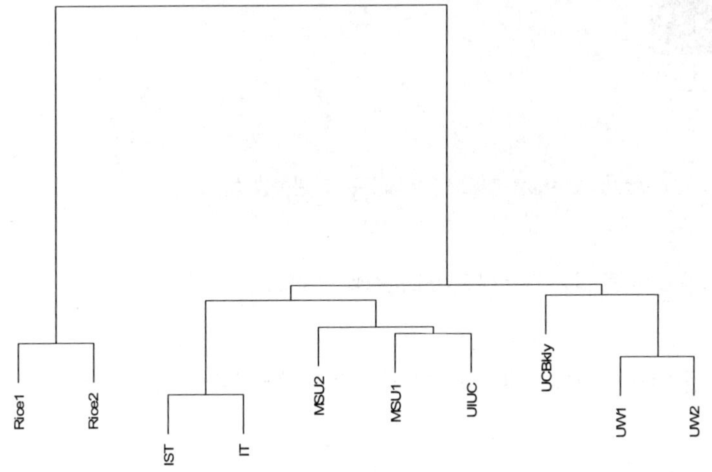

그림 12.12 Inferred topology, sandwichprobe 데이터에 대해 계층적 클러스터링 알고리즘 적용

계층적 클러스터링 결과 [그림 12.12]에서 보면 Rice1과 Rice2는 같은 학교 내에 있으며 가깝다. Portugal 머신끼리 가깝다. 미국 중서부의 Michgan State, U of Illinois가 가깝다. 그런데 Berkeley와 Wisconsin의 물리적인 거리는 떨어져 있으나 Berkeley 머신은 Wisconsin (UW1, UW2)와 가깝다.

연습문제
EXCERCISE

1. cDNA-Microarray data를 찾고 연관 네트워크 분석을 하시오.

2. RNA-Seq data를 찾아 연관 네트워크 분석을 하시오.

3. Protein-Protein Interaction data를 찾아 연관 네트워크 분석을 하시오.

4. ChIP-Chip data를 찾아 연관 네트워크 분석을 하시오.

참고문헌
REFERENCES

1. Barabasi, A. R. (1999). Emergence of scaling in random networks. *Science* 286(5439), 509-512.
2. Benjamini, Y. and Hochberg, Y. (1995). Controlling the false discovery rate: a practical and powerful approach to multiple testing, *Journal of the Royal statistical society: series B (Methodological)* 57.1, 289–300.
3. Castro, R., Coates, M. and Norwak, R. (2004). Likelihood–based hierarchical clustering, IEEE Transactions on Signal Processing, 52, 8, 2308–2321.
4. Coates, M. et al.(2002), Maximum likelihood network topology identification from edge–based unicast measurements. Proceedings of the 2002 ACM SIGMETRICS International Conference on Measurement and Modeling of Computer System, 11–20.
5. Corander, J. et al. (1998) Maximum likelihood estimation for Markov graphs. Univ., Department of Statistics.
6. Erdős, P. and Rényi, A. (1960). On the evolution of random graphs. *Publ. Math. Inst.Hung.Acad.Sci.* 5, 17-61.
7. Fiedler, M. (1973). Algebraic connectivity of graphs, Czechoslovak Mathematical Journal, 23, 98, 297–305.
8. Frank, O. and Strauss, D. (1986). Markov graphs. Journal of the American *Statistical association*, 81(395), 832–842.
9. Haddadi, H. et al. (2008). Network topologies: inference, modeling, and generation, IEEE Communications Surveys & Tutorials, 10.2 : 48–69.
10. Handcock, M. S. (2003). Statistical models for social networks: inference and degeneracy. Dynamic Social Network Modelling and Analysis: Workshop Summary and Papers.
11. Hoff, P. (2008) Modeling homophily and stochastic equivalence in symmetric relational data. *Advances in Neural Information Processing Systems, NIPS, MIT Press*, Cambridge
12. Holland, P. and Leinhardt, S. (1970). A method for detecting structure in sociometric data. *Am. J. Socio.* 70, 492-513.
13. Houtzager, B. and Baerveldt, C. (1999). Just like Normal. A Social Network Study of the Relation between Petty Crime and the Intimacy of Adolescent Friendships. Social Behavior and Personality 27(2), 177–192.
14. Hunter, D. R., Handcock, M. S. (2006). Inference in curved exponential family models for networks. *J. Comput. Graph. Stat.* 15(3), 565-583.
15. Kolaczyk, E. D. (2009). Statistical analysis of network data methods and models, Springer, New York.
16. Kolaczyk, E. D. and Csardi G. (2014). Statistical analysis of network data with R, Springer, New York.
17. Magoni D. and Hoerdt M. (2005). Internet Core Topology Mapping and Analysis, *Comp. Commun.*, vol. 28, no. 5, 2005, 494-506.
18. Meinshausen, N., and Bühlmann, P.(2006). High–dimensional graphs and variable selection with the lasso, *The annals of statistics* 34.3, 1436–1462.
19. Milgram, S. (1967). The small world problem, Psychology Today, 2, 60–67.
20. Moreno, J. L. (1934). Who shall survive? A new approach to the problem of human interrelations. Nervous and mental disease monograph series, no. 58. Washington, DC: Nervous and Mental Disease

Publishing Co.

21. Morris, M., Handcock, M. S. and Hunter, D. R. (2008). Specication of Exponential-Family Random Graph Models: Terms and Computational Aspects, *Journal of Statistical Software*, 24, 4.
22. Padgett, J.F., and Christopher K.A. (1993). Robust Action and the Rise of the Medici, 1400-1434. *American Journal of Sociology* 98.6 : 1259-1319.
23. Ripley, R. M., Snijders, T. A. B., Boda, Z., V or os, A., and Preciado, P. (2016). Manual for Siena version 4.0. Technical report, Oxford: University of Oxford, Department of Statistics; Nuffield College.
24. Snijders, T.A.B. (2002). Markov chain Monte Carlo estimation of exponential random graph models. *Journal of Social Structure* 3.2: 1-40.
25. Snijders, T. et al.(2006) New specifications for exponential random graph models. *Socio. Meth.* 36(1), 99-153.
26. Steen, M. (2010). Graph Theory and Complex Networks: An Introduction. CA. USA.
27. Tibshirani, R. (1996) Regression shrinkage and selection via the lasso. *J. Roy. Stat. Soc.* Ser. B 58, 267-288.
28. Wasserman and Pattison (1996). Logit models and logistic regressions for social networks: I. An introduction to Markov graphs and $p*$. *Psychometrika* 61(3), 401-425.
29. Watts, D. and Strogatz, S. (1998). Collective dynamics of 'small-world' networks. *Nature* 393(6684), 440-442.

30 Weng et al., (2010). TwitterRank: finding topic-sensitive influential twitterers.

31. WSDM '10: Proceedings of the third ACM international conference on Web search and data mining, 261-270.
32. Wille, A. et al. (2004) Sparse graphical Gaussian modeling of the isoprenoid gene network in arabidopsis thaliana. *Genome Biol.* 5(11) R92.

찾아보기
INDEX

저자 소개

김재희(金哉希, Jaehee Kim)
서울대학교 계산통계학과 학사
서울대학교 통계학 석사
미국 Texas A&M University 통계학 박사
미국 Texas A&M University, Department of Statistics 방문교수
미국 Columbia University, Department of Biostatistics 방문교수
현) 덕성여자대학교 정보통계학과 교수

R을 이용한 통계적 네트워크 분석

저　　자　김재희
발 행 인　김지영
발 행 처　자유아카데미
주　　소　경기도 파주시 회동길 37-42
　　　　　파주출판도시
전　　화　031-955-1321
팩　　스　031-955-1322
홈페이지　www.freeaca.com
전자우편　main@freeaca.com (대표)
　　　　　editor@freeaca.com (편집)
　　　　　crm@freeaca.com (영업)
등　　록　제406-2003-017호, 1980. 7. 12
제1판1쇄　2023년 3월 10일 발행
제1판2쇄　2024년 1월 10일 발행

저자와의
협의하에
인지생략

무단 복제를 금하며, 잘못된 책은 바꾸어 드립니다.
ISBN 979-11-5808-411-0 93310

이 성과는 정부(과학기술정보통신부)의 재원으로 한국연구재단의 지원을 받아 수행된 연구임 (No. 2021R1A4A5028907, No. 2021R1F1A1054968).